Schriftenreihe: Bauwirtschaft und Projektmanagement

Heft Nr. 4

Herausgegeben vom
Institut für Baubetrieb, Bauwirtschaft und Baumanagement
Univ.Prof. E. Schneider und Univ.Prof. A. Tautschnig
Baufakultät der Universität Innsbruck

Der Einarbeitungseffekt bei mechanischen Tunnelvortrieben:

Datenerfassung, Datenauswertung und Modellierung des Einarbeitungseffektes

Robert M. Wachter

innsbruck university press

Die Deutsche Bibliothek – CIP-Einheitsaufnahme

Ein Titeldatensatz für diese Publikation ist bei der Deutschen Bibliothek erhältlich.

Alle Rechte vorbehalten

ISBN 3-901249-60-5

© Universität Innsbruck, Innrain 52, A-6020 Innsbruck

http://www.university-press.at

Herstellung Books on Demand GmbH

Vorwort

Die vorliegende Arbeit ist während meiner Tätigkeit als Universitätsassistent am Institut für Baubetrieb, Bauwirtschaft und Baumanagement an der Universität Innsbruck entstanden. Der Anstoß zu diesem Thema erfolgte durch Herrn Univ.-Prof. Dipl.-Ing. Eckart Schneider, der mich aufgrund seiner langjährigen praktischen Erfahrung auf die wirtschaftliche Bedeutung des Einarbeitungseffektes bei mechanischen Tunnelvortrieben aufmerksam gemacht hat.

Einige Personen haben wesentlich zum Gelingen dieser Arbeit beigetragen, denen ich an dieser Stelle danken möchte. Ganz besonders möchte ich mich bei Herrn Univ.-Prof. Dipl.-Ing. Eckart Schneider dafür bedanken, dass er mir die Tätigkeit als Universitätsassistent an seinem Institut ermöglicht und damit die Gelegenheit zur Erstellung dieser Dissertation gegeben hat. Für seine Unterstützung, Anregungen und Kritik möchte ich mich herzlich bedanken. Ebenso möchte ich mich bei Herr Univ.-Prof. Dr. Michael Oberguggenberger bedanken, für seine große Geduld und Hilfestellung bei der Lösung aller mathematischen Probleme.

Ein Problem war die für die Bearbeitung dieses Themas notwendigen Daten von den auf den Tunnelbau spezialisierten Unternehmen zu erhalten. Ohne den einfachen Zugang zu den entsprechenden Vortriebsdaten hätte diese Arbeit nicht zu Stande kommen können. Aus diesem Grund möchte ich mich bei der Geschäftsführung der Firma JÄGER GesmbH, Schruns Vbg., und den Mitarbeitern, die ich häufig belästigen musste, für die zur Verfügungstellung der Vortriebsdaten bedanken. Mein ganz besonderer Dank gilt Herrn Dipl.-Ing. Dr.techn. Luis Vigl für seine Anregungen und die Möglichkeiten zur Diskussion.

Meinen Kollegen Gerald, Markus, Ralph, Gottfried und Wolfgang danke ich für das positive Arbeitsklima, den Gedankenaustausch und die diversen gemeinsamen Aktivitäten.

Meinen Eltern danke ich an dieser Stelle für die Unterstützung während meines Studiums und meinem Vater vor allem für die Tätigkeit als Lektor dieser Arbeit.

Zum Abschluss bleibt der Wunsch, dass die aufgezeigten Gedanken und das in dieser Dissertation erarbeitete Modell in der Praxis Anwendung finden möge und durch die Anwendung eine Verbesserung und Verfeinerung erfährt. Für Hilfestellungen stehe ich in Zukunft jederzeit zur Verfügung.

Innsbruck, im März 2001

Kurzfassung

Der Einarbeitungseffekt stellt in der stationären Industrie bereits eine fundierte Kalkulationsgröße dar, über die vor allem auf Grund der leicht abzusteckenden Randbedingungen eine Fülle von Informationen vorliegt.

Bei der Herstellung von Bauwerken spielt der Einarbeitungseffekt wegen der häufig wechselnden Randbedingungen eine eher untergeordnete Rolle. Eine Ausnahme machen Tunnelvortriebe, bei denen auf Grund der häufigen Wiederholungen der gleichen Arbeitsschritte der Einarbeitungseffekt deutlich zu erkennen ist. Bis jetzt existieren nur wenige Untersuchungen über das Ausmaß und den Verlauf der Einarbeitung. Diese Arbeit soll diesen Zustand verbessern und stellt ein Modell zur Beschreibung des Einarbeitungseffektes bei mechanischen Tunnelvortrieben vor.

Betrachtet man die Tagesleistungen einer Tunnelbohrmaschine im zeitlichen Ablauf, so kann häufig ein Leistungszuwachs festgestellt werden. Dieser Leistungszuwachs kann durch Lernen erklärt werden, sofern nicht andere Ursachen wie z.B. Geologie oder Hydrogeologie etc. dafür verantwortlich sind.

Die Psychologie, die als Ursprung der Lernwissenschaft betrachtet wird, entwickelte Modelle und Theorien, die Lernprozesse in allgemeiner Form beschreiben und erklären. Lernen wird dabei als Vorgang definiert, durch den eine Aktivität im Gefolge von Reaktionen des Organismus auf eine Umweltsituation entsteht oder verändert wird.

Als Ergebnis aus all diesen Überlegungen kann die Definition eines Lernbegriffes für betriebliche Lernvorgänge abgeleitet werden. Eng verbunden mit dem Begriff des Lernens ist der Begriff der Wissensschaffung. Diese Theorien liefern Beschreibungen der Vorgänge, die zu einer Schaffung von Unternehmenswissen führen. Die Einarbeitungsphase kann somit zur Wissensschaffung auf allen organisatorischen Ebenen einer Baustelle genutzt werden.

Die wesentlichen Einflussgrößen auf das Lernen sind: „Mensch", „Maschine / Ausbau", „Umfeld" und „Geologie", wobei der Einfluss der einzelnen Faktoren auf das Lernverhalten nicht quantifiziert werden kann.

Unter diesen Einflussgrößen stellt sich der Mensch als der Träger des Lernens heraus; seine Qualifikation und Motivation sowie das organisatorische Umfeld sind maßgebend für den Verlauf des Lernens.

Ziel dieser Arbeit ist, Prognosen über das Einarbeitungsverhalten und eine Größenordnung für die Einarbeitungsverluste zu erhalten. Die wesentlichen Bearbeitungsschritte zur Zielfindung sind:

- Ermittlung der Möglichkeiten zur Datenerfassung
- Untersuchung der Lernvorgänge auf der Baustelle
- Erhebung des Wissensstandes in der Lernkurventheorie
- Definition einer Messgröße zur Quantifizierung des Einarbeitungseffektes
- Erarbeitung eines Modells zur Ermittlung des Einarbeitungseffektes
- Auswertung der Daten von Baustellendaten
- Erarbeitung eines Modells zur Abschätzung des Einarbeitungseffektes

Bevor die Modellierung des Einarbeitungseffektes diskutiert werden kann, ist eine geeignete Messgröße zu definieren - da das Lernen selbst nicht gemessen werden kann, nur seine Auswirkungen.

Unter dem Gesichtspunkt, dass die Messgröße einfach zu ermitteln sein und ein gebräuchliches Maß darstellen soll, hat sich bei den Untersuchungen die Tagesleistung als geeignetste Messgröße für den Tunnelvortrieb herausgestellt; eine direkte Anwendung bei Leistungsprognosen ist damit gegeben.

Zur Modellierung des Einarbeitungseffektes stehen entweder die Anpassung von Lernkurven oder die Analyse der Einarbeitungsphase zur Verfügung.

Als Lernkurve wird ein Exponentialfunktionsansatz mit drei Parametern vorgeschlagen, die das Verhalten der Tagesleistungen oder der Summenlinie modelliert. Da die Daten großen Schwankungen unterworfen sind, ist es erforderlich, Methoden zur Glättung des Datenmaterials zu finden. Die Glättung der Daten wird durch das Bilden der kumulierten Summe erreicht; dies hat den Vorteil, dass die Interpretierbarkeit der Daten erhalten bleibt und eine im Tunnelbau und auf anderen Linienbaustellen gebräuchliche Darstellungsform verwendet werden kann.

Alternativ zu dieser Modellierungsform wird ein Verfahren vorgestellt, das die Dauer der Einarbeitungsphase feststellt. Dabei wird jener Zeitpunkt ermittelt, ab dem angenommen werden kann, dass der Vortrieb eingearbeitet ist; ab diesem Zeitpunkt liegt ein Regelbetrieb vor. Es muss nach einer signifikanten Änderung wie z.B. einem Sprung oder einem Knick in den Datensätzen der Tagesleistungen gesucht werden. Dazu werden verschiedene Vorgehensweisen aufgezeigt. Voraussetzung ist, dass die Daten für den gesamten Vortrieb vorliegen.

Die Auswertungen können nicht während des laufenden Vortriebes durchgeführt werden. Die Dauer der Einarbeitungsphase ist Grundlage für weiterführende Auswertungen - für die Ermittlung von Verlusttagen und der prozentualen Leistun-gen während der Einarbeitungsphase.

Eine wesentliche Fragestellung im Rahmen der Diskussion um den Einarbeitungseffektes ist die Möglichkeit der Prognose zum Zwecke der Kosten- und Produktionsplanung und des Controllings. Grundsätzlich lassen sich zwei Prognosetypen festhalten; der Typ 1 - Vor Beginn des Vortriebes – und der Typ 2 - Vortrieb gerade angelaufen -.

Für Prognosen vom Typ 1 ist es erforderlich, auf Auswertungsergebnisse von bereits abgeschlossenen Baustellen zurückzugreifen; dabei sind die enthaltenen Randbedingungen für Mensch, Maschine und Umfeld zu berücksichtigen, da die ausgewerteten Parameter nur für den speziellen Fall gültig sind.

Im vorgeschlagenen Modell werden die Vortriebsleistungen direkt über Filterfunktionen um die geologischen Einflüsse bereinigt. Die restlichen Einflussgrößen werden mit Hilfe eines Rating-Systems berücksichtigt. Dabei werden die Baustellen in „günstig", „standard" und „ungünstig" in Bezug auf Lernen klassifiziert. Das Ergebnis stellt eine Zuordnung von Bandbreiten der Lernkurvenparameter zu den drei Klassen dar.

Mit dieser Vorgehensweise ist es möglich, Prognosen über das Einarbeitungsverhalten anzustellen; dabei ist zusätzlich nur eine plausible Leistungskalkulation erforderlich. Sinnvoll sind derartige Prognosen vor allem in Kombination mit unscharfen Berechnungen - Fuzzy-Methoden - , da man dann die Auswirkungen von Parameterstreuungen besonders gut beobachten kann. Eine derartige Vorgehensweise kann bei Risikoanalysen Anwendung finden.

Wie bei allen Modellen ist es erforderlich, diese in der Praxis anzuwenden, die Ergebnisse immer wieder mit der Realität zu vergleichen und die Erkenntnisse in das Modell einfließen zu lassen.

Abstract

In stationary industry, the training effect is already a well-funded factor for calculation on which there is a large amount of information, in particular because of the easily defined basic conditions. In building construction, the training effect is of minor importance since the basic conditions are subject to frequent changes. Tunnelling, however, is an exception to this; due to the frequent repetition of identical work steps, the training effect is easy to see. So far, there have been only few investigations on the extent and the process of training. In this paper, it is tried to improve that state, and a model for describing the training effect during mechanical tunnel driving is presented.

Observing the daily advance rate of a tunnel boring machine over working days, there is often an increase in performance. One explanation for this increase is the effect of training, provided that there are no other causes such as changes in geology or hydrogeology.

Psychology, which is regarded as the origin of learning science, has developed models and theories describing and explaining learning processes in a general way. Learning is thus defined as a process by which an activity comes into being or is modified as a result of reactions of an organism to an environmental situation.

A definition of the concept of learning can be deduced from all these considerations for company learning processes. There is a close connection between the concept of learning and the concept of the creation of knowledge. These theories provide descriptions of the processes that lead to the creation of company knowledge. The training period can therefore be used for the creation of knowledge on all organisational levels of a construction site.

The major factors influencing learning are "Man", "Machine / support system", "Site-situation" and "Geology"; however, the amount of influence exerted by individual factors on learning behaviour cannot be determined.

Among these influencing factors, man turns out to be the carrier of learning; it is his qualification and motivation as well as the organisational environment that are crucial for progress in learning.

It is the objective of this paper to find a way for predicting the training effect and to develop a scale for training losses.

The main steps in reaching that objective are:
- Determination of options for data capturing
- Investigation of learning processes at the construction site
- Determination of the state of knowledge in learning curve theory
- Definition of a measured variable for quantifying the training effect
- Elaboration of a model for describing the training effect
- Evaluation of data from construction sites
- Creation of a model for estimating the training effect

Before being able to discuss the modelling of the training effect, one must first define a suitable measurable variable, for one can only measure the effects of learning, not learning itself. Considering that the measured variable should be easy to ascertain on the one hand and a common measure on the other hand, the daily advance rate has turned out to be the most suitable measured variable for tunnel driving. This ensures the direct application in performance predictions.

The training effect can be modelled either by the adjustment of learning curves or by the analysis of the training period.

An exponential function approach with three parameters is proposed as a learning curve for modelling daily advance rates or the cumulative line. Since the data are subject to wide fluctuations, it is necessary to use methods for smoothing the data material. This is obtained by forming the cumulative sum, which has the advantage that the data remain interpretable. Furthermore, this is a usual form of display in tunnelling and for other linear construction sites.

As an alternative to that way of modelling the training effect, a procedure is presented that determines the duration of the training period. This means looking for the point in time from which it can be assumed that the advance has been trained. From that time, we have regular operation. One has to look for a significant change such as a jump or kink in the data records of daily advances. Various procedures for doing this are shown. It is necessary that the data for the whole advance are available; evaluation cannot be performed while the advance is still in progress.

The duration of the training period is the basis for additional evaluation - for determining days lost and advance rate percentages during the training phase. A major issue in discussing the training effect is the possibility of predicting it for the purpose of cost and production planning and controlling.
Basically, there are two types of prediction: Type 1 - Before starting the driving - and Type 2 -

driving has just started.

With type 1 predictions, it is necessary to refer to evaluation results from completed projects; one has to consider the basic conditions for man, machine and environment involved because the evaluated parameters are only valid for an individual case.

In the proposed model, filtering functions are used to directly remove the influence of geology from advance rates. The remaining influencing factors are considered by way of a rating system. Construction sites are classified as "favourable", "standard", and "unfavourable" as to learning. This results in an assignment of bandwidths of learning curve parameters to the three classes.

Using that procedure, it is possible to make predictions on training behaviour. The only thing necessary in addition is a plausible performance rate calculation. Such predictions are particularly useful in combination with "Fuzzy" calculation methods because the result of parameter variations can then be observed particularly well. Such procedures could be used in risk analyses.

As with all models, it is necessary to use them in practice, compare their results with reality time and again, and incorporate any findings into the model.

INHALTSÜBERSICHT

1   Einleitung

2   Datenerfassung bei mechanischen Tunnelvortrieben

3   Das Lernen bei der Abwicklung von Tunnelbaustellen

4   Stand des Wissens in der Lernkurventheorie

5   Messgrößen für die Quantifizierung des Einarbeitungseffektes bei mechanischen Tunnelvortrieben

6   Modell zur Bestimmung des Einarbeitungseffektes

7   Baustellenauswertungen

8   Methode zur Abschätzung des Einarbeitungseffektes

9   Zusammenfassung und Ausblicke

10   Anhang

11   Verzeichnisse

INHALTSVERZEICHNIS

1	**Einleitung**	**41**
2	**Datenerfassung bei mechanischen Tunnelvortrieben**	**45**
2.1	Allgemein	45
2.2	Anforderungen der Projektbeteiligten an die Datenerfassung	45
2.2.1	Auftraggeber (AG)	45
2.2.2	Auftragnehmer (AN)	48
2.3	Allgemeine Strukturierung der Daten bei Bauprojekten	49
2.4	Vortriebsverfahren bei mechanischen Vortrieben	52
2.4.1	Vortrieb und Sicherung mit einer offenen TBM	52
2.4.2	Vortrieb und Sicherung mit einer Doppelschild-TBM	55
2.4.3	Vortrieb und Sicherung mit einer Einfach-Schildmaschine	56
2.5	Daten während des Vortriebes	58
2.5.1	Vortriebseinrichtung	59
2.5.2	Geologie und Hydrogeologie	59
2.5.3	Ausbau und Sicherung	60
2.5.4	Vermessung	61
2.5.5	Baubetrieb	61
2.5.6	Zusammenfassung	63
2.6	Möglichkeiten zur Datengewinnung während des Vortriebes	63
2.6.1	Allgemein	63
2.6.2	Entwicklungsschritte bei der Datenerfassung	64
2.6.3	Vollautomatische Datenerfassung	65
2.6.4	Manuelle Aufzeichnungen – Berichtswesen	67
2.7	Datenerfassung zur Vortriebsklassifizierung	68
2.7.1	Allgemein	68
2.7.2	Vortriebsklassifizierung bei Vortrieben mit offenen TBM	68
2.7.3	Vortriebsklassifizierung bei Vortrieben mit Doppelschild-TBM	70
2.7.4	Vortriebsklassifizierung bei Vortrieben mit Einfach-Schildmaschinen	70

	2.7.5	Erfassung der Daten zur Vortriebsklassifizierung von TBM - Vortrieben 70
2.8		**Auswertung der Vortriebsdaten zu betrieblichen Zwecken** **71**
	2.8.1	Verfügbarkeit 72
	2.8.2	Ausnutzungsgrad 72
	2.8.3	Nettovortriebsleistung und Penetrationsrate 74
	2.8.4	Verschleiß der Diskenmeißel 75
2.9		**Auswertung der Vortriebsdaten zur Steuerung der TBM** **78**
	2.9.1	Allgemein 78
	2.9.2	Steuerung einer TBM 79
2.10		**Auswertung der Vortriebsleistung über die Vortriebsdauer** **81**
2.11		**Zusammenfassung** **82**
3		**Das Lernen bei der Abwicklung von Tunnelbaustellen** **83**
3.1		**Einführung** **83**
	3.1.1	Reiz-Reaktionstheorien 83
	3.1.2	Kognitive Theorien 85
	3.1.3	Zusammenfassung 86
3.2		**Die Definition des Lernbegriffes** **87**
	3.2.1	Grundsätzliche Überlegungen zur Definitionsbildung 87
	3.2.2	Diskussion und Bildung eines Lernbegriffes in Anlehnung an Henfling 87
	3.2.3	Quantifizierung des Lerneffektes 88
3.3		**Die Lernformen unterschieden nach dem Träger des Lernens** **89**
	3.3.1	Allgemein 89
	3.3.2	Individuelle Lernprozesse 90
	3.3.3	Kollektive Lernprozesse 90
3.4		**Die Lernformen unterschieden nach der Art der Tätigkeit** **91**
	3.4.1	Allgemein 91
	3.4.2	Objektbezogene Arbeitsleistungen 92
	3.4.3	Produktionstechnik und technische Gestaltung des Bauwerkes 93
	3.4.4	Entscheidungsverhalten, Planung und organisatorischer Rahmen 95

3.5	Exogene Einflüsse	96
3.6	Zusammenfassung	97

4 Stand des Wissens in der Lernkurventheorie 99

4.1 Historischer Rückblick auf die Entwicklung der Lernkurventheorie 99
- 4.1.1 Die Anfänge der Lernkurventheorie 99
- 4.1.2 Entwicklungen während und nach dem Zweiten Weltkrieg 99
- 4.1.3 Entwicklungen während der Nachkriegszeit 100
- 4.1.4 Entwicklungen in den 70er und 80er Jahren 101
- 4.1.5 Entwicklungen in den 90er Jahren 102

4.2 Überblick über die verwendeten Lernkurven 102

4.3 Statistisch fundierte Lernkurven 103
- 4.3.1 Linearhypothese 103
- 4.3.2 Modifikationen der Linearhypothese 105
- 4.3.3 Adaptionsmodell nach Levy (Exponentielle Lernkurve) 110

4.4 Stochastische Ansätze 111
- 4.4.1 Lernkurve nach Crossman 111

4.5 Berücksichtigung der Wiedereinarbeitung nach Unterbrechungen 113
- 4.5.1 Überblick 113
- 4.5.2 University of Nottingham 113
- 4.5.3 Louisiana Technical University 115
- 4.5.4 Bailey 115

4.6 Der Einsatz im Bauingenieurwesen 116
- 4.6.1 Einarbeitungseffekt nach Drees / Spranz 116
- 4.6.2 Einarbeitungseffekt nach Fleischmann 117
- 4.6.3 Einarbeitungseffekt nach Platz in Schub / Meyran 118
- 4.6.4 Weitere Ansätze 118
- 4.6.5 Einarbeitungseffekt nach Müller 119
- 4.6.6 Einarbeitungseffekt nach Stradal 119
- 4.6.7 Einarbeitungseffekt nach Körner 119
- 4.6.8 Einarbeitungseffekt nach Lang 121
- 4.6.9 Einarbeitungseffekt nach Platz 122

4.6.10	Untersuchungen an der University of Michigan	123
4.6.11	Untersuchungen an der Pennsylvania State University	124

4.7 Kritik an den im Bauingenieurwesen eingesetzten Lernkurven 125

5 Messgrößen für die Quantifizierung des Einarbeitungseffektes bei mechanischen Tunnelvortrieben 127

5.1 Allgemein 127

5.2 Mögliche Messgrößen 127

5.3 Auswahl der Messgrößen 128
  5.3.1 Allgemein 128
  5.3.2 Kriterien für die Auswahl der Messgröße 128
  5.3.3 Schlussfolgerung 130

5.4 Reduktion der Schwankungen durch die Datenaufbereitung 131
  5.4.1 Allgemein 131
  5.4.2 Ursachen für Schwankungen 131
  5.4.3 Datenbereinigung zur Reduktion der Schwankungsbreite 131
  5.4.4 Gleitende und Kumulierte Mittelwerte 134
  5.4.5 Summenbildung 138
  5.4.6 Auswahl des Glättungsverfahrens 139
  5.4.7 Schlussfolgerung 140

6 Modell zur Bestimmung des Einarbeitungseffektes 141

6.1 Allgemein 141

6.2 Anforderungen an das Modell 144
  6.2.1 Allgemeine Anforderungen an das Modell 144
  6.2.2 Besondere Anforderungen an das Modell 145

6.3 Das Modell für den Einarbeitungseffekt 145
  6.3.1 Allgemein 145
  6.3.2 Das Wortmodell 146
  6.3.3 Systemskizze der Modellstruktur 147

6.3.4	Statistische Modelle – Lernkurven für TBM Vortriebe	147
6.3.5	Lernkurve zur Auswertung der Summenlinie der Vortriebsleistungen	149
6.3.6	Kennzahlen	150

6.4 Methoden zur Ermittlung der Parameter 153
- 6.4.1 Allgemein 153
- 6.4.2 Beschreibende Statistik eindimensionaler Daten 155
- 6.4.3 Beschreibende Statistik zweidimensionaler Daten 157
- 6.4.4 Bewertende Statistik 159
- 6.4.5 Zeitreihenanalyse 161
- 6.4.6 Statistische Testverfahren 164
- 6.4.7 Verwendete Software 167

6.5 Die Ermittlung der Dauer der Einarbeitungsphase – ein Knickproblem 167
- 6.5.1 Allgemein 167
- 6.5.2 Vorgehensweise 1 168
- 6.5.3 Vorgehensweise nach Petitt 168
- 6.5.4 Vorgehensweise nach Huskova 171

7 Baustellenauswertungen 173

7.1 Grundlagen 173

7.2 Vorgehensweise 174
- 7.2.1 Allgemein 174
- 7.2.2 Analyse des Leistungsverhaltens – Test auf Trend 174
- 7.2.3 Auswertung als Lernkurve 175
- 7.2.4 Auswertung der Dauer der Einarbeitungsphase 175

7.3 Untersuchung auf Trend 176
- 7.3.1 Allgemein 176
- 7.3.2 Evinos 1 (Salima) 177
- 7.3.3 Evinos 2 (Ginevra) 177
- 7.3.4 Slovenien Plave II 178
- 7.3.5 Lesotho 178
- 7.3.6 Evinos 3 (Natalia) 179
- 7.3.7 Evinos 4 (Katrin) 179
- 7.3.8 Zusammenfassung und Schlussfolgerung 180

7.4	**Untersuchungen an den Stillstandszeiten**	**181**
7.4.1	Allgemein	181
7.4.2	Evinos 1 (Salima)	181
7.4.3	Plave II	187
7.4.4	Evinos 3 (Natalia)	188
7.4.5	Zusammenfassung	189
7.5	**Lernkurven**	**190**
7.5.1	Allgemein	190
7.5.2	Evinos 1 (Salima)	191
7.5.3	Evinos 2 (Ginevra)	192
7.5.4	Slovenien	193
7.5.5	Lesotho	195
7.5.6	Evinos 3 (Natalia)	197
7.5.7	Evinos 4 (Katrin)	198
7.5.8	Zusammenfassung	199
7.6	**Dauer der Einarbeitungsphase**	**204**
7.6.1	Allgemein	204
7.6.2	Evinos 1 (Salima)	204
7.6.3	Evinos 2 (Ginevra)	208
7.6.4	Slovenien (Plave II)	213
7.6.5	Lesotho	215
7.6.6	Evinos 3 (Natalia)	217
7.6.7	Evinos 4 (Katrin)	220
7.6.8	Zusammenfassung und Schlussfolgerungen	223
7.7	**Unscharfe Ermittlung der Dauer der Einarbeitungsphase**	**224**
7.7.1	Allgemein	224
7.7.2	Sequentielles Verfahren	225
7.8	**Ermittlung der Verlusttage**	**227**
7.8.1	Allgemein	227
7.8.2	Auswertungsergebnisse	228
7.9	**Berechnung der Prozentsätze**	**229**
7.9.1	Allgemein	229
7.9.2	Auswertungsergebnisse	230

7.10	**Erkenntnisse aus den Baustellenauswertungen**	**232**
7.10.1	Test auf Trend	232
7.10.2	Untersuchung der Ausfallszeiten	232
7.10.3	Lernkurven	232
7.10.4	Analyse der Dauer der Einarbeitungsphase	232
7.10.5	Schwachstellen der vorgeschlagenen Vorgehensweise	233

8 Methode zur Abschätzung des Einarbeitungseffektes 235

8.1	**Ausgangssituation**	**235**
8.2	**Quantifizierung der wesentlichen Einflussgrößen**	**236**
8.2.1	Matrix der wesentlichen Einflussgrößen	236
8.2.2	Einfluss des TBM-Typs	238
8.2.3	Berücksichtigung des Einflusses der Geologie auf die Vortriebsleistung	238
8.3	**Modifikationen an der Lernkurve**	**244**
8.3.1	Erkenntnisse aus den durchgeführten Analysen	244
8.3.2	Auswertungsergebnisse mit dem adaptierten Modell	245
8.4	**Abschätzung der Lernkurvenparameter für Prognosen vom Typ 1**	**246**
8.4.1	Allgemein	246
8.4.2	Bewertung der Baustellen (LR$_{BAU}$)	247
8.4.3	Abschätzung der Parameter	248
8.5	**Anwendung der Lernkurve für Prognosen vom Typ 2**	**249**
8.5.1	Allgemein	249
8.5.2	Prognose der Tagesleistungen	252
8.5.3	Prognose der Summenlinie	254
8.5.4	Zusammenfassung	256
8.6	**Bauzeitprognosen unter Berücksichtigung des Einarbeitungseffektes und der Parameterschwankungen**	**256**
8.6.1	Allgemein	256
8.6.2	Simulation	257
8.6.3	Unscharfe Berechnung	258
8.7	**Feststellen der Dauer der Einarbeitungsphase aus der Lernkurve**	**260**
8.7.1	Vorgehensweise	260

	8.7.2	Ermittlung der Schranke anhand der Vortriebe 261
	8.7.3	Beispiel 262

8.8 Beispiel für eine Prognose vom Typ 1 263
    8.8.1   Allgemein 263
    8.8.2   Schritt 1 – Abschätzung der Baustellensituation 264
    8.8.3   Schritt 2 – Ermittlung der Dauerleistung a 264
    8.8.4   Schritt 3 – Festlegen des Lernkurvenparameters c 266
    8.8.5   Schritt 4 – Prognose der Tagesleistungen und Zeit-Weg-Diagramm 266

9 Zusammenfassung und Ausblicke 269

9.1 Datenerfassung 269

9.2 Auswertung des Einarbeitungseffektes 269

9.3 Prognose des Einarbeitungseffektes 270

9.4 Ausblicke 271

10 Anhang 273

10.1 Bohrbericht 273

10.2 Vortriebsleistungen 276
    10.2.1   DS-TBM 276
    10.2.2   o-TBM 277

10.3 Tabelle für b von Petitt Test 279

10.4 MATLAB®-Routinen 280
    10.4.1   Simulation 280
    10.4.2   Fuzzyberechnung 281

11 Verzeichnisse 283

11.1 Abbildungsverzeichnis 283

11.2 Tabellenverzeichnis 287

11.3 Literaturverzeichnis **289**
   11.3.1   Verwendete Literatur 289
   11.3.2   Weiterführende Literatur...294

Begriffsbestimmungen

Begriff	Abkürzung	Definition
Alternativhypothese	κ_1	Begriff aus der statistischen Testtheorie; stellt die Gegenannahme zur (Null-)Hypothese dar. Diese wird angenommen, wenn die (Null-) Hypothese verworfen wird.
Analysis of Variance	ANOVA	Die Varianzanalyse beruht auf einer arithmetischen Zerlegung der Summe der Quadrate. Dient bei der Regressionsanalyse zur Abschätzung der Anpassungsgüte und wird in SPSS in tabellarischer Form ausgewertet.
Auftraggeber	AG	physische oder juristische Person, die vertraglich an Auftragnehmer Aufträge zur Erbringung von Leistungen gegen Entgelt erteilt
Auftragnehmer	AN	physische oder juristische Person, die sich vertraglich gegenüber dem Auftraggeber zur Erbringung von Leistungen gegen Entgelt verpflichtet.
Ausbruchsklasse		Begriff in Anlehnung an SIA 198 definiert: Beschreibt Umfang, Einbauort und systematische Anordnung der Ausbruchsicherung
Ausnutzungsgrad	u	Mehrere Definitionen möglich: hier definiert als Anteil der Bohrzeit an der Arbeitszeit
Auto-Regressiver Prozess	AR	Begriff aus der Zeitreihenanalyse: stationärer Prozess, dessen Realisierung durch eine lineare Überlagerung früherer Werte zustande kommt.
Auto-Regressive-Moving-Average Prozess	ARMA	Begriff aus der Zeitreihenanalyse: Eine Verbindung aus Auto-Regressiven Prozessen und Moving-Average-Prozessen
Basisdaten		Allgemein zugängliche Daten (aus fachlichen Wissensständen, technischen, rechtlichen Normen, sowie Markt- und Produktinformationen)
Bautagesbericht		Tätigkeitsbericht über den gesamten Arbeitstag
Beschreibende Statistik		Auswertung und Darstellung von Daten zur Ermittlung statistischer Parameter
Bestimmtheitsmaß	R^2	Das Bestimmtheitsmaß ist der Anteil der Variabilität, der durch die Regression erklärt wird

Betrachtungsebene		Detaillierungsebene, in der ein Problem analysiert wird.
Betrachtungszeitraum		Zeitraum, in dem ein Problem betrachtet wird.
Beurteilende Statistik		Beurteilung der Güte der statistischen Daten und Parameter mit Überprüfung der Modellannahmen
Bezugs-Nettovortriebsleistung	I_{bez}	Jene Nettovortriebsleistung, die als einheitliche Nettovortriebsleistung zur Auswertung des Einarbeitungseffektes herangezogen wird. Sie ist die Ausgangsbasis zur Ermittlung der Filterfunktion
Blackbox		Teil eines kybernetischen Systems, dessen Aufbau und innerer Ablauf aus den Reaktionen auf eingegebene Signale erschlossen werden muss.
Bohrbericht		Detaillierte, händische Aufzeichnung der Dauer der Zykluszeiten eines TBM-Vortriebes über den Zeitraum einer Schicht
Boxplot		zusammenfassende Darstellung von Maximum, Minimum, Median und Quantilen unter Angabe von Ausreißern
Bruttovortriebsleistung	I_d	Nettovortriebsleistung multipliziert mit dem Ausnutzungsgrad; berücksichtigt sämtliche vortriebsbedingte Stillstandszeiten
Change-Point Problem		Problem des Auffindens einer signifikanten Änderung in den Daten in Form eines Sprunges oder Knickes
Daten		1. Erhobene Parameterwerte 2. Projektrelevante Information. Daten müssen sich eindeutig wiedergeben lassen und einer weiteren Verarbeitung zugänglich sein
deterministische Modelle		Modelle, die aus festen Eingabedaten stets ein bestimmtes Ergebnis liefern
Dokument		Schriftstück, materielle Datenträger-Einheit
Doppelschild-Tunnelbohrmaschine	DS-TBM	auch Teleskopschild-TBM, geschildete TBM bestehend aus zwei unabhängig übereinandergreifenden Schilden, die eine Entkoppelung von Vortrieb und Tübbingeinbau gewährleisten.

effektive Tagesarbeitszeit	T_e	Vorgesehene Arbeitszeit pro Arbeitstag
Einarbeitungseffekt		Gesamte Auswirkungen des Lernens
Einarbeitungsfaktor		Faktor zur Berücksichtigung des Einarbeitungseffektes nach Platz (1989)
Einarbeitungsphase		Zeitraum, in dem der wesentliche Anteil des Lernens erfolgt und die wesentlichen Einarbeitungseffekte auftreten
eindimensionale Daten		Daten, die durch die Häufigkeitsverteilung einer einzigen Variablen beschrieben werden
Einfach-Schildmaschine	SM	Vortriebseinrichtung, die sich im geschützten System eines Schildes befindet, dabei kann weiter unterschieden werden zwischen offenen und geschlossenen Schilden, nach Bodenabbau und nach Stützung der Ortbrust
Einsatzmengen		Eingesetzte Menge eines Produktionsfaktors
Erfahrungskurve		Erweiterung des Lernkurvenkonzeptes; versucht den betrieblichen Erfahrungszuwachs einer gesamten Unternehmung zu beurteilen
exponentiell gewichtete gleitende Mittel		Transformation einer Zeitreihe zur Glättung durch Ermittlung des gewichteten Mittelwertes aus dem letzten Datum und dem gewichteten Mittelwert der vergangenen Daten
Faktoreinsatzmenge	y	siehe Einsatzmenge
Faktorkombination, betriebliche		Zusammenwirken der mitwirkenden Größen (Produktionsfaktoren) zur Erzeugung eines wirtschaftlichen Gutes
Firmenstammdaten		Firmeneigene Daten wie z.B.: Know-how, interne Bearbeitungsanweisungen, Berichts- und Buchhaltungsdaten
F-Test		Testgröße zur Beurteilung der Signifikanz einer linearen Regression
Fuzzy Set Theory		Theorie der unscharfen Zahlen; Alternative zur Wahrscheinlichkeit; erleichtert subjektive Interpretation
F-Wert		Testgröße beim F-Test

Gesamtvariabilität	Syy	Totale Abweichung vom Mittelwert
gleitendes Mittel		Transformation einer Zeitreihe zur Glättung durch Ermittlung eines (zentrierten oder schiefen) Mittelwertes der Länge k zum jeweiligen Zeitpunkt t
gleitendes Mittel mit der Länge k		Länge k gibt die Anzahl der Werte an, die bei der Mittelwertbildung berücksichtigt werden.
Häufigkeit, relative		Absolute Häufigkeit dividiert durch den Stichprobenumfang (=Anzahl der durchgeführten Messungen)
Häufigkeiten, absolute		Anzahl des Auftretens eines Wertes, einer Klasse
Häufigkeitsverteilung		Absolute oder relative Häufigkeit aufgetragen über die Messgröße bzw. deren Klasse
Hub		maximaler Vorschubweg einer TBM oder SM
Individuelle Lernprozesse		Individuelles Lernen findet im Produktionsprozess dort statt, wo Personen unabhängig von anderen eine Aufgabe ausführen und die Leistung mit zunehmender Wiederholungsanzahl zunimmt.
Integrierte Auto-Regressive Moving-Average Prozesse	ARIMA	Zeitreihenmodelle zur Beschreibung von homogenem, nichtstationärem Verhalten.
Knickanalyse		Analyse zum Auffinden eines signifikanten Trendwechsels in den Daten siehe auch Change-Point Problem.
Kognitive Theorien		Lerntheorien, die das Lernen durch Erkenntnis begründen
Kollektive Lernprozesse		kollektive Lernprozesse finden im Produktionsprozess in der Gruppe statt
Konfidenzgrenzen		Konfidenzgrenzen für die Regression geben einen Bereich für den Erwartungswert der Funktion an; siehe auch Konfidenzintervall
Konfidenzintervall		Konfidenzintervall für die Regressionsparameter oder die Regression gibt einen Bereich für den Erwartungswert an und sagt aus, dass der Parameter mit q % Wahrscheinlichkeit in diesem Intervall zu liegen kommt

Korrelation		Zusammenhang zwischen zwei oder mehreren Größen
Korrelationskoeffizient	ρ	Maßzahl zur Beurteilung der Korrelation; errechnet sich aus der Kovarianz dividiert durch die Standardabweichung in x- und in y- Richtung
Kovarianz, od. empirische Kovarianz	s_{xy}	Dabei werden die Produkte der Abweichungen vom Mittelwert betrachtet; ist ein Maß für die Korreliertheit; eine Stichprobe heißt unkorreliert, wenn $s_{xy}=0$
kumulierte Ausbringungsmenge	x	siehe kumulierte Produktionsmenge
kumulierte Produktionsmenge	x	Gesamtanzahl der bis zum jeweiligen Zeitpunkt gefertigt Einheiten
kumuliertes Mittel		Transformation einer Zeitreihe zur Glättung durch Ermittlung des Mittelwertes bis zum jeweiligen Zeitpunkt
Kurtosis		Kurtosis ist ein Maß für die Konzentration einer Häufigkeitsverteilung um den höchsten Wert
Lageparameter		Zusammenfassende Bezeichnung für Mittelwerte, Modalwert, Medianwert, Quantile
Leistungskurve		Verlauf der Vortriebsleistung über die Baudauer
Lerneffekte		siehe Einarbeitungseffekt
Lernen		Lernen ist ein dynamischer Prozess, bei dem Informationen verarbeitet werden, die zu einer Umgestaltung betrieblicher Strukturen und Prozesse führen
Lernfähigkeit	c	Lernkurvenparameter, der als Maß für das Ausmaß des Lernens dient
Lernkurve		Mathematische Funktion, die der Modellierung des Einarbeitungseffektes zum Zweck der Produktionsplanung und Steuerung dient
Lernkurvenparameter		Parameter, die in der jeweiligen Lernkurve als Modellgrößen eingesetzt werden
Lernkurventheorie		theoretisches Gerüst, das den Einsatz von mathematischen Funktionen zur Beschreibung des Einarbeitungseffektes untermauert
Lernprozess		siehe Lernen

Lernrate		Begriff verwendet im Zusammenhang mit der Linearhypothese; Logarithmus des Quotienten aus Faktoreinsatzmenge der zuletzt produzierten Einheit und der Faktoreinsatzmenge der ersten produzierten Einheit; stellt den Anstieg der Geraden im logarithmischen Diagramm dar
lineare Regression		Bestimmung eines (linearen) Zusammenhanges von zwei oder mehreren Größen; linear bezieht sich dabei nicht auf die Formfunktion, sondern auf die Parameter
Linearhypothese		Lernkurve der Form $y=a \cdot x^{-b}$; als Linearhypothese deswegen bezeichnet, weil im log-log Maßstab als Gerade darstellbar
Logarithmische Lernkurve		siehe Linearhypothese
Log-lineare Lernkurve		siehe Linearhypothese
Markov-Ketten		Diskrete Zufallsprozesse, deren Grundannahme die vollständige Gedächtnislosigkeit ist, d. h. das künftige Verhalten hängt vom gegenwärtigen Zustand ab und wird vom vergangenen Verlauf nicht beeinflusst
Maximalwert		größter Beobachtungswert
Medianwert		siehe Zentralwert
mehrdimensionale Daten		Messgrößen, durch die gemeinsame Häufigkeitsverteilung mehrerer Variablen bestimmt
Minimalwert		kleinster Beobachtungswert
Mittelwert, arithmetisches	m	Summe der Messwerte durch die Anzahl der Messungen
Modalwert		Der Modalwert (Modus) entspricht der Merkmalsausprägung mit der größten Häufigkeit
Modell		Modelle sind Hilfsmittel für den Umgang mit der Realität und dienen der Untersuchung eines Prozesses
Modellgrößen		Jene Größen, die zur Darstellung der Systemstruktur erforderlich sind; hier Messgröße und Lernkurvenparameter

Moment einer Stichprobe		Erweiterung der Definition von Mittelwert und Varianz und stellt eine Kenngröße höherer Ordnung dar; siehe auch Schiefe und Kurtosis
Moving-Average Prozess	MA	Begriff aus der Zeitreihenanalyse: der Prozess wird durch Bildung eines gleitenden Mittels erzeugt, dessen Gewichtungsfunktion nicht zentriert über dem jeweiligen Zeitpunkt liegt; die Gewichtungsfunktion verwendet keine zukünftigen Werte
Nettovortriebsleistung	I_n	Vortriebsleistung ohne Berücksichtigung der vortriebsbedingten Stillstandszeiten
Nullhypothese	κ_0	Begriff aus der statistischen Testtheorie: Anahme, die überprüft werden soll
offene Tunnelbohrmaschine	o-TBM	Tunnelbohrmaschine, die sich gegen das Gebirge verspannt und nicht über die gesamte Maschinenlänge durch einen Schild geschützt ist.
Penetration	i_0	Eindringtiefe i. Gebirge je Bohrkopfumdrehung
Periodizität		regelmäßige Wiederkehr
Potenzfunktion		siehe Linearhypothese
Produktionsfaktor		Bezeichnung der für die Produktion unentbehrlichen Güter materieller und immaterieller Art, deren Einsatz für das Hervorbringen anderer Wirtschaftsgüter wie Arbeit, Boden und Kapital notwendig ist
Produktivität		Ergiebigkeit der betrieblichen Faktorkombination; auch Verhältnis aus Output zu Input
Produktivitätsgewinn		Zunahme der Ergiebigkeit der betrieblichen Faktorkombination
Prognose Typ 1		Prognose des Einarbeitungseffektes vor Beginn der Baustelle
Prognose Typ 2		Prognose des Einarbeitungseffektes nach Beginn der Baustelle
Prognoseintervall		Vorhergesagtes Intervall für einen Wert
projektabhängige Daten		Daten, die von den Randbedingungen eines Projektes abhängen

Projektbearbeitungsdaten		Daten, die zur Bearbeitung erforderlich sind wie z. B. Arbeitsvorbereitung etc.; diese sind nicht allen Projektbeteiligten zugänglich
Projektdaten		Daten, die sich aus den Bereichen Entwurf, Ausschreibung, Ablaufsteuerung und Abrechnung ergeben; diese sind allen Projektbeteiligten zugänglich
projektunabhängige Daten		Daten, die nicht von den Randbedingungen eines Projektes abhängen
Quantilwerte		Werte, die den q % der Anzahl der beobachteten Werte über- oder unterschreiten
Rauschen		zufällige Schwankungen in den Daten
Regressionsanalyse		Mit der Regressionsanalyse soll der Zusammenhang zwischen zwei oder mehreren Größen quantifiziert werden
Regressionsfunktion		Funktion zur Regressionsanalyse
Reiz-Reaktions-Theorien	S-R Theorien	Erklären das Lernen dadurch, dass das Lernen durch Reize ausgelöst wird, auf die der Lernende mit Reaktionen antworten muss
Reiz-Reaktions-Verknüpfung		Beurteilt der Lernende den Erfolg der Reaktion positiv, so wird die Verknüpfung zwischen Reiz und gewählter Reaktion verstärkt
relative Abweichung		Differenz zweier Messwerte bezogen auf einen Normalwert
Residuum	e	Differenz zwischen Beobachtungswerten und den dazugehörigen Schätzwerten
Retrogression		Vorgehensweise zur Beurteilung des Wiedereinarbeitungseffektes, die davon ausgeht, dass der Lernende einfach auf einen früheren Punkt der Lernkurve zurückversetzt wird
Rock-Mass-Class	RMC	Einteilung in Gebirgsklassen nach dem RMR Rating nach Bieniawski
Rock-Mass-Rating	RMR	Gebirgsklassifizierung nach Bieniawski
Schiefekoeffizient		Maß zur Beurteilung, ob eine Verteilung linksschief oder rechtsschief ist

Signifikanz der Koeffizienten	siehe auch T-Test; sagt aus, ob unter der gegebenen Datenlage der ermittelte Koeffizient in das Modell aufgenommen werden soll
Spearman Korrelationskoeffizient	Nichtparametrisches Maß des Zusammenhanges für ordinale und ranggeordnete Variablen (Rangkorrelationskoeffizient) nach Spearman. Wertebereich -1 bis +1
Sprunganalyse	Analyse zum Auffinden eines signifikanten Sprunges des Mittelwertes in den Daten
Standardabweichung s	Wurzel aus der Varianz
stationärer Prozess	man unterscheidet starke Stationarität und Stationarität 2. Ordnung
Stationarität, 2. Ordnung	Für den Zufallsanteil $r(t)$ gilt: Erwartungswert $E(r(t))=\mu$ und die Varianz $V(r(t))=\sigma^2$ für alle t; schwächere Bedingung als starke Stationarität
Stationarität, starke	Invarianz der Verteilung gegenüber Translation
statistische Daten	sämtliche Daten, die statistisch erfasst werden können
statistische Information	sämtliche Auskünfte, die aus den Daten mittels statistischer Methoden ermittelt werden können
statistische Parameter	mittels statistischer Methoden ausgewertete charakteristische Zahlenwerte
Stillstandszeiten	Unterbrechungen des Vortriebes, hervorgerufen durch unterschiedliche planmäßige und unplanmäßige Ursachen
Stillstandszeiten vortriebsbedingt	Stillstände, die durch den Vortrieb an sich erforderlich sind (Stützmitteleinbau), sowie Ausfälle der Vortriebseinrichtung und der Logistik
Streumaße	Zusammenfassende Bezeichnung für Spannweite, Quantilsabstände, Varianz und Standardabweichung u. ä.
stückweise linear	Funktionen, die durch verschiedene lineare Funktionen zusammengesetzt werden
Stützmittelzahl	Klassifizierungszahl, die den Vortrieb klassifiziert und abhängig ist von Art, Anzahl und Einbauort der Stützmittel

Systemstruktur		wesentlicher, verhaltensrelevanter Aufbau eines Ausschnittes der Realität
Systemverhalten		Verhalten eines Ausschnittes der Realität
Testverfahren, statistische		Entscheidungshilfe zur Beurteilung unterschiedlicher Annahmen anhand einer Stichprobe
Trial and Error		entspricht den Reiz-Reaktions-Lerntheorien
T-Test		Testgröße zur Beurteilung der Signifikanz der Regressionsparameter
Unkorreliertheit		X und Y heißen unkorreliert, wenn der Korrelationskoeffizient Null ist
Unreduzierbarkeitsmaß		In der Lernkurve nach De Jong eingesetzt; Minimalzeit eines Arbeitszyklus
unscharfe Zahl		Eine mit einer Zugehörigkeitsfunktion bewertete Menge von Zahlen
Variabilität, durch Regression beschrieben	SS_R	Quadratsumme der Abweichungen der Regression vom Mittelwert
Variabilität, gesamte	S_{yy}	Totale Abweichung v. Mittelwert; $S_{yy}=SS_R+SS_E$
Variabilität, restliche durch Regression nicht erklärt	SS_E	Summe der Fehlerquadrate
Varianz	s^2	Quadratsumme der Abweichungen vom Mittelwert einer Stichprobe
Variationskoeffizient		Quotient aus Standardabweichung und arithmetischem Mittel
verhaltenbeschreibender Ansatz		beschreibt das Verhalten eines Systems
Verlusttage		Tatsächliche Vortriebsdauer ohne Stillstandsdauer abzüglich Vortriebsdauer ermittelt aus einer Leistung, die frei ist von Einarbeitungseffekten
Verteilungsfunktion (empirische)		auch Summenhäufigkeit; durch Aufsummieren der Häufigkeiten links von x_j
Viertelwerte		auch Quartilwerte; Quantilwert mit q = 25 % und q = 75 %
Vollschnittmaschine		Abbau der Ortbrust erfolgt vollflächig
Vortriebseinrichtung		Vortriebsmaschine und Nachläufer
Vortriebsklasse		Einteilung des Vortriebes in Abschnitte gleichen Arbeitsaufwandes; meistens festgelegt durch Bohrbarkeit, Einbauort, Art und Menge der

	Stützmittel
Vortriebsklassenmatrix	Matrix zur Klassifizierung des Vortriebes nach Einbauzeitpunkt der Stützmittel und Stützmittelzahl
Vortriebszyklus	Ablauf der Tätigkeiten zur Ausführung eines Hubes
Wahrscheinlichkeitslehre, angewandte	Auf eine Axiomatik aufbauende Theorie zur Beurteilung zufälliger Größen
weißes Rauschen	weißes Rauschen in einer diskreten Zeitreihe liegt vor, wenn die z_i unabhängig und identisch verteilt sind mit $E(z_i) = 0$ und $V(z_i) = \sigma_z^2$
Wiedereinarbeitung	Einarbeitungseffekt, der nach längerer Unterbrechung erneut auftritt
Wirkungsstruktur	Ausbildung der Auswirkungen (eines Prozesses)
Wortmodell	Verbale Beschreibung einer Abbildung eines Ausschnittes der Realität
Zeitreihenanalyse	Methoden zur Auswertung von Daten, die in zeitlicher Abfolge vorliegen
Zentralmoment	auf den Mittelwert bezogenes Momente
Zentralwert	siehe Medianwert
zentriertes gleitendes Mittel	gleitendes Mittel mit gleicher Länge vor und nach dem eigentlichen Wert
zweidimensionale Daten	Wertepaare; siehe auch mehrdimensionale Daten

Abkürzungsverzeichnis:

Abkürzung	Begriff	Einheit
AG	Auftraggeber	
AN	Auftragnehmer	
ANOVA	Analysis of Variance	
AR	Auto-Regressive Prozesse	
ARIMA	Integrierte Auto-Regressive Moving-Average Prozesse	
ARMA	Auto-Regressive-Moving-Average Prozesse	
DS-TBM	Doppelschild-Tunnelbohrmaschine	
e	Residuum	
i_0	Penetration	mm/U
I_{bez}	Bezugs-Nettovortriebsleistung	m/h
I_d	Bruttovortriebsleistung	m/d
I_n	Nettovortriebsleistung	m/h
κ_0	Nullhypothese	
κ_1	Alternativhypothese	
m	Mittelwert	
MA	Moving-Average Prozess	
o-TBM	offene Tunnelbohrmaschine	
ρ	Korrelationskoeffizient	
R^2	Bestimmtheitsmaß	
RMC	Rock-Mass-Class nach Bieniawski	
RMR	Rock-Mass-Rating nach Bieniawski	
s	Standardabweichung	
s^2	Varianz	
SM	Einfach-Schildmaschine	
SS_R	Durch Regression beschriebene Variabilität	
S-R	Stimulus-Response; Reiz-Reaktions-Theorien	
SS_E	Quadratsumme der Residuen, durch Regression unerklärte Restvariabilität	
s_{xy}	empirische Kovarianz	
S_{yy}	Gesamtvariabilität	
T_e	effektive Tagesarbeitszeit	h
u	Ausnutzungsgrad	%

Abkürzung	Begriff	Einheit
x	kumulierte Produktionsmenge	
y	Faktoreinsatzmenge	

1 Einleitung

Thematik und Situation

Der Einarbeitungseffekt ist bei der industriellen Fertigung ein weitgehend abgeklärtes Thema und wird bei der Produktionsplanung grundsätzlich berücksichtigt. Bei der Fertigung auf Baustellen ist man sich zwar dieses Phänomens bewusst, in der Produktionsplanung aber wird der Einarbeitungseffekt selten gesondert berücksichtigt.

Die Gründe dafür sind:

- Ständig wechselnde Randbedingungen bei der Produktion
- Unschärfen bei der baubetrieblichen Leistungs- und Kostenermittlung
- Bauwerke sind Einzelanfertigungen - nur einzelne Tätigkeiten unterliegen einer hohen Wiederholungsanzahl

Bei konventionellen Tunnelvortrieben liegen Untersuchungen über den Einarbeitungseffekt von Platz[1] (1989), Schmiedberger[2] (2000) vor. Oglesby[3] et al. (1989) geben ein Beispiel für den Einarbeitungseffekt bei Rohrvorpressungen an.

Bei mechanischen Tunnelvortrieben wird in der Literatur das Auftreten und die Auswirkungen des Einarbeitungseffektes zwar häufig erwähnt und beschrieben[4]; Untersuchungen und Veröffentlichungen zu diesem Thema liegen nur vereinzelt vor. Bekannt sind die Diplomarbeit von Krüger[5] (1997) und eine kurze Abhandlung von Melis[6] (1999).

Bei mechanischen Tunnelvortrieben können die Auswirkungen des Einarbeitungseffektes besonders ausgeprägt sein; Einarbeitungsphasen von drei Monaten sind üblich, können sich jedoch bis zu einem Dreivierteljahr hinstrecken.

---

[1] Platz, H.: Über die Zeitermittlung auf Baustellen, dargestellt am Beispiel von Vortriebsdaten des konventionellen Tunnelbaues. Dissertation Technische Universität München, 1989

[2] Schmiedberger, D.: Auswirkungen von oftmaligen Unterbrechungen auf den baubetrieblichen Ablauf von Tunnelbaustellen. Diplomarbeit Technische Universität Wien, 2000

[3] Oglesby, C. H., Parker, H. W., Howell, G. A.: Productivity Improvement in Construction. Mc Graw Hill, Boston, 1989,

[4] z.B.: Wallis, S.: Lesotho Highlands Water Project. Laserline, Surrey 2000

[5] Krüger, U.: Der Einarbeitungseffekt am Projekt Vereina Nord. Diplomarbeit Universität Innsbruck, 1998

[6] Melis, M. J.: EPBM Performance. Tunnels Tunneling International, March, 1999, S. 21-22

Auf Grund der fehlenden Kenntnisse werden diese derzeit aber nur selten bei der Produktionsplanung, der Leistungs- und Kostenermittlung berücksichtigt. Univ.Prof. Dipl.-Ing. Eckart Schneider hat auf diese Situation hingewiesen, und das war der Anlass, den Einarbeitungseffekt bei mechanischen Tunnelvortrieben näher zu untersuchen und eine Vorgehensweise zur Auswertung sowie ein Prognosemodell zu entwickeln.

Vorgehensweise

Die Grundlage für diese Arbeit stellen die Vortriebsdaten von abgeschlossenen Projekten dar. Am Beginn der Arbeit stand die Anfrage an einschlägige Fachfirmen, Vortriebsdaten zur Verfügung zu stellen. Einige Vortriebe waren auf Grund der Randbedingungen, wie z.B. Tunnellänge etc. und der vorhandenen Daten zur Auswertung des Einarbeitungseffektes nicht geeignet. Der Großteil der in dieser Arbeit verwendeten Daten stammt von Vortrieben der Firma *JÄGER GesmbH, Schruns Vbg.*, die dadurch zum Gelingen der Arbeit in hohem Maße beigetragen hat.

Die Bearbeitung des aufgezeigten Themas erfolgte im Wesentlichen in folgenden drei Phasen:

In der ersten Phase werden die Grundlagen für das Thema - *Datenerfassung, Lern- und Lernkurventheorien* behandelt - und auf die gegebene Situation und Problematik eingegangen.

In der zweiten Phase werden *geeignete Modelle zur Auswertung des Einarbeitungseffektes bei mechanischen Vortrieben* unter Berücksichtigung der Randbedingungen entwickelt; die zur Verfügung gestellten Daten werden mit diesen Modellen ausgewertet.

In der dritten Phase wird ein *Modell zur Prognose des Einarbeitungseffektes,* aufbauend auf die Erkenntnisse der Baustellenauswertungen, ausgearbeitet und vorgeschlagen.

Abgrenzung

Ziel der Arbeit ist es, eine Vorgehensweise zur Auswertung des Einarbeitungseffektes bei mechanischen Tunnelvortrieben aufzuzeigen und ein Modell zur Prognose des Einarbeitungseffektes anzubieten mit der Hoffnung, dass diese Modelle in der baubetrieblichen Praxis angewendet und durch den praktischen Einsatz verbessert werden. Benachbarte Themen, die eng mit dem Einarbeitungseffekt verbunden sind, werden nicht behandelt, da sie den Rahmen dieser Arbeit sprengen würden:

- Beeinflussung des Lernens durch Wissensmanagement
- Leistungsprognosen bei TBM Vortrieben

Mangels verfügbarer Daten können keine Aussagen über Schildvortriebe und Rohrvorpressungen mit Schildmaschinen gemacht werden.

Das Modell zur Prognose des Einarbeitungseffektes hat Gültigkeit für Vortriebe mit einem Bohrkopfdurchmesser < 7,0 m. Bei größeren Durchmessern müssen die Filterfunktionen geändert werden.

Besondere Problembereiche

Bei der Auswertung des Einarbeitungseffektes sind folgende Problembereiche hervorzuheben, die sowohl bei der Auswertung als auch bei der Prognose Schwierigkeiten bereiten:

- Geologie und Hydrogeologie
- Randbedingungen des Projektes
- Schwankungsbreiten der Daten

In dieser Arbeit werden Lösungsvorschläge dazu gegeben.

Ausblicke

Der Einarbeitungseffekt bei TBM Vortrieben stellt eine nicht zu vernachlässigende Größe dar. Es wäre wünschenswert, dass dieser Umstand in der Praxis Berücksichtigung findet:

- Bei der Produktionsplanung, der Leistungs- und Kostenermittlung
- Beim Personaleinsatz: Besonderer Schwerpunkt bei der Personalplanung muss auf die Einarbeitungsphase gelegt werden; Einarbeitungspartien mit hohem Anteil an Stammpersonal zum Know-how-Transfer und Kontinuität bei der Personalplanung im Allgemeinen sind anzustreben. Leiharbeiter sind nur dort einzusetzen, wo der Einsatz sinnvoll ist; das sind vor allem in Bezug auf die Leistung unkritische Tätigkeiten. Diese Überlegungen gelten für das gesamte Personal für das gewerbliche Personal und auch für Angestellte.
- Bei der Gestaltung der Randbedingungen eines Projektes: der Einsatz von Methoden des Wissensmanagements[7] und die Berücksichtigung bei der Gestaltung der Organisationsstruktur sowohl im Unternehmen als auch auf der Baustelle und die Schaffung eines Klimas, das Lernen ermöglicht, sind erforderlich.

---

[7] Nonaka, I., Takeuchi, H.: Die Organisation des Wissens: Wie japanische Unternehmen eine brachliegende Ressource nutzbar machen. Campus, Fankfurt, 1997

2 Datenerfassung bei mechanischen Tunnelvortrieben

2.1 Allgemein

Die Datenerfassung und die Auswertung der Daten bilden die Grundlage für die vorliegende Arbeit und sind erforderlich, um einen Bezug zwischen dem Geschehen auf der Baustelle und den überwiegend theoretischen Betrachtungen zum Einarbeitungseffekt herstellen zu können. Das Phänomen des Einarbeitungseffektes wird bei der Betrachtung von Leistungskurven erkannt. Diese Kurven basieren auf den auf der Baustelle geführten Aufzeichnungen; die Methode, wie die Daten aufgezeichnet wurden, ist von zentraler Bedeutung für die darauf aufbauenden Untersuchungen.

Der maschinelle Tunnelbau bietet auf Grund der unterschiedlichen Vortriebsverfahren nicht die Möglichkeit, den Arbeitsprozess einheitlich darzustellen; die Betrachtung muss getrennt nach Vortriebsverfahren vorgenommen werden.

In Anlehnung an die Empfehlungen[8] von DAUB und ÖGG erfolgt eine getrennte Betrachtungsweise für folgende Verfahren.

- Offene Tunnelbohrmaschine [o-TBM]
- Doppelschild-Tunnelbohrmaschine [DS-TBM]
- Einfach-Schildmaschine [SM]

2.2 Anforderungen der Projektbeteiligten an die Datenerfassung

Für eine strukturierte Datenerfassung auf der Baustelle ist es erforderlich aufzuzeigen, welche Anforderungen die Projektbeteiligten an die Datenerfassung stellen.

2.2.1 Auftraggeber (AG)

Ziel des AGs ist eine termingerechte und qualitativ den gestellten Anforderungen entsprechende Herstellung des Bauwerkes. Dabei ergeben sich für den AG sowohl aus dem vertraglichen Verhältnis zu seinem(n) AN(n) Anforderungen an die Datenerfassung als auch aus seinem eigenen Aufgabenbereich.

---

[8] DAUB, ÖGG, FGU: Empfehlungen zur Auswahl und Bewertung von Tunnelvortriebsmaschinen. Tunnel, 5, 1997, S. 20 - 35

Anforderungen aus den vertraglichen Verhältnissen

Im Bauvertrag wird unter anderem die Vergütung erbrachter Leistungen geregelt. Dabei ist es erforderlich, das Ausmaß der erbrachten Leistung zu dokumentieren. Die erforderlichen Aufzeichnungen sind vom Aufbau des Leistungsverzeichnisses abhängig und können für den Zeitraum des Vortriebes in drei Gruppen gegliedert werden:

- Aufzeichnungen über die eingebauten Stützmittel
- Aufzeichnungen über die erbrachte Vortriebsleistung
- Aufzeichnungen über die geologischen und hydrogeologischen Randbedingungen (bei einer offenen TBM)

Diese Aufzeichnungen ermöglichen eine Abrechnung der wesentlichen, während des Vortriebes auftretenden Leistungen; das sind Vortrieb, Sicherung und Erschwernisse wie z.B. Wasser bei einer o-TBM.

Zusammenfassend kann man festhalten, dass sich aus der vertraglichen Sphäre für den AG folgende Anforderungen an Inhalt und Modalität der Datenerfassung ergeben:

- Prüffähige und nachvollziehbare Aufzeichnungen
- Möglichkeit einer regelmäßigen Einsichtnahme

Anforderungen aus dem eigenen Aufgabenbereich

Für künftige Projekte sowie für die Erhaltung und Sanierung des fertiggestellten Tunnelprojektes ist das Erstellen einer Dokumentation erforderlich. Die Dokumentation wird in der Regel vom AG erstellt und steht sowohl dem AG als auch dem AN zur Verfügung.

Die Verfahrensbestimmungen der ÖNORM B 2203 geben Anleitungen zu folgenden Dokumentationen:

- Ingenieurgeologische Dokumentation
- Geotechnische Dokumentation
- Tunnelbautechnische Dokumentation

Tunnelbautechnische Dokumentationen enthalten je nach Vortriebsart folgende Angaben[9]:

- Vortriebsklasse
- Umfang und Art der Stützmittel
- Sondermaßnahmen
- Sohlausbildung
- Ort und Art der Hauptmessquerschnitte
- Ergebnisse der Verformungsmessungen
- Bergwassereintritte im Vortriebsbereich
- Ganglinie der Wassermenge am Portal
- Entwässerungen und Abdichtungen
- Dimensionierung der Innenschale
- Messquerschnitte in der Innenschale
- Verformungsgeschwindigkeit zum Zeitpunkt des Einbaues der Innenschale
- Hinweise auf Standsicherheitsberechnungen
- Besonderheiten

Bei TBM-Vortrieben ist eine Zusammenschau der geologischen Situation mit den Hauptdaten der TBM bzw. davon abgeleiteten Daten empfehlenswert.

Zu den Hauptdaten der TBM zählen:

- Vortriebsleistung
- Vorschubkraft
- Stromaufnahme
- Drehzahl etc.

Als abgeleitete Daten sind von Interesse:

- Penetration
- Nettovortriebsleistung
- Lösearbeit
- Drehmoment
- Meißelverschleiß etc.

---

[9] Österreichische Normungsinstitut: ÖNORM B 2203 Untertagebauarbeiten. 1994

2.2.2 Auftragnehmer (AN)

Die Anforderungen des ANs an die Datenerfassung ergeben sich zum einen aus der vertraglichen Sphäre und zum anderen aus den betriebsinternen Interessen.

Ziel des ANs ist, eine den vertraglichen Bedingungen entsprechende Erbringung der Leistung unter den wirtschaftlichen Rahmenbedingungen zu bewerkstelligen; dabei spielen Kosten, Zeit und Erfahrungsgewinn (= Wettbewerbsvorteil) eine bedeutende Rolle.

Anforderungen auf Grund der vertraglichen Bedingungen

- Nachvollziehbare Aufzeichnungen
- Vom AG anerkannte Aufzeichnungen
- Qualitativ hochwertige Aufzeichnungen

Welche Daten erfasst werden, wird im Wesentlichen durch das Bauwerk und die vom AG gewählte Leistungsbeschreibung beeinflusst.

Anforderungen auf Grund betriebsinterner Interessen

Die Erstellung eines Bauwerkes gibt dem AN die Gelegenheit, die angestellten Kalkulationen (Leistungen und Kosten) mit der Realität zu messen und für künftige Projekte zu speichern. Um diesen Erfahrungsgewinn nutzen zu können, ist es erforderlich, die bei dem Projekt auftretenden Daten und Randbedingungen zu erfassen und möglichst bald im Verlauf des Projektes laufend auszuwerten. Unter diesem Gesichtspunkt sind folgende Daten von Interesse:

- Leistungen und Ausnutzungsgrade
- Kosten und Aufwandswerte
- Randbedingungen

Eine systematische Aufbewahrung und Pflege dieser Daten bietet dem Unternehmen eine Wissensbasis für künftige Projekte. Darüber hinaus können Auswertungen der aktuellen Projektdaten zur Standortbestimmung und damit zur Steuerung des Projektes herangezogen werden. Dazu sind folgende Maßnahmen erforderlich:

- Systematik für die Auswertung
- Strukturierung der zu erfassenden Daten
- Einfache Handhabbarkeit
- Erfassen der Randbedingungen

Die Hauptprobleme bei diesen Überlegungen sind die Einzigartigkeit des zu erstellenden Tunnels mit seinen geologischen, hydrogeologischen und allgemeinen Randbedingungen und das gewählte, mechanische Vortriebskonzept mit seinen maschinentechnischen Eigenschaften. Die unter diesen speziellen Randbedingungen erbrachten Leistungen sind nicht ohne weiteres auf das nächste Projekt übertragbar.

2.3 Allgemeine Strukturierung der Daten bei Bauprojekten

Bevor auf die tunnelbauspezifischen Gegebenheiten eingegangen wird, ist eine allgemeine Betrachtung von Daten bei Bauprojekten und deren Strukturierung notwendig. Die Realisierung eines Bauprojektes erfordert eine firmenübergreifende Organisation.

Die Projektorganisation hat vor allem die Aufgabe, alle Angaben und Aussagen, die für die Realisierung eines Projektes benötigt werden, zusammenzutragen und in *Dokumenten*[10] niederzulegen. Die Dokumente beinhalten den Bestand an Aussagen, die in ihrer Gesamtheit alle auf das Projekt bezogenen Fakten zusammenfassen[11]. Aussagen, die sich durch endliche Zeichen eindeutig wiedergeben lassen, bezeichnet man in diesem Zusammenhang als *Daten*.

Eine wesentliche Eigenschaft von Daten ist, dass diese immer aus Paaren von Angaben bestehen:

- Aus der Kennzeichnung der Objekte, über die ausgesagt wird, und deren Attribute, die in der Aussage vorkommen
- Aus den Werten der Attribute

Von *Projektdaten* spricht man, wenn die Vereinigung aller in den aufgezählten Unterlagen enthaltenen Aussagen zusammenfassend benannt werden soll.

Einen weiteren wesentlichen Begriff bei der Beschreibung und Auswertung von Datenbeständen stellt der Begriff *Modell* dar, auf den im Kapitel 6 näher eingegangen wird. Daten repräsentieren stets Modelle des Objektes, über das sie Aussagen machen.

---

[10] Begriff des Dokumentes: Im informationswissenschaftlichen Sinn ist ein Dokument die materielle Einheit eines Datenträgers.
[11] Schwarz, H.: Daten- und Informationsverarbeitung in Planung und Steuerung von Bauprojekten. Ernst&Sohn, Berlin 1988, S. 23 ff

Im Rahmen eines Bauprojektes benutzen die Mitglieder der Projektorganisation meist unterschiedliche Modelle des Objektes, der Organisation und der Bearbeitungsabläufe. Dieser Umstand muss bei der Kommunikation berücksichtigt werden.

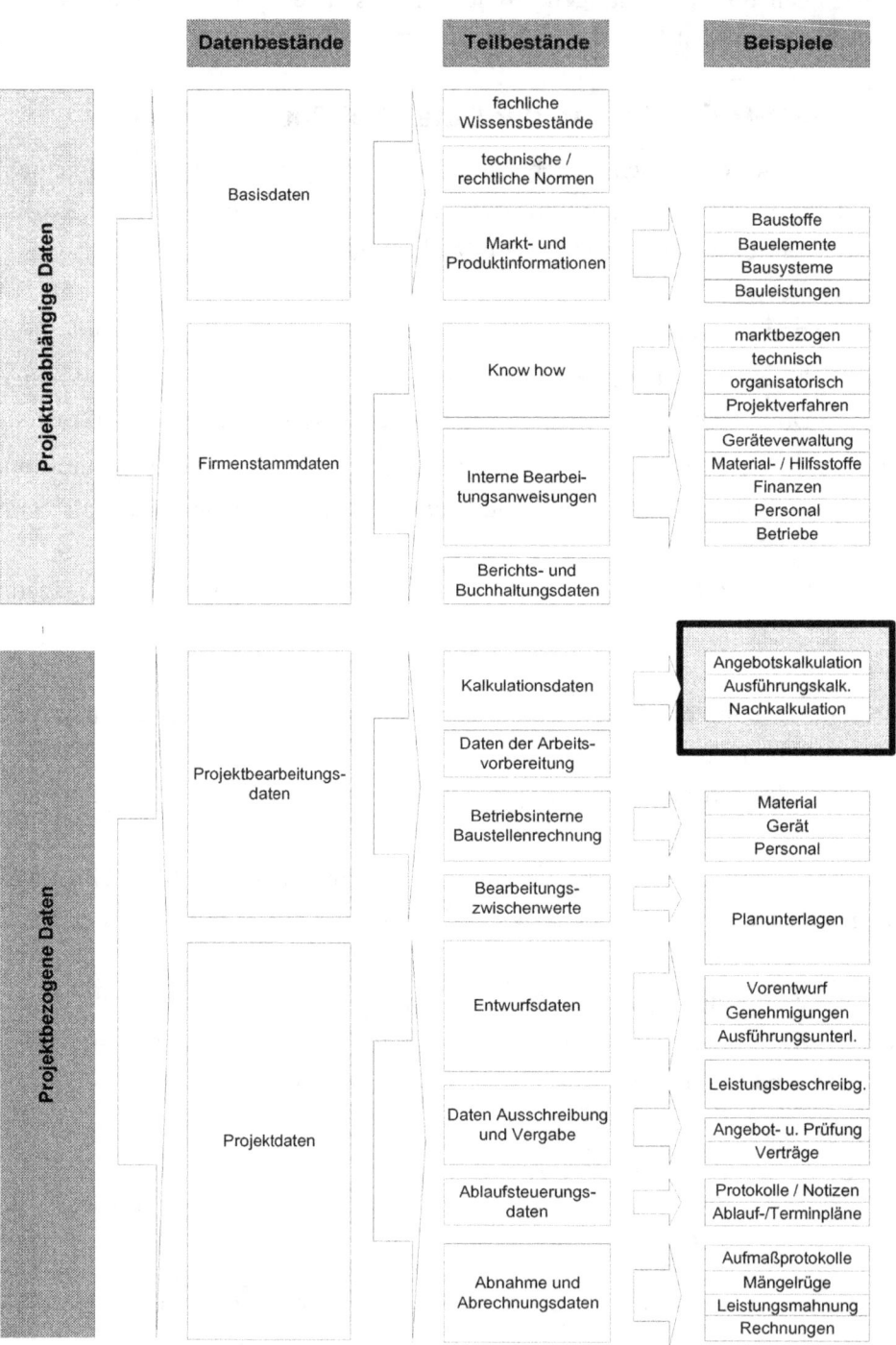

Abbildung 1 Gliederung der Datenbestände

In Abbildung 1 erfolgt eine allgemeine Analyse und Strukturierung der Projektdaten. Grundsätzlich werden *projektunabhängige* und *projektbezogene Daten* unterschieden. Den projektunabhängigen Daten sind die *Basisdaten* und die *Firmenstammdaten* zuzuordnen.

Die Grunddaten umfassen alle für den Bauprozess relevanten Unterlagen und deren Aussagen, die allgemein zugänglich sind. Als Firmenstammdaten können Unterlagen bezeichnet werden, die innerhalb der Stammorganisation der Projektbeteiligten[12] gehalten werden. Unter Firmenstammdaten werden zur Erweiterung des Know-hows bei Projektabschluss Teile der projektbezogenen Daten abgelegt.

Innerhalb der projektbezogenen Daten können *Projektbearbeitungsdaten* und die eigentlichen *Projektdaten* unterschieden werden. Der Unterschied zwischen den beiden Gruppen liegt darin, dass die Bearbeitungshilfsdaten im Rahmen des Projektes anfallen, aber nicht an Projektbeteiligte außerhalb der Stammorganisation weitergegeben werden. Als Unterscheidungskriterium wird hier der Zugriff einer anderen Delegation herangezogen, wobei es nicht erforderlich ist, dass alle Projektbeteiligten Zugriff auf diese Daten haben.

Die Abbildung 2 stellt das Verhältnis zwischen den zuvor definierten Datengruppen dar.

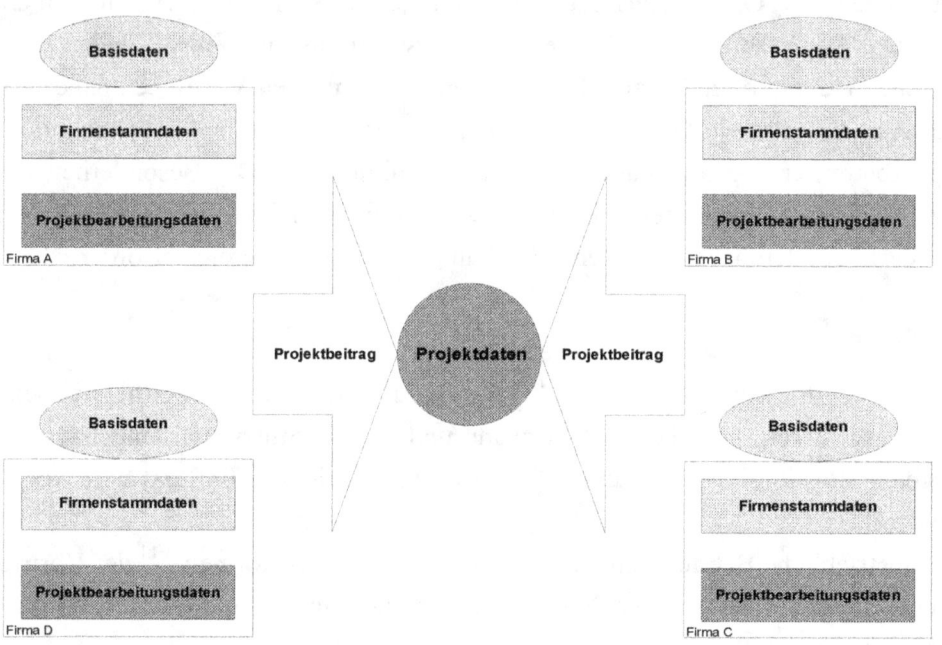

Abbildung 2 Zusammenhänge zwischen den definierten Datengruppen

---

[12] Anmerkung: Baufirmen, Ingenieurbüros, Behörden, Auftraggeber etc.

Die Projektdaten werden vom Projektbeitrag der Firma beeinflusst, wobei dieser wiederum von den drei Faktoren - Basisdaten, Firmenstammdaten und Projektbearbeitungsdaten - beeinflusst wird. Über den Projektbeitrag einer Firma besteht eine Rückkoppelung und damit eine Aktualisierung des Datenbestandes. Dieses Gerüst wird es in weiterer Folge ermöglichen, die auftretenden Daten zuzuordnen. Wesentlich ist, ob es sich um Projektbearbeitungsdaten oder um Projektdaten handelt, da damit auch festgelegt wird, wer Zugriff auf diese Daten besitzt.

2.4 Vortriebsverfahren bei mechanischen Vortrieben

Bevor auf die Methoden der Datenerfassung und alle darauf aufbauenden Untersuchungen näher eingegangen wird, erfolgt eine Darstellung des Vortriebsablaufes für die drei, vom Ablauf des Bauprozesses her unterschiedlichen Vortriebsverfahren.

2.4.1 Vortrieb und Sicherung mit einer offenen TBM

Bei Vortrieben mit einer o-TBM erfordert die Sicherung des Hohlraumes den Einsatz von Stützmitteln.

Vortriebs- und Sicherungsverfahren

Offene Tunnelbohrmaschinen werden in Festgesteinen mit mittlerer bis hoher Standzeit eingesetzt. Der Abbau der Ortbrust erfolgt mit rotierendem Bohrkopf, der mit Rollenmeißeln bestückt ist. Der Anpressdruck wird über ein Grippersystem in das Gebirge übertragen. Um den ausgebrochenen Hohlraum zu stützen, kommen bei mechanischen Vortrieben nahezu dieselben Stützmittel zum Einsatz wie bei konventionellen Vortrieben, nämlich Baustahlgitter, Bögen, Anker, Spritzbeton, ergänzt um das Element des Sohltübbings. Die Besonderheit des Sicherungskonzeptes bei mechanischen Vortrieben stellt die zeitliche Abfolge des Einbaues der Stützmittel dar; vor allem ist ein trockener Ausbau im Maschinenbereich erforderlich.

Arbeitsbereiche

Der Ablauf bei Vortrieben mit einer o-TBM (Abbildung 3) ist komplexer als bei den anderen zwei Vortriebsverfahren. Entscheidend ist, wann und wo die Stützmittel eingebaut werden, da die erbringbare Vortriebsleistung nur von jenen Einbauarbeiten beeinflusst wird, die den Vortrieb behindern.

Für eine baubetriebliche Betrachtung wird in den einschlägigen Normen[13][14] der Vortrieb in Arbeitsbereiche eingeteilt. Die in den Normen getroffene Einteilung des Einbauortes dient in erster Linie einer abgestuften Vergütung des Stützmitteleinbaues.

---

[13] Österreichisches Normungsinstitut: ÖNORM B 2203: Untertagebauarbeiten – Werkvertragsnorm. Österreichisches Normungsinstitut, Wien, 1994

[14] Schweizerischer Ingenieur- und Architektenverein: SIA 198: Untertagbau. SIA, Zürich, 1993

Für die Untersuchung der Vortriebsleistung ist der Stützmitteleinbau deshalb von Bedeutung, weil dadurch Behinderungen des Bohrbetriebes eintreten können; das betrifft vor allem den Arbeitsbereich 1 *Maschinenbereich*, da Stützarbeiten in den beiden anderen Bereichen nur in Ausnahmefällen den Vortrieb behindern.

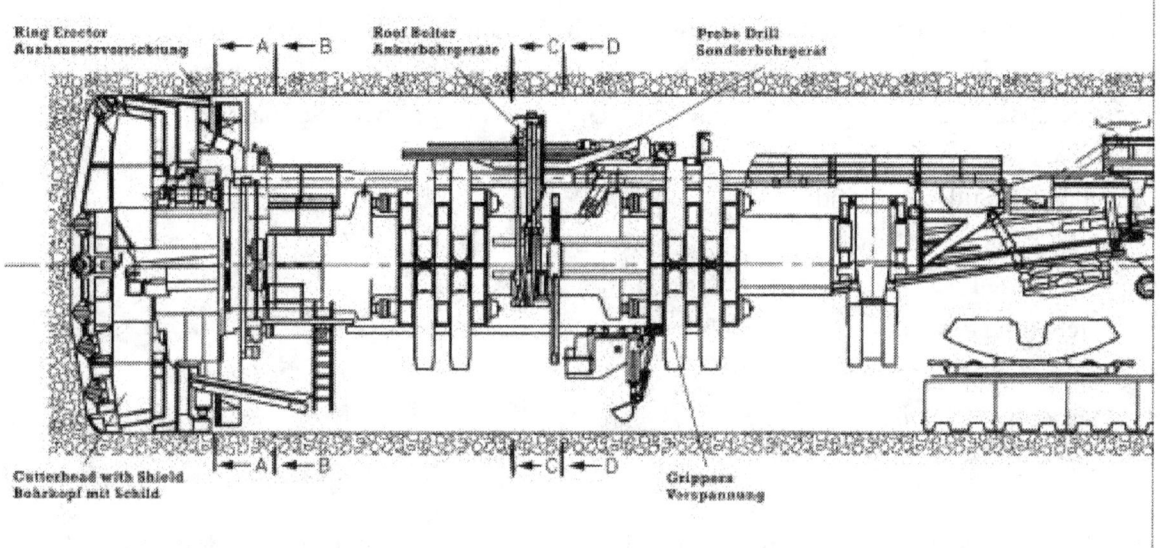

Abbildung 3 Aufbau einer o-TBM[15]

Die ÖNORM B 2203 gibt Arbeitsbereiche (Abbildung 4) an, innerhalb derer die Stützmittel eingebaut werden.

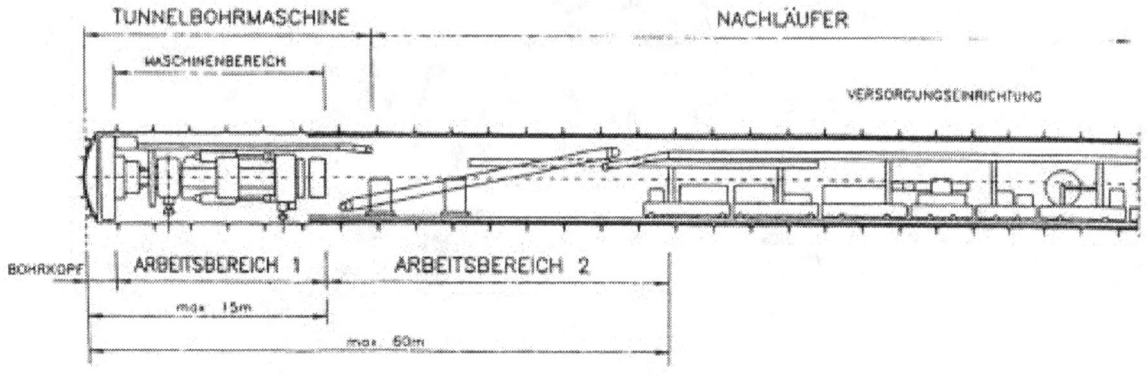

Abbildung 4 Arbeitsbereiche gemäß ÖNORM B2203[16]

---

[15] Wirth Maschinen- und Bohrgeräte-Fabrik GmbH: Tunnelbohrmaschine für Vereina Projekt TB 770/850 E: Produktinformation. Erkelenz

[16] Österreichisches Normungsinstitut: ÖNORM B 2203: Untertagebauarbeiten – Werkvertragsnorm. Österreichisches Normungsinstitut, Wien, 1994

Vortriebsablauf

Die Bohrarbeiten werden nach Abbohren eines Hubes durch das Umsetzen und je nach Maschinentyp durch das Einrichten der o-TBM unterbrochen. Die Auslastung der o-TBM wird darüber hinaus durch Stillstände herabgesetzt, die den Sicherungsarbeiten dienen oder deren Ursachen betrieblicher bzw. maschinentechnischer Natur sind. Bei den Sicherungsarbeiten ist zu unterscheiden, ob diese je nach Gebirgsverhältnissen und Art der Stützmittel parallel zum Vortrieb ausgeführt werden können oder eine Unterbrechung notwendig machen.

Ursachen für Stillstände sind:

- Umsetzzeit
- Sicherung des aufgefahrenen Hohlraumes
- Betriebliche Ursachen
- Maschinentechnische Ursachen
- Geologische Ursachen

Die Abbildung 5 zeigt den schematischen Ablauf eines Vortriebzyklus mit einer offenen TBM

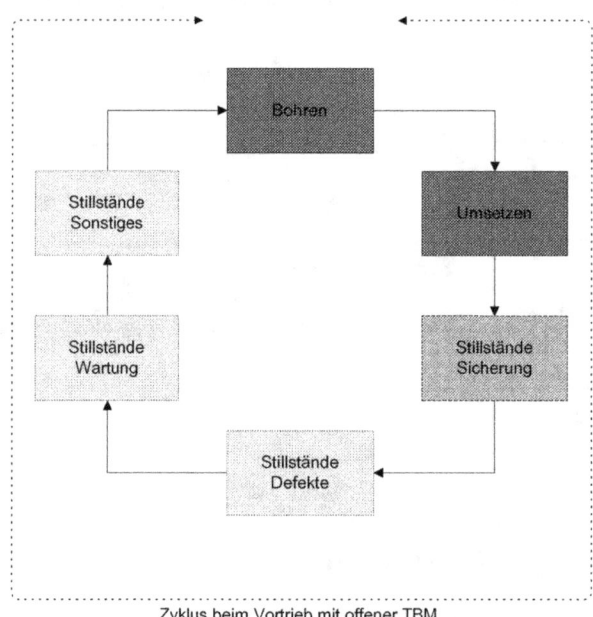

Zyklus beim Vortrieb mit offener TBM

Abbildung 5 Schematischer Ablauf des Vortriebzyklus mit einer offenen TBM

2.4.2 Vortrieb und Sicherung mit einer Doppelschild-TBM

Ganz anders als bei einer offenen TBM erfolgt bei einer Doppelschild-TBM (Abbildung 6) eine sofortige Stützung des aufgefahrenen Hohlraumes durch den Schildmantel. Stahlbetontübbings, die im Schutze des Schildschwanzes eingebaut werden, gewährleisten die weitere Stabilität der Hohlraumwandung. Dieses Verfahren kommt in erster Linie im Wasserbau, bei mittleren bis schlechten Gebirgsverhältnissen zum Einsatz.

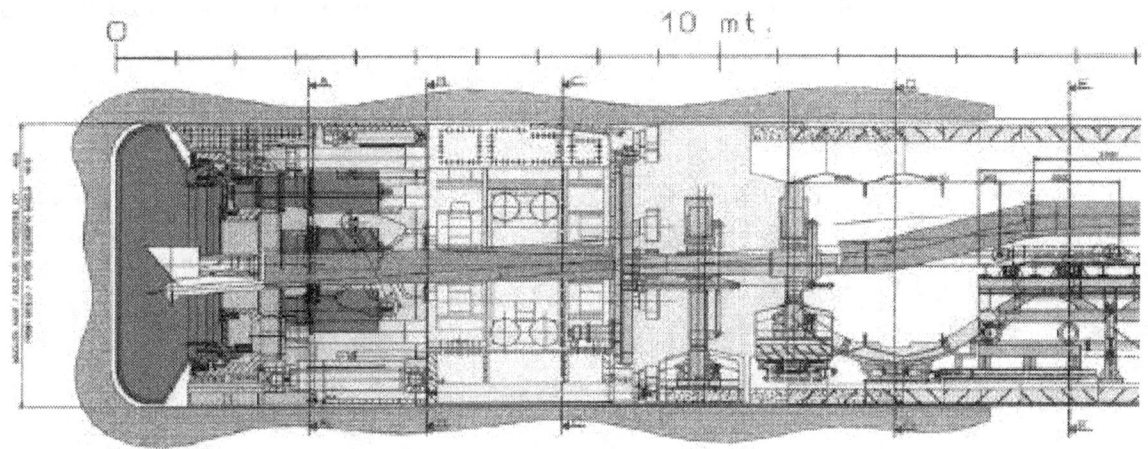

Abbildung 6 Aufbau einer Doppelschild-TBM[17]

Vortriebs- und Sicherungsverfahren

Bei der Doppelschildmaschine lassen sich zwei Vortriebszustände erkennen. Im Normalbetrieb verspannt sich die Maschine über die Gripper, die im Gripperschild angeordnet sind, gegen das Gebirge. In sehr schlechtem Gebirge, bei dem der Anpressdruck nicht mehr über die Gripper ins Gebirge übertragen werden kann, bedient man sich der Hilfsvorschubeinrichtung, die sich auf den Tübbingausbau abstützt. Die Tübbings werden im Schutze des Schildschwanzes eingebaut und verpresst.

Vortriebsablauf

Die Sicherungsarbeiten werden durch den wesentlich einfacheren Vorgang des Tübbingeinbaues ersetzt. Wesentlicher Vorteil dabei ist, dass der Tübbingeinbau nahezu gleichzeitig mit den Bohrarbeiten erfolgen kann und dadurch keine bzw. nur geringe Stillstandszeiten auftreten.

---

[17] International Tunneling Services GmbH: Fimenbroschüre. Schruns

Ursachen für die Stillstandszeiten sind:

- Umsetzzeit (regripping) und Ringbau
- Betriebliche Ursachen
- Maschinentechnische Ursachen
- Geologische Ursachen

Die Abbildung 7 zeigt den schematischen Ablauf eines Vortriebes mit einer Doppelschild-TBM.

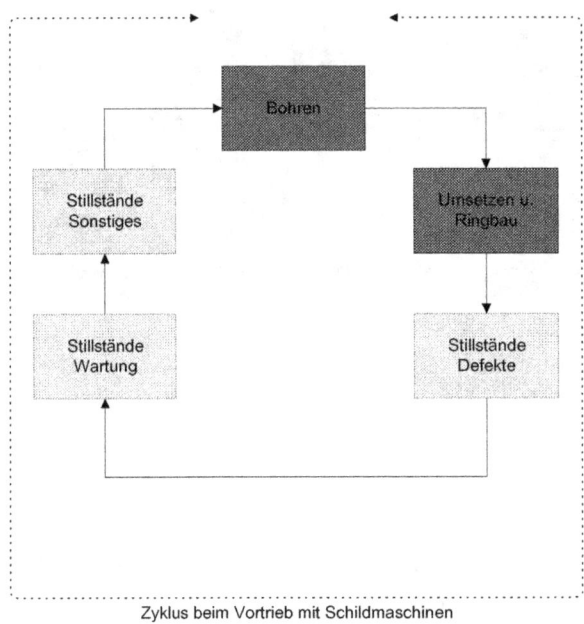

Abbildung 7 Schematischer Ablauf eines Vortriebszyklus bei Doppelschild – TBM

2.4.3 Vortrieb und Sicherung mit einer Einfach-Schildmaschine

Dieses Vortriebsverfahren wird hauptsächlich im „Städtischen Verkehrstunnelbau" angewendet. Einfach-Schildmaschinen lassen sich nach Art des Bodenabbaues und der Art der Ortbruststützung einteilen und werden vorwiegend in Lockerböden mit und ohne Grundwasser eingesetzt.

Die in dieser Arbeit gemachten Aussagen und Untersuchungen gelten für Vollschnittmaschinen mit Flüssigkeits- oder Erdbreistützung.

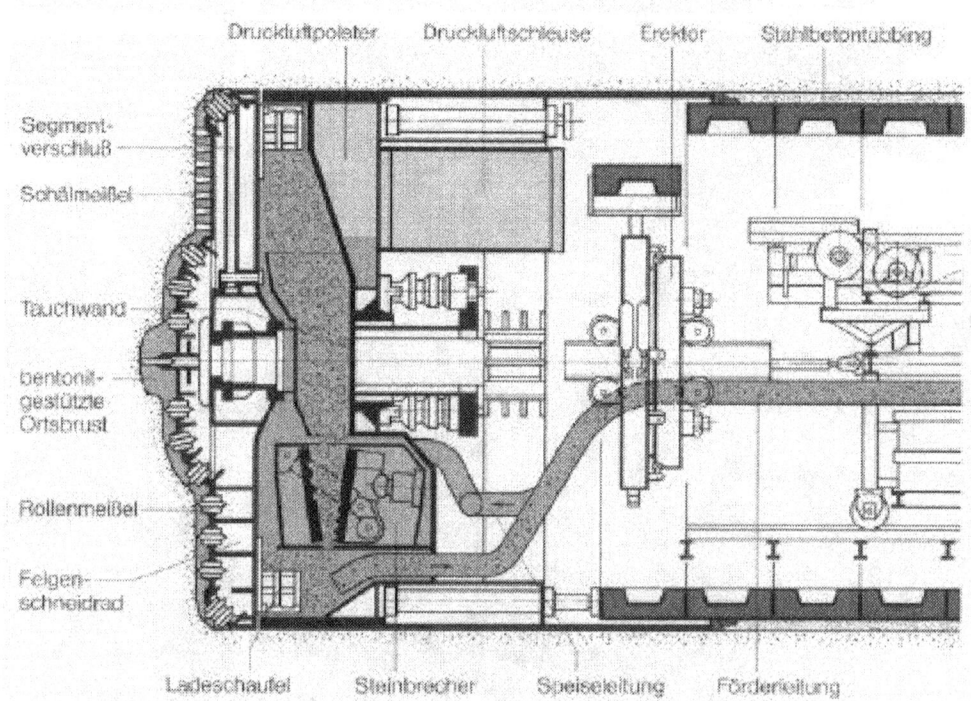

Abbildung 8 Aufbau einer Einfach-Schildmaschine mit Flüssigkeitsstützung der Ortbrust[18]

Vortriebs- und Sicherungsverfahren

Bei Einfach-Schildmaschinen erfolgt eine sofortige Stützung des aufgefahrenen Hohlraumes durch den Schild, in dessen Schildschwanz der gleichzeitig auch endgültige[19] Ausbau in Form von Tübbingen errichtet wird. Der erforderliche Anpressdruck wird durch Abstützen auf den bereits hergestellten Verbau mit Tübbingen in das Gebirge abgeleitet. Der kraftschlüssige Verbund zwischen Ausbau und Baugrund wird durch ein möglichst kontinuierliches Verpressen der Schildspur hergestellt[20].

Vortriebsablauf

Nach dem Vortrieb der Einfach-Schildmaschine um die Länge eines Hubes der Vortriebspressen erfolgt der Einbau der Tübbings. Dazu muss der Vortrieb unterbrochen werden[21].

---

[18] Hochtief AG: U-Bahn Berlin Los D79, 2. Röhre: Projektbeschreibung. Essen, 1989
[19] Anmerkung: Eine Ausnahme bildet die zweischalige Bauweise, die derzeit nicht sehr verbreitet ist.
[20] Anmerkung: Eine Ausnahme bilden dabei Systeme, die direkt gegen den Baugrund verspannt werden (expanded lining)
[21] Anmerkung: Ansätze für einen kontinuierlichen Tunnelvortrieb sind in *Wagner, H. und Schulter, A., Tunnel Boring Machines – Trends in Design and Construction of Mechanized Tunnelling, Balkema, Rotterdam, 1996, S. 89 - 98* zu finden, die bislang kaum Anwendung finden.

Das Verpressen des Ringspaltes erfolgt gleichzeitig mit der Weiterfahrt des Schildes aus dem Schildschwanz heraus. Ursachen für die Stillstandszeiten sind:

- Bohren
- Ringbau
- Betriebliche Ursachen
- Maschinentechnische Ursachen
- Geologische Ursachen

Die Abbildung 9 zeigt den schematischen Ablauf eines Vortriebszyklus mit einer Einfach-Schildmaschine.

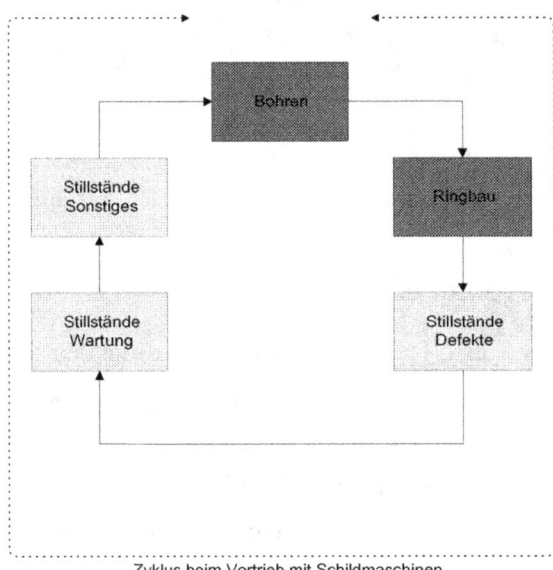

Abbildung 9 Schematischer Ablauf eines Vortriebszyklus bei Einfach-Schildmaschinen

2.5 Daten während des Vortriebes

Während der Projektphase *Vortrieb* fallen Daten für folgende thematisch zusammengehörende Bereiche an:
- Vortriebseinrichtung
- Geologie und Hydrologie
- Ausbau und Sicherung

- Vermessung
- Baubetrieb

2.5.1 Vortriebseinrichtung

Bei der Vortriebseinrichtung werden die für den Betrieb der Maschine erforderlichen Werte festgehalten. Dazu zählen Pressenkräfte, Motorbetrieb, Verschleiß sowie Schäden der Schneidwerkzeuge .

Pressenkräfte

Sämtliche Drücke der an der Vortriebsmaschine installierten, wesentlichen Hydraulikzylinder werden festgehalten; das sind die Vorschubpressen und bei einer offenen TBM bzw. Doppelschild-TBM die Verspanneinrichtung. Neben den auftretenden Drücken sind auch Temperatur und Zustand des Öls von Interesse.

Eine wesentliche Aussage über den Vortrieb stellen die aufgefahrenen Tunnelmeter dar, die unabhängig von der geodätischen Vermessung über den Vorschubweg der Pressen aufgezeichnet werden.

Antrieb

Beim Betrieb des Motors spielen folgende Werte eine für den Vortrieb entscheidende Rolle:

- Drehzahl
- Drehmoment
- Stromaufnahme
- Betrieb der Losbrecheinrichtung

Weiters sind die Motortemperaturen bzw. die Temperatur des Kühlmittels von Interesse.

Verschleiß der Schneidwerkzeuge

Ein mitbestimmender Kostenfaktor und damit eine Information von großem Interesse stellen Aufzeichnungen über den Austausch und die Reparatur der Schneidwerkzeuge dar. Dabei sind nicht nur die Anzahl der betroffenen Werkzeuge, sondern auch die Position am Bohrkopf maßgebend.

2.5.2 Geologie und Hydrogeologie

Die Eigenschaften des Baugrundes beeinflussen den Vortrieb und die Sicherung entscheidend. Je nach Vortriebsverfahren und anstehendem Gebirge sind entweder geologische oder bodenmechanische Parameter von Bedeutung. Darüber hinaus müssen auch die hydrogeologischen Randbedingungen erfasst werden.

Geologische Parameter bei Vortrieben mit einer offenen TBM

Eine offene TBM bietet die leichteste Zugangsmöglichkeit zum Gebirge, so dass bei entsprechender Standfestigkeit des Gebirges geologische Aufnahmen der Laibung ohne Behinderungen möglich sind. Geologische Aufnahmen der Ortbrust sind allerdings nur durch Zurückziehen des Bohrkopfes möglich.

Geologische Parameter bei Vortrieben mit einer Doppelschild-TBM

Wesentlich aufwändiger stellt sich die geologische Aufnahme bei der Doppelschildmaschine dar, da der Zugang zum Gebirge behindert ist; die einzigen Möglichkeiten bieten Öffnungen im Schildmantel und der Ausstieg durch den Bohrkopf. Durch Untersuchungen des Ausbruchmaterials können weitere Aufschlüsse über die Geologie gewonnen werden.

Bodenmechanische Parameter bei Vortrieben mit Einfach-Schildmaschinen

Die Aufnahme des Baugrundes ist bei Schildvortrieben mit flüssigkeitsgestützter oder erdbreigestützter Ortbrust nur in Form einer Vorauserkundung möglich. Je nach Art der Ortbruststützung können am ausgebauten Material Untersuchungen vorgenommen werden.

Hydrogeologische Parameter

Im Festgestein steht das Bergwasser in der Regel entweder als Kluftwasser oder als Karstwasser an. Von Interesse ist, in welcher Form und in welcher Menge das Bergwasser in den künstlichen Hohlraum eindringt. Weitere wesentliche Einflüsse sind der hydrostatische Druck und die Strömungsdruckwirkung, die auflösende und gesteinsumwandelnde Wirkung sowie die aggressive Wirkung. Bei Lockerböden bzw. bei stark gebrächem Fels trifft man häufig Grund- und Schichtenwasser an. Von Bedeutung sind hier die Druck- und Strömungsverhältnisse sowie die bereits oben angeführten Eigenschaften des Wassers selbst.

2.5.3 Ausbau und Sicherung

Ausbau- und Sicherungsmittel sind Bestandteile des Bauwerkes selbst. Daher ist es schon aus Gründen der Abrechnung erforderlich, Aufzeichnungen über Art und Anzahl der Stützmittel in der Form von Aufmassblättern zu führen.

Stützmittel bei einem Vortrieb mit einer offenen TBM

Die Aufzeichnungen werden für jedes unterschiedliche Stützmittel getrennt geführt. Es werden sowohl die Dimensionen z.B. Ankerlänge etc. als auch die Menge festgehalten. Darüber hinaus können auch Aufzeichnungen über den Zeitaufwand von Interesse sein.

Ausbau hinter dem Vortrieb mit einer DS-TBM und einer Einfach-Schildmaschine

Bei einem Tübbingausbau ist eine Aufzeichnung des Tübbingtypes und der eingebauten Menge erforderlich. Aufzeichnungen bei Schildvortrieben werden über die Verpressarbeiten des Ringspaltes (Mengen und Drücke) und, wie es bei Vortriebskonzepten mit Doppelschild-TBM öfter angewendet wird, über das Verfüllen des Ringspaltes mit Pea-gravel geführt.

2.5.4 Vermessung

Geotechnisches Messprogramm

Zur Überprüfung der Annahmen über den Baugrund und zur Beurteilung der Standsicherheit des Tunnelbauwerkes während der verschiedenen Bauzustände und des endgültigen Gebrauchszustandes ist ein geotechnisches Messprogramm vorzusehen[22]. Das Messprogramm sollte auf die Ergebnisse der geotechnischen Untersuchung aufbauen und auf das Gebirge, die Abmessungen und den Zweck des Bauwerkes sowie auf das geplante Vortriebsverfahren abgestimmt sein. Die folgenden Messungen sind zu berücksichtigen:

- Verschiebung der Hohlraumwand (geodätische Messung)
- Verformungsmessungen im Baugrund (mit Extensiometer, Gleitmikrometer)
- Messungen an Ausbauelementen (wie z.B. Spannungsmessungen)
- Messungen an der Vortriebseinrichtung
- Sonstige Messungen

Geodätisches Messprogramm

Zum geodätischen Messprogramm zählen im Wesentlichen Aufzeichnungen über die Lage der Tunnelachse, die Längsentwicklung und die erforderlichen Richtungskorrekturen.

2.5.5 Baubetrieb

Die Daten, die den Baubetrieb während des Vortriebes betreffen, werden in folgende Bereiche eingeteilt:

---

[22] Deutsche Gesellschaft für Geotechnik: Empfehlungen des Arbeitskreises Tunnelbau - ETB. Ernst & Sohn, Berlin, 1995, S. 75 ff

- Maschineneinsatz
- Personaleinsatz
- Materialeinsatz

Maschineneinsatz

Wesentlicher Inhalt der Aufzeichnungen sind die Zeiten für das Fräsen, im Fall einer offenen TBM oder Doppelschild-TBM das Umsetzen, die Stillstände und die Ursachen für die Stillstände und der Betriebszustand der Vortriebseinrichtung wie z.B. Stromaufnahme, hydrau-lische Drücke etc.

Personaleinsatz

Die Aufzeichnungen über den Personaleinsatz beinhalten die Schichtgröße, die Gründe der Abwesenheit sowie die Einsatzorte auf der Baustelle.

Materialeinsatz

Die Aufzeichnungen über den Materialverbrauch umfassen die Art des verbrauchten Materials und den Ort des Einbaues.

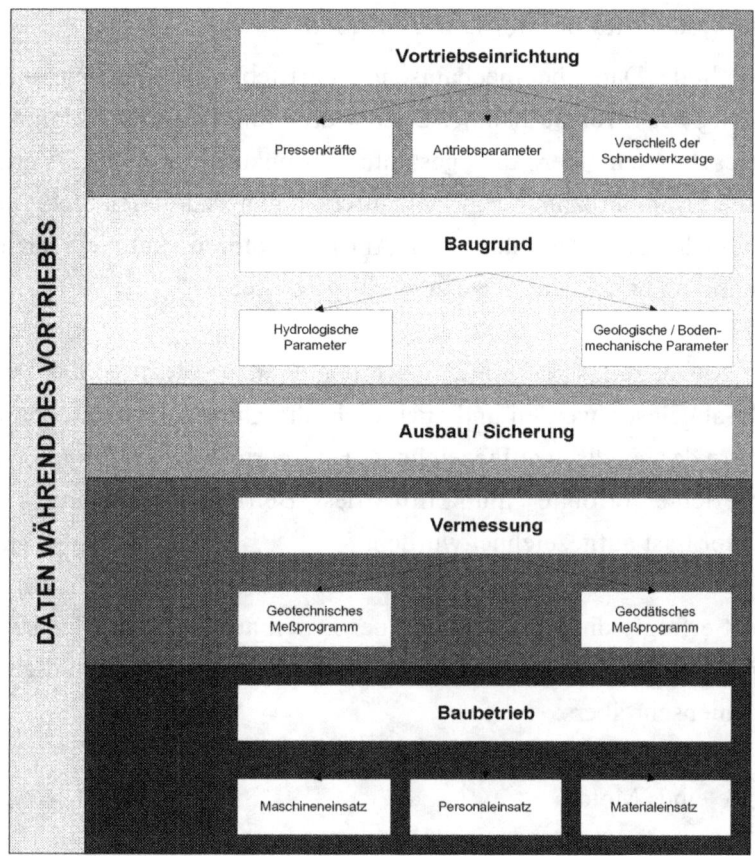

Abbildung 10 Überblick über während des Vortriebes anfallende Daten

2.5.6 Zusammenfassung

In der Abbildung 10 werden die Daten, die während des Vortriebes auftreten, übersichtlich dargestellt; sämtliche weiterführende Informationen, wie die Art der Aufzeichnung und die Zuständigkeit für die Aufzeichnung, werden außer Acht gelassen.

2.6 Möglichkeiten zur Datengewinnung während des Vortriebes

2.6.1 Allgemein

In diesem Kapitel werden die technischen Möglichkeiten zur Gewinnung von Daten während des Vortriebes behandelt, vornehmlich Daten, die aus den folgenden Bereichen hervorgehen:

- Vortriebseinrichtung
- Baugrund (sofern die Daten zur Vortriebsklassifizierung erforderlich sind)
- Baubetrieb

2.6.2 Entwicklungsschritte bei der Datenerfassung

Die anfängliche Methode, Daten bei mechanischen Vortrieben automatisch zu erfassen, basierte auf der Aufzeichnung der Stromaufnahme. Dazu wurde am Trafo ein Strommessgerät mit Linienschreiber angeschlossen, der die gesamte Stromaufnahme der Vortriebseinrichtung aufzeichnete. Da die Stromaufnahme des Nachläufers annähernd gleich bleibt und auch wesentlich geringer ist als die Stromaufnahme der Antriebsmotoren, konnte man erkennen, wann vorgetrieben wird und ob hartes oder weiches Gebirge ansteht.

Daraus konnte der Ausnutzungsgrad ermittelt werden. Genauere Daten über den Maschinenbetrieb konnten nicht abgelesen werden und auch nicht die Ursachen, welche zu den Stillständen führten. Dazu musste der händisch aufgezeichnete Bohrbericht herangezogen werden. Die Kontrolle der Bohrberichte erfolgte mit Hilfe des Betriebsstundenzählers, mit dem die Betriebsstunden unter Last aufgezeichnet wurden.

Als nächster Schritt erfolgte die Aufzeichnung der Daten auf der Maschine selbst, wobei diese über ein mehradriges Kabel ans Portal geleitet wurden. Ausgewertet wurden folgende Daten mittels eines Dreilinienschreibers:

- Stromaufnahme eines Motors
- Stellung der Vorschubzylinder
- Anpressdruck mittels Drucksensor

Die dazu erforderlichen Kabel sind bereits durch das Telefonkabel im Tunnel installiert. Ein weiterer Verbesserungsversuch wurde durch die Einführung eines Tachographen unternommen. Der Schreiber war auf der Vortriebsmaschine installiert und zeichnete schichtweise folgende Daten auf:

- Stromaufnahme eines Motors
- Anpressdruck
- Weg
- Stillstandsursachen (durch Knopfdruck des Maschinenführers aufgezeichnet)

Ein Nachteil dieser Methode war die Erschütterungsempfindlichkeit des Schreibers, die dazu führte, dass einige Aufzeichnungen oft unbrauchbar waren. Mit der Entwicklung elektronischer Datenträger und der Entwicklung robuster Industrie-PCs konnte diese Methodik in eine moderne vollautomatische Datenerfassung übergeführt werden.

2.6.3 Vollautomatische Datenerfassung

Allgemein

Unter einer vollautomatischen Datenerfassung wird ein System bezeichnet, bei dem ausgewählte Maschinenparameter in genau bestimmten Zeitabständen festgehalten werden. Darüber hinaus können bei Stillständen vorher definierte Stillstandsursachen vom Maschinenführer durch Knopfdruck – semiautomatisch - aufgezeichnet werden. Ein wesentlicher Parameter bei einer derartigen Datenerfassung ist der Zeitabstand zwischen den Aufzeichnungen. Durch den Zeitabstand wird die Menge der aufzuzeichnenden Datensätze bestimmt. Mit steigenden Zeitabständen wird die Anzahl der Datensätze reduziert. Die Wahl des Zeitabstandes der Aufzeichnungen ist von den geologischen Verhältnissen abhängig:

- Große Zeitabstände (>15,0 min) können bei homogener und ausreichend bekannter Geologie eingesetzt werden
- Kurze Zeitabstände (1,0 min) können bei unsicheren geologischen Verhältnisse gewählt werden (übliche Aufzeichnungsabstände)

Erfasste Daten

Derzeit werden im Normalfall folgende Daten automatisch aufgezeichnet bzw. errechnet:
- Datum und Uhrzeit
- Vorschubweg
- Vorschubkraft
- Drehzahl
- Stromaufnahme
- Drehmoment (errechnet über Stromaufnahme)
- Penetration (errechnet aus Vorschubweg, Zeit und Drehzahl)
- Pressenkraft in den Grippern (bei offenen TBM und Doppelschild-TBM)
- Verrollung (DS-TBM)
- Kraftangriffpunkt (DS-TBM)
- Stützdrücke (bei Schildvortrieben mit Ortbruststützung)
- Fördermengen bei Hydroschilden

Diese Maschinendaten werden vollautomatisch aufgezeichnet und in einer Datenbank abgelegt, wobei die jeweiligen Projekt- und Maschinenverhältnisse berücksichtigt werden müssen. Neben den oben angeführten Daten besteht die Möglichkeit, bei Stillständen die Stillstandsursache festzuhalten. Dieser Vorgang geschieht nicht vollautomatisch, sondern muss per Betätigung einer Taste vom Maschinenführer eingegeben werden. Erst dann werden die Stillstandsursachen und die damit verbundene Dauer in einer Datenbank abgelegt. Wesentlich dabei ist, vor Installation eines derartigen Systems eine genaue Analyse der Stillstandsursachen vorzunehmen und diese auch mit anderen Projekten zu Auswertungszwecken abzustimmen.

Schwierigkeiten bei der Datenerfassung

Bei der zuvor dargestellten Vorgehensweise ergeben sich beim Betrieb auf der Baustelle folgende Schwierigkeiten:

- Datenflut bei sehr engen Aufzeichnungsabständen
- Ausarbeiten von charakteristischen Werten
- Eingabe von Stillstandsursachen

Werden die Abstände zwischen den Aufzeichnungen sehr kurz gehalten, so werden eine Unzahl an Daten festgehalten, die starken Schwankungen unterliegen. Das erschwert die Speicherung und Auswertung der Daten. Daher ist genau zu überlegen, in welchen Zeitabständen aufgezeichnet werden soll. Bei großen Schwankungen der Daten ist das Herausarbeiten eines für homogene Abschnitte charakteristischen Wertes schwierig. Bei der Eingabe der Stillstandsursache durch den Maschinenführer werden die Aufzeichnungen dadurch verfälscht, dass entweder keine Taste oder die falsche Taste gedrückt wird; die Ursache dafür ist, dass die Gedanken bei der Schadensbeseitigung sind und auf die Aufzeichnung vergessen wird. Eine weiteres Problem besteht darin, dass der Fahrer versucht, Fehler, die auf ihn zurückzuführen sind, durch Drücken eines anderen Knopfes von sich abzuwenden.

Übertragung von der Ortbrust

Für die Übertragung von der Ortbrust zum Portal gibt es verschiedene Möglichkeiten:

- Onlineübertragung
- Disketten
- Data-Taker

Bei der Onlineübertragung erfolgt die Verbindung von der Ortbrust zum Portal mittels Modem und Telefonkabel. Die Daten werden im PC am Tunnelportal abgelegt und gleichzeitig am Bildschirm angezeigt. Eine anfänglich verwendete Methode war das schichtweise Überspielen der Daten auf eine Diskette, mit der diese vom PC, der auf der Vortriebsmaschine installiert war, auf den PC der Bauleitung übertragen wurde.

Eine weitere Methode, die Daten zu übertragen, stellt der Data-Taker dar. Das ist ein Speicherchip, der die Daten nach Schichten speichert. Nach jeder Schicht werden diese auf den PC der Bauleitung überspielt.

2.6.4 Manuelle Aufzeichnungen – Berichtswesen

Bei der vollautomatischen Datenerfassung können nur die Vortriebsmaschine betreffende Daten aufgezeichnet werden. Sämtliche weiteren Daten müssen manuell aufgezeichnet werden. Im Folgenden wird kurz auf das Berichtswesen eingegangen, mit dem sämtliche weitere Daten dokumentiert werden. Dabei sind üblicherweise zwei Berichte zu erstellen:

- Bautagesbericht
- Bohrbericht

Nachteil der manuellen Aufzeichnungen ist, dass für weitere EDV-gestützte Auswertungen die Eingabe der Daten in den Computer erforderlich ist. Das ist ein zeitaufwändiger und unbeliebter Vorgang, der oftmals einen Wissensgewinn verhindert. Zudem finden derartige Auswertungen meistens erst im Nachhinein statt, wodurch diese als Steuerungsinstrument entfallen. Ein Beispiel für einen Bohrbericht ist im Anhang zu finden.

Die EDV-gestützte Auswertung manueller Aufzeichnungen kann durch die Formularerkennung erleichtert werden; dabei werden für die jeweilige Situation vorbereitete Formulare eingescannt und einer Formularerkennungs-Software zugeführt. Die Aufzeichnungen werden in einer Datenbank abgelegt.

Bautagesbericht

Im Bautagesbericht für den Zeitraum des Vortriebes werden sämtliche Ereignisse, Tätigkeiten und Leistungen protokolliert. Folgende Angaben sind daraus zu entnehmen:

- Datum
- Personaleinsatz
- Erbrachte Leistung
- Vorfälle / Randbedingungen
- Materialeinsatz

Bohrbericht

Der händisch geschriebene Bohrbericht stellt die zeitliche Abfolge der Aktivitäten dar und protokolliert ausgewählte Maschinenparameter. Die Auswahl der Aktivitäten erfolgt nach firmen-

internen Erfahrungen und den Gegebenheiten auf der Baustelle.
Als wesentliche Parameter sind anzuführen:

- Bohren
- Umsetzen
- Ausrichten
- Reparaturen
- Meißelwechsel und –kontrolle (Position, Anzahl)
- Wartung
- Verschiedene Stillstandsursachen

2.7 Datenerfassung zur Vortriebsklassifizierung

2.7.1 Allgemein

Die folgende Darstellung gibt einen Überblick über die Möglichkeiten zur Vortriebsklassifizierung. Dabei steht die baubetriebliche Klassifizierung im Vordergrund, bei der eine Einteilung der Vortriebsarbeiten in Leistungen erfolgt, die unter annähernd gleichen Umständen zu erbringen sind.

2.7.2 Vortriebsklassifizierung bei Vortrieben mit offenen TBM

Die Vortriebsklassifizierung bei TBM - Vortrieben wird hier nach der alten ÖNORM B 2203 (Ausgabe 1983)[23] und der SIA 198[24]/[25] vorgenommen. Zum Zeitpunkt der Erstellung dieser Arbeit wurde kaum ein TBM - Vortrieb mit einer Klassifizierung nach der neuen ÖNORM B 2203 (Ausgabe 1994) durchgeführt.

Die Klassifizierung erfolgt mit einer Matrix, deren erste Ordnungszahl der Einbaubeginn der Stützmittel und deren zweite Ordnungszahl eine Stützmittelzahl ist. Die Stützmittelzahl errechnet sich dabei aus den bewerteten Stützmitteln dividiert durch den Ausbruchquerschnitt; die Bewertungsfaktoren für die Stützmittel sind in Abhängigkeit zum Einbauort festgelegt. Die Bewertungsfaktoren stellen den Hauptgrund dar, dass diese Norm kaum eingesetzt wurde. Eine Überarbeitung der Norm ist derzeit im Gange.

---

[23] Österreichische Normungsinstitut: ÖNORM B 2203: Untertagebauarbeiten - Werkvertragsnorm. Österr. Normungsinstitut, Wien 1983

[24] Schweizer Ingenieur und Architektenverein: SIA 198: Untertagbau. SIA, Zürich, 1993

[25] Anmerkung: Die Klassifizierung gemäß Schweizer Normung wird deshalb hier aufgeführt, da in der Schweiz TBM - Vortriebe weit verbreitet sind und dadurch auch die Klassifizierung sehr hoch entwickelt ist.

Vortriebsklassifizierung nach ÖNORM B 2203 (Ausgabe 1983)

Die Klassifizierung erfolgt durch Einteilung in sieben Gebirgsgüteklassen von F1 – F7. Maßgebend dabei sind die Auswirkungen des Stützmitteleinbaues auf den Fräsfortschritt. Dazu wird die Vortriebseinrichtung in Arbeitsbereiche eingeteilt, die wie folgt bezeichnet werden:

- Maschinenbereich
    - vor dem Bohrkopf
    - hinter dem Bohrkopf
    - Bereich des Führerstandes
- Nachläuferbereich

Bei verschiedenen Gebirgsarten mit unterschiedlicher Bearbeitbarkeit wird empfohlen, für jede Gebirgsart die zu erwartenden Gebirgsgüteklassen als eigene Position in das Leistungsverzeichnis aufzunehmen. Die Trennung in geologisch und petrografisch unterschiedliche Bereiche soll die Berücksichtigung der jeweiligen Unterschiede der Bohrbarkeit, der Vortriebsleistungen, des Werkzeugverschleißes, der Verspannbarkeit der Maschine ect. ermöglichen.

Vortriebsklassifizierung nach SIA 198

Die Vortriebsklassifizierung erfolgt in Matrixform, wobei in Ausbruchsklassen und Bohrklassen unterteilt wird. Für die Einteilung in Ausbruchsklassen sind Umfang, Einbauort und systematische Anordnung der Ausbruchsicherung entscheidend.
Als systematisch wird die Anordnung der Ausbruchssicherung bezeichnet, wenn diese während einer Wochenleistung ausgeführt werden kann. Es werden fünf Ausbruchsklassen unterschieden. Besteht die Ausbruchssicherung aus einem geschlossenen Tübbingring, entfällt die Unterteilung in Ausbruchsklassen.

Um den Einbauort definieren zu können, werden hier Arbeitsbereiche wie folgt definiert:

- L1-Maschinenbereich
- L2-Nachläuferbereich
- L3-Rückwärtiger Bereich bis 200 m hinter Nachläufer

Innerhalb der Arbeitsbereiche werden Arbeitszonen (vertraglich) definiert, in welchen auf Grund der Anforderungen des Projektes und der Möglichkeiten des Maschinentyps die Ausbruchsicherung ausgeführt wird. Die Norm gibt detaillierte Angaben zur Stückzahl der Stützmittel, die je nach Ausbruchsklasse im jeweiligen Arbeitsbereich eingebaut werden darf.

Für die Einteilung in Bohrklassen ist der Aufwand, den Fels mit einer Tunnelbohrmaschine abzubauen, maßgebend. Die Anzahl der Bohrklassen wird objektspezifisch festgelegt. Der Bauherr definiert die Bohrklassen auf Grund der maßgebenden Gesteins- und Gebirgskennwerte. Tunnelstrecken einer Bohrklasse sind durch die für die Penetration und den Verschleiß der Bohrwerkzeuge maßgebenden Fels- und Gebirgskennwerte und deren Streubereiche so gut als möglich zu beschreiben. Die Bohrklassen können auch durch die Nettovortriebsleistung definiert werden. Bei extrem abrasiven Gesteinen kann eine Zusatzvergütung für erhöhten Werkzeugverschleiß vorgesehen werden.

2.7.3 Vortriebsklassifizierung bei Vortrieben mit Doppelschild-TBM

Die derzeitige Praxis der Vortriebsklassifizierung bei einer Doppelschild-TBM unterteilt die Vortriebsarbeiten in zwei Klassen:

- Regelvortrieb: Verspannbarkeit der Gripper gegen das Gebirge muss gewährleistet sein
- Vortrieb mit Hilfsvorschub: Die Verspannbarkeit der Gripper ist nicht gewährleistet, die Doppelschild-TBM muss sich über den Hilfsvorschub auf den Tübbingausbau abstützen

Diese sehr einfache Klassifizierung berücksichtigt die Tatsache, dass bei Vortrieben mit einer Doppelschild-TBM die Leistung erst beim Umstellen auf den Hilfsvorschub gravierend beeinträchtigt wird. Eine Verfeinerung der Klassifizierung über Kennzahlen, die aus der Betriebsdatenerfassung abgeleitet werden können, ist anzustreben.

2.7.4 Vortriebsklassifizierung bei Vortrieben mit Einfach-Schildmaschinen

Die ETB[26] berücksichtigt Vortriebsklassen für Schildvortriebe im Lockergestein. Die Einteilung erfolgt nach der Art der Ortbruststützung, dem nichtbehinderten bzw. behinderten Lösen des Bodens und dem Einbringen des vorläufigen und endgültigen Ausbaus. Die Wasserhaltung wird unabhängig in eigenen Positionen entschädigt.

2.7.5 Erfassung der Daten zur Vortriebsklassifizierung von TBM - Vortrieben

Kennzeichen für die Klassifizierung sind einerseits der Ort des Stützmitteleinbaues und die Anzahl der eingebauten Stützmittel und andererseits die Bohrbarkeit des Gesteins.

Aufzeichnungen über die eingebauten Stützmittel

Aufzeichnungen über Einbauort und Anzahl der eingebauten Stützmittel werden in den Aufmaßblättern geführt. Daraus lassen sich die Ausbruchsklassen oder Fräsklassen bestimmen.

---

[26] Deutsche Gesellschaft für Geotechnik: Empfehlungen des Arbeitskreises Tunnelbau - ETB. Ernst & Sohn, Berlin, 1995

Feststellen der Bohrbarkeit

Als Kenngröße für die Bohrbarkeit wird die Penetration [mm/U] oder die Nettovortriebsleistung [mm/min] verwendet. Diese Kenngrößen können auf zwei Wegen ermittelt werden:

- Messung während eines Testvorschubes
- Auswertung automatisch aufgezeichneter Daten

Beim Vortrieb eines Testvorschubes wird - unter in den Ausschreibungsunterlagen klar festgelegten Bedingungen - die Penetration oder die Nettovortriebsleistung gemessen. Dabei werden folgende Randbedingungen definiert:

- Dauer des Testvorschubes
- Mittlere Bruttovorschubkraft
- Drehzahl am Bohrkopf
- Zustand der Bohrwerkzeuge

Um den Ablauf des Vortriebes nicht durch aufwändige Testvorschübe unterbrechen zu müssen, besteht die Möglichkeit, die Kennwerte aus der kontinuierlichen und automatischen Datenaufzeichnung zu gewinnen. Dabei ist zu beachten, dass die Zuverlässigkeit des Systems nachgewiesen werden muss. Dies kann durch den Vergleich mit Testvorschüben erfolgen.
Des Weiteren sollte ein System zur Optimierung der Penetration über Vorschubkraft, Drehzahl und Drehmoment auf der Vortriebsmaschine installiert sein[27]. Eine derartige Optimierung ist wahrscheinlich nur durch den Einsatz einer Fuzzy-Steuerung, wie sie in Kapitel 2.9 beschrieben ist, erzielbar.

2.8 Auswertung der Vortriebsdaten zu betrieblichen Zwecken

Die Auswertung der Vortriebsdaten befasst sich vor allem mit den leistungsbeeinflussenden Parametern der Vortriebsmaschine. Darüber hinaus erfolgen auch Auswertungen der Aufzeichnungen im Hinblick auf Abrechnung, geologische Verhältnisse sowie Leistungswerte sämtlicher während des Vortriebes stattfindender Tätigkeiten. Diese Auswertungen sind Basis für die Kalkulation zukünftiger Projekte. In dieser Arbeit wird nur auf die Auswertung der unmittelbar mit der Vortriebseinrichtung in Verbindung stehenden Daten eingegangen. Wesentlich ist, dass bei der Auswertung der leistungsbeeinflussenden Parameter eine Differenzierung zwischen den einzelnen Vortriebsklassen erfolgt.

---

[27] Ausschreibungsunterlagen Vereinalinie

2.8.1 Verfügbarkeit

Die Verfügbarkeit eines Gerätes gibt an, in welchem Ausmaß während der Vorhaltezeit auf der Baustelle keine Reparaturen durchgeführt werden[28]. Sie kann auch als betriebsbereiter Zustand der Vortriebsmaschine bezeichnet werden. Die Verfügbarkeit ist hauptsächlich von der Maschinenkonstruktion sowie von der Qualität der Wartungsarbeiten der Vortriebsmannschaft abhängig[29].

2.8.2 Ausnutzungsgrad

Der Ausnutzungsgrad einer Baumaschine gibt das Verhältnis der Betriebszeit zur Besitzzeit an[30]. Je höher der Ausnutzungsgrad ist, um so öfter wurde das Gerät eingesetzt. Um den Ausnutzungsgrad einer Vortriebsmaschine zur Leistungsermittlung einsetzen zu können, muss die zuvor erwähnte Definition etwas verfeinert werden. Als Kennwert zur Leistungsermittlung empfiehlt sich, das Verhältnis aus Bohrzeit zur Arbeitszeit zu verwenden.

In Abbildung 11 wird die Beistellungszeit, also jene Zeit, die die Vortriebsmaschine auf der Baustelle vorgehalten wird, in Zeiten für den Auf- und Abbau, in Arbeitszeit, in Stillliegezeit und in Zeiten für größere Reparaturen und Wartungsarbeiten eingeteilt.

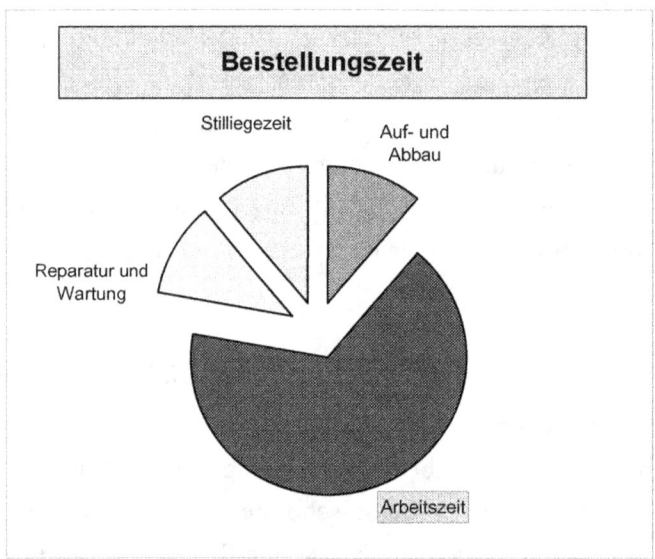

Abbildung 11 Schematische Aufgliederung der Beistellungszeit einer Vortriebsmaschine

---

[28] Oberndorfer, W.: Handwörterbuch der Bauwirtschaft, Österreichisches Normungsinstitut, Wien, 1987, S. 110

[29] Thuro, K., Brodeck, F.: Auswertung von TBM – Vortriebsdaten Erfahrungen beim Erkundungsstollen Schwarzach. Felsbau 16 / 1, 1998, S. 12

[30] Oberndorfer, W.: Handwörterbuch der Bauwirtschaft, Österreichisches Normungsinstitut. Wien, 1987, S. 16

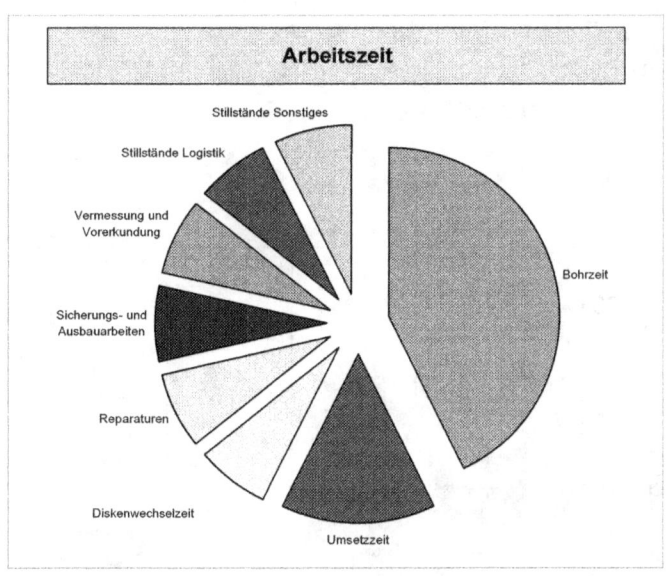

Abbildung 12 Schematische Aufgliederung der Arbeitszeit einer Vortriebsmaschine

Die Arbeitszeit setzt sich, wie Abbildung 12 zeigt, aus folgenden Einzelzeiten zusammen:

- Bohrzeit
- Umsetzzeit
- Zeit für Ausbau und Sicherung
- Zeit für Vermessung und Erkundungsmaßnahmen
- Zeit für Diskenkontrolle und -wechsel
- Stillstandszeiten verursacht durch Logistik
- Stillstandszeiten verursacht durch Reparaturen
- Stillstandszeiten verursacht durch Sonstiges

Die Aufzeichnung der Stillstandszeiten ist projektbezogen und in Abhängigkeit zur Störungsanfälligkeit der eingesetzten Vortriebsanlage zu sehen. Die pro Tag erreichbare Arbeitszeit ist vom jeweils eingesetzten Schichtsystem abhängig. Dabei ist zu berücksichtigen, ob Wartungsschichten vorgesehen sind; diese sind bei der Errechnung des Ausnutzungsgrades nicht anzusetzen. Verwendung findet der Ausnutzungsgrad für die Abschätzung der Bruttovortriebsleistung. Die Bruttovortriebsleistung ist die Vortriebsleistung, die im Vortrieb tatsächlich erbracht wird und kann wie folgt ermittelt werden:

$$I_d = u \cdot I_n \cdot T_e \quad (1)$$

wobei gilt:

u   Ausnutzungsgrad (utilisation)
I_n Nettovortriebsleistung
T_e effektive Tagesarbeitszeit

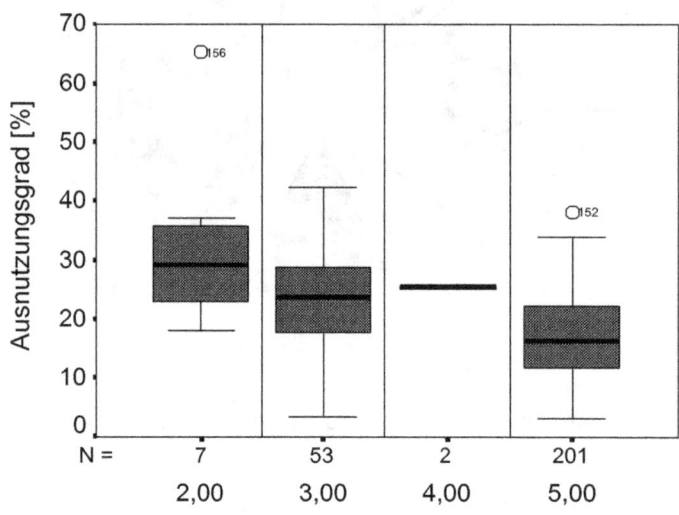

Abbildung 13 Ausnutzungsgrad in Abhängigkeit von der Vortriebsklasse (RMR)

Der Ausnutzungsgrad lässt sich direkt aus den Bohrberichten ermitteln. In diesem Zusammenhang ist zu erwähnen, dass die Auswertung des Ausnutzungsgrades in Abhängigkeit zur Vortriebsklassifizierung vorgenommen werden muss.

Die Abbildung 13 zeigt die Auswertung des Ausnutzungsgrades einer offenen TBM (Vortrieb Natalia) in Abhängigkeit von den Gebirgsklassen nach RMR in Form eines Boxplots. Weiters müssen bei derartigen Auswertungen auch Randbedingungen, die nicht dem geregelten Vortrieb zuzuordnen sind, berücksichtigt und eventuell auch ausgeklammert werden. Solche Situationen sind zum Beispiel eine noch nicht vollständig installierte Schutterbrücke oder Anfahrtssituationen bei beengten Platzverhältnissen etc.

2.8.3 Nettovortriebsleistung und Penetrationsrate

Die Nettovortriebsleistung [m/h] lässt sich aus den Größen Penetration und Bohrkopfumdrehungen [U/min] bestimmen:

$$I_n = \frac{i_0 \cdot RPM \cdot 60}{1000} \qquad (2)$$

wobei gilt:
I_n Nettovortriebsleistung [m/h]
i_0 Penetration [mm/U]
RPM Umdrehungen pro Minute [U/min]

Die Penetration [mm/U] des Bohrkopfes steht – nach der gängigen Fachliteratur[31] – in direkter Korrelation zur Vorschubkraft respektive in indirekter Korrelation zur Gesteinsfestigkeit. Es gilt: je höher die Anpresskraft der Schneidrolle, desto höher die Penetration bei gleichbleibender Gesteinsfestigkeit. Je höher die Gesteinsfestigkeit, desto geringer die Penetration bei gleichbleibender Anpresskraft[32]. Diese rein theoretischen Überlegungen werden in der Praxis nicht immer belegt[33]. Dabei ist die Vorschubkraft die unabhängige, variable Größe, die vom Maschinisten gesteuert wird. Die Variablen - Penetration und elektrische Leistung - sind die vom Gebirgscharakter abhängigen Größen. Bei der Steuerung der TBM muss der Maschinist versuchen, mit dem optimalen Anpressdruck zu fahren, um eine größtmögliche Penetration zu erhalten[34].

Die Zahlenwerte lassen sich aus den Bohrberichten oder den automatisch vorgenommenen Aufzeichnungen ermitteln. Die Auswertungen müssen das angetroffene Gebirge berücksichtigen, um zu charakteristischen Kennwerten zu gelangen.

2.8.4 Verschleiß der Diskenmeißel

Der Verschleiß der Diskenmeißel ist von ihrer Position am Bohrkopf abhängig. Neben dem Verschleiß selbst sind auch die Verschleißbilder von Schneidringen interessant, da hier Unterschiede zwischen Brustmeißel und Kalibermeißel bestehen, die es erforderlich machen, die Kalibermeißel nach einer gewissen Zeit nach innen zu wechseln. Grund dafür ist, dass das Verschleißbild der Kalibermeißel asymmetrisch und das der Brustmeißel symmetrisch ist. Das Umsetzen erhöht die durchschnittliche Standzeit der Diskenmeißel.

Eine Möglichkeit zur Darstellung des Verbrauches von Diskenmeißel bietet das Standzeitendiagramm (Abbildung 14). Hier wird die Standzeit der Diskenmeißel über die Stollenmeter aufgetragen und die Position am Bohrkopf sowie ein etwaiges Umsetzen vermerkt.

---

[31] Bruland, A.: Hard Rock Tunnel Boring: Advance Rate and Cutter Wear. Dissertation, NTNU Trondheim, 1998

[32] Thuro, K.; Brodeck, F.: Auswertung von TBM – Vortriebsdaten Erfahrungen beim Erkundungsstollen Schwarzach. Felsbau 16 / 1, 1998, S. 13

[33] siehe dazu Poisel, R., Tentschert, E., Bach, D., Zettler, A.: Gebirgsklassifikation und Regelung von Tunnelbohrmaschinen mittels Fuzzy Logik. Felsbau 17 (5), 1999, 486-492

[34] Thuro, K., Brodeck, F.: Auswertung von TBM – Vortriebsdaten Erfahrungen beim Erkundungsstollen Schwarzach. Felsbau 16 / 1, 1998, S. 12

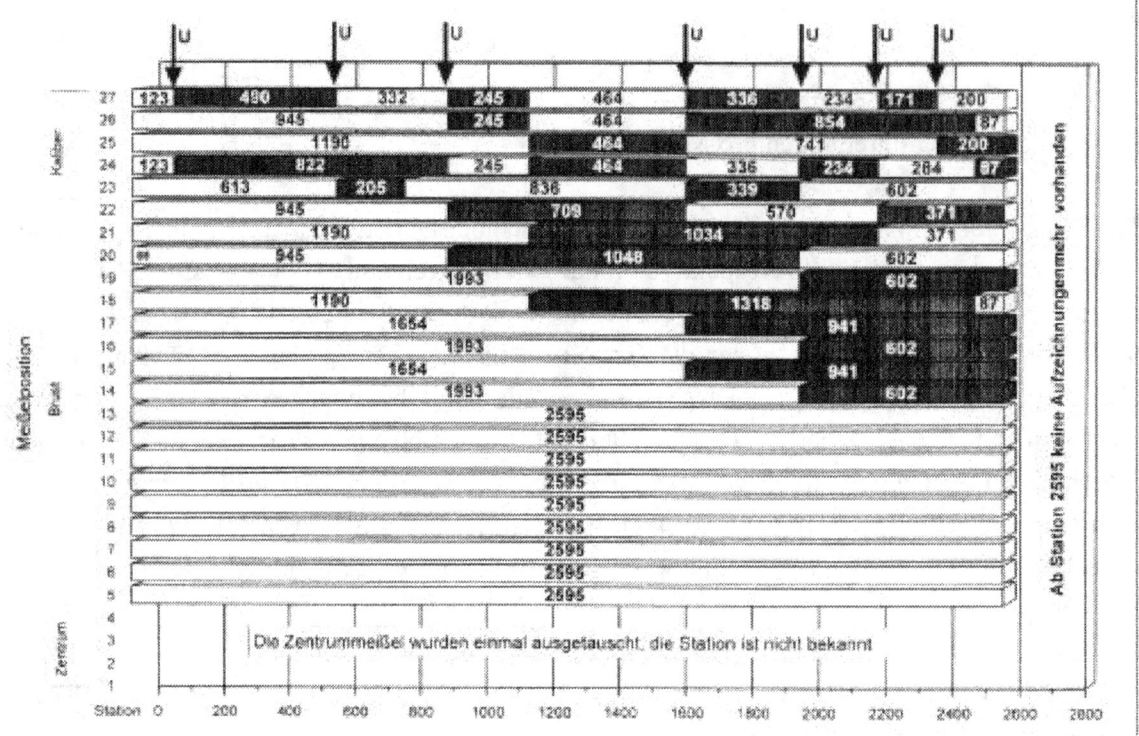

Abbildung 14 Standzeitdiagramm der Diskenmeißel[35]

Eine weitere Möglichkeit zur Darstellung des Verbrauches von Diskenmeißel besteht im Rollstrecken-Diagramm (Abbildung 15). Dieses zeigt die absolute Rollstrecke der Meißel in Abhängigkeit zu ihrer Position am Bohrkopf.

---

[35] Thuro, K., Brodeck, F.: Auswertung von TBM – Vortriebsdaten Erfahrungen beim Erkundungsstollen Schwarzach. Felsbau 16 / 1, 1998

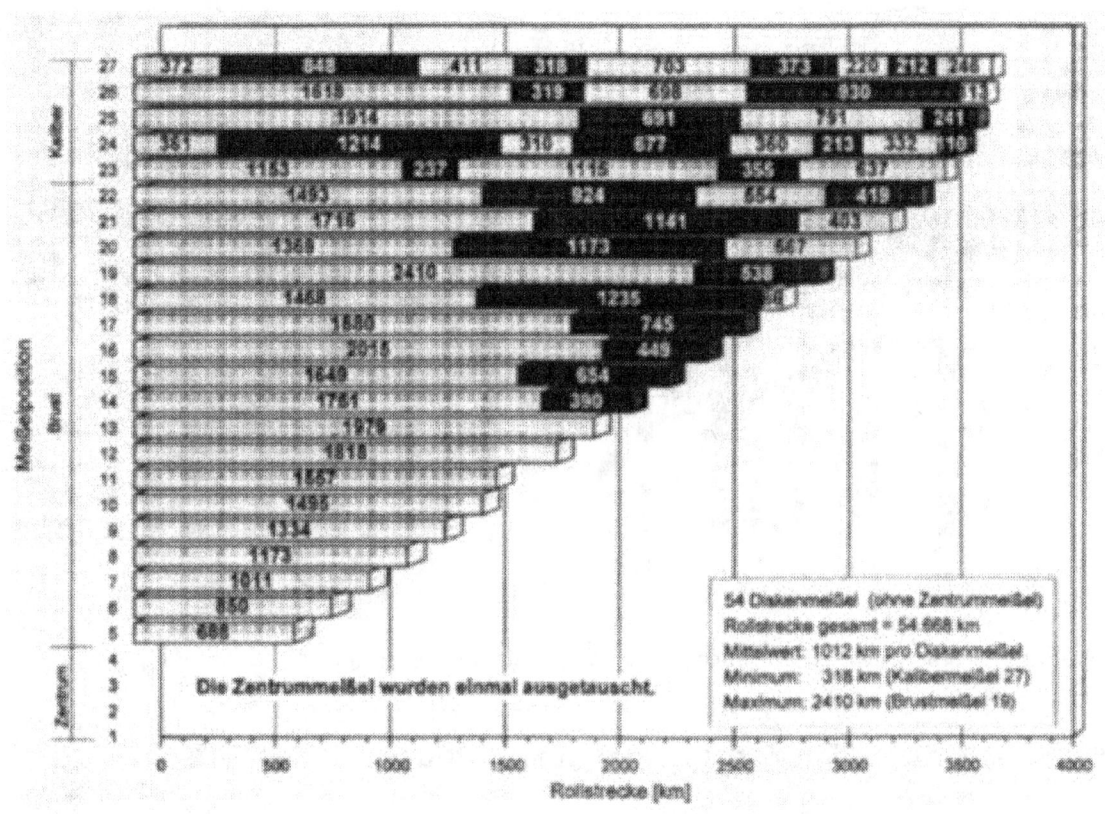

Abbildung 15 Rollstreckendiagramm[35]

Die Auswertung des Verbrauches von Meißelringen in Abhängigkeit von der Position am Bohrkopf (Abbildung 16) kann für folgende Zwecke eingesetzt werden[36]:

- Beurteilung des Bohrkopfdesigns
- Berechnung eines Faktors zur Berücksichtigung des Meißelverbrauches

---

[36] Bruland, A.: Hard Rock Tunnel Boring: Performance Data and Back-mapping. Dissertation, NTNU Trondheim, 2000, S. 24

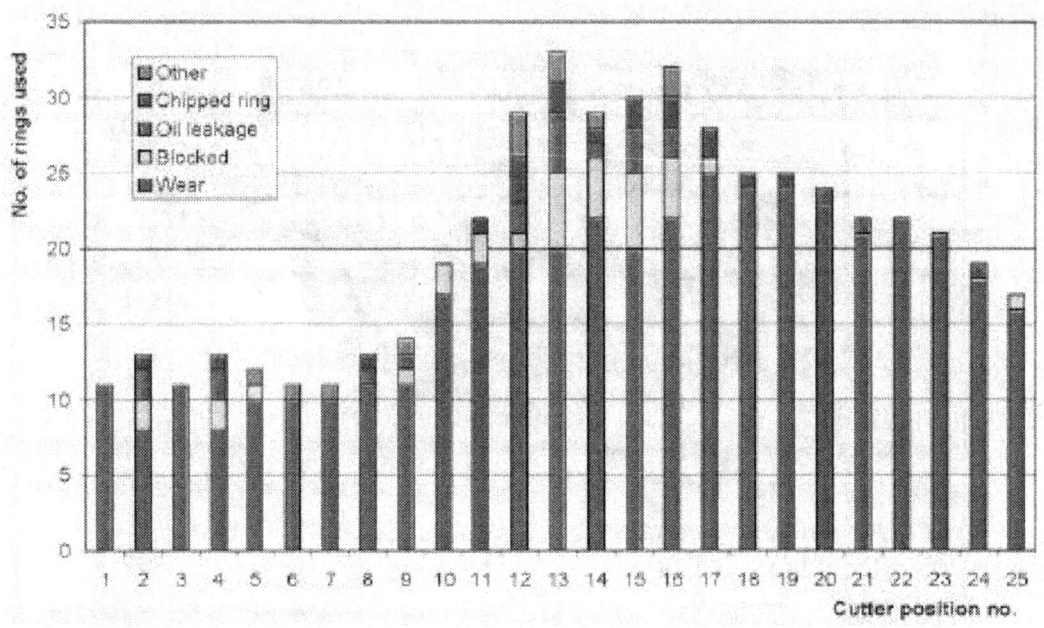

Abbildung 16 Verbrauch an Meißelringen in Abhängigkeit von der Position am Bohrkopf[36]

2.9 Auswertung der Vortriebsdaten zur Steuerung der TBM

2.9.1 Allgemein

Eine vernetzte Auswertung der Vortriebsdaten ermöglicht einerseits eine Weiterverwertung des Datenmaterials zur Gebirgsklassifizierung und kann andererseits als Hilfsmittel bei der TBM-Steuerung dienen. Ein derartiger Ansatz wurde von Poisel[37 / 38] et al. angedacht und an einzelnen Projekten getestet. Für den praktischen Einsatz ist eine Weiterentwicklung der Systematik und eine Erprobung an mehreren Projekten erforderlich.

Die geologische Dokumentation liefert unter anderem Informationen über die Art des Gesteines, den Zerlegungsgrad und die Raumstellung des Trennflächengefüges im Gebirge. Daten mit einem ähnlichen Informationsgehalt werden in existierenden Klassifizierungssystemen wie RMR und Q-System gewichtet, über empirische Regeln miteinander verknüpft und zur Klassifizierung des Gebirges herangezogen. Es liegt daher nahe, Maschinendaten und geologische Grundinformationen miteinander zu verknüpfen und zur Gebirgsklassifikation sowie zur Regelung von TBM heranzuziehen[37].

---

[37] Poisel, R., Tentschert, E., Bach, D., Zettler, A.: Gebirgsklassifikation und Regelung von Tunnelbohrmaschinen mittels Fuzzy Logik. Felsbau 17 (5), 1999, 486-492

[38] Zettler, A., Poisel, R., Lakovits, D., Kastner, W.: Control System for Tunnel Boring Machines (TBM): A first Investigation Towards a Hybrid Control System. North American Rock Mechanics Symposium 98, Cancun, Mexico, Elsevier

2.9.2 Steuerung einer TBM

Eine Erweiterung der obigen Überlegungen stellt der Einsatz der aufgezeichneten Daten zur Steuerung einer TBM dar. Dabei werden folgende Ziele verfolgt:

- Erhöhung der Nettovortriebsleistung
- Senkung des Verschleißes

Angestrebt wird, dass der Maschinenführer durch die systematische Auswertung der Vortriebdaten eine Änderung der geologischen Verhältnisse sofort erkennen und darauf schneller reagieren kann[37].

Parameter

Als Eingangsparameter schlagen Poisel et al. folgende Größen vor:

- Anpresskraft
- Drehmoment
- Stromaufnahme
- Penetration
- Antriebsleistung des Förderbandmotors = abgeförderte Menge Ausbruchmaterial
- Vibrationen
- Temperatur

Dabei können sowohl die Größen an sich als auch die Änderung der Größen über die Zeit herangezogen werden. Derzeit ist über die zeitliche Veränderung zu wenig bekannt, als dass diese bei der Steuerung der TBM zum Einsatz kommen könnte.

Ansätze für die Regelbasis

Die Regel für die Verknüpfung von Eingangsparametern findet man am besten durch eine Analyse der Daten.[39] Dabei wird versucht, mittels mehrdimensionaler, statistischer Auswertungen die Zusammenhänge der verschiedenen Parameter zueinander aufzuklären. Die Auswertungen müssen in geologischen Homogenbereichen erfolgen. Auswertungen anhand der Daten des Tunnelvortriebes *Vereina Nord* zeigten, dass in den härtesten Gebirgsarten die Nettovortriebsleistung nicht proportional zur Anpresskraft ist.

---

[39] Poisel, R., Tentschert, E., Bach, D., Zettler, A.: Gebirgsklassifikation und Regelung von Tunnelbohrmaschinen mittels Fuzzy Logik. Felsbau 17 (5), 1999, S. 490

Die maximale Nettovortriebleistung ergibt sich, den Auswertungen zufolge, bei einer mittleren Anpresskraft und einem mittleren Drehmoment[40]. Die Erkenntnisse dieser Auswertungen fließen in die Regelbasis ein und tragen zur Optimierung der Nettovortriebsleistung bei.

Regelungskonzept

Die Regelbasen für das Drehmoment und die Anpresskraft sind gebirgsabhängig. Hinweise auf die Gebirgsart sind über die Analyse der Vibrationen der Maschine – harte Gebirgsart → starke Vibrationen, weiche Gebirgsart → geringe Vibrationen – sowie der Temperaturänderung zu erhalten.

In der Abbildung 17 wird das Regelungskonzept nach Poisel et al. dargestellt. Eine laufende automatische Auswertung der Vortriebsdaten kann somit eine sinnvolle Unterstützung des Maschinenführers darstellen.

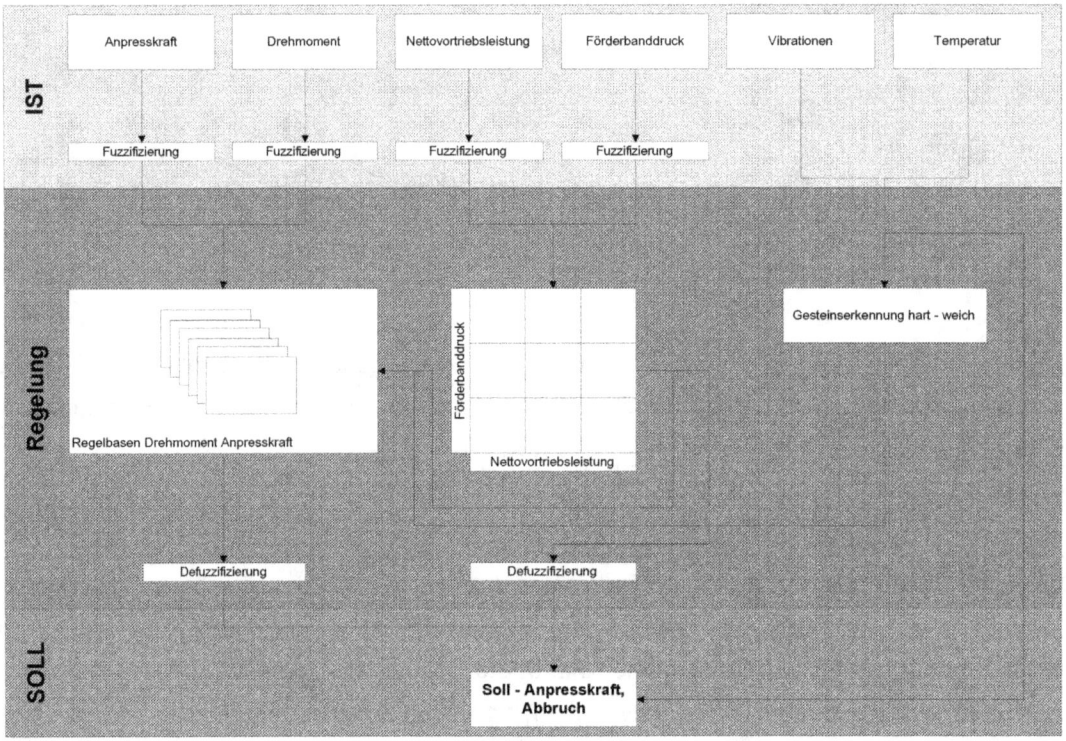

Abbildung 17 Regelungskonzept für eine Tunnelbohrmaschine

---

[40] Poisel, R., Tentschert, E., Bach, D., Zettler, A.: Gebirgsklassifikation und Regelung von Tunnelbohrmaschinen mittels Fuzzy Logik. Felsbau 17 (5), 1999, S. 491

2.10 Auswertung der Vortriebsleistung über die Vortriebsdauer

Eine sehr häufig durchgeführte Auswertung der Vortriebsleistung ist das Auftragen der Tages-, Wochen- oder Monatsleistungen über die Tage, Wochen oder Monate, wie in Abbildung 18 dargestellt. Dadurch erhält man eine Ganglinie, die den Verlauf des Vortriebes über die Zeit widerspiegelt. Die Vortriebsklassifizierung findet in dieser Darstellung kaum Eingang, da es sich um eine Darstellung über die Zeitachse handelt. Es lassen sich durchschnittliche Werte und Schwankungsbreiten der Vortriebsleistung angeben.

Eine weitere, gängige Darstellungsform der Vortriebsleistung ist das Auftragen der Vortriebsstation über die Tage bzw. Wochen, wie ebenfalls in Abbildung 18 dargestellt. Diese Darstellungsform bietet die Möglichkeit, die jeweilige Vortriebsklasse bei der Station einzutragen und erlaubt die Neigungen des Kurvenanstieges zu interpretieren.

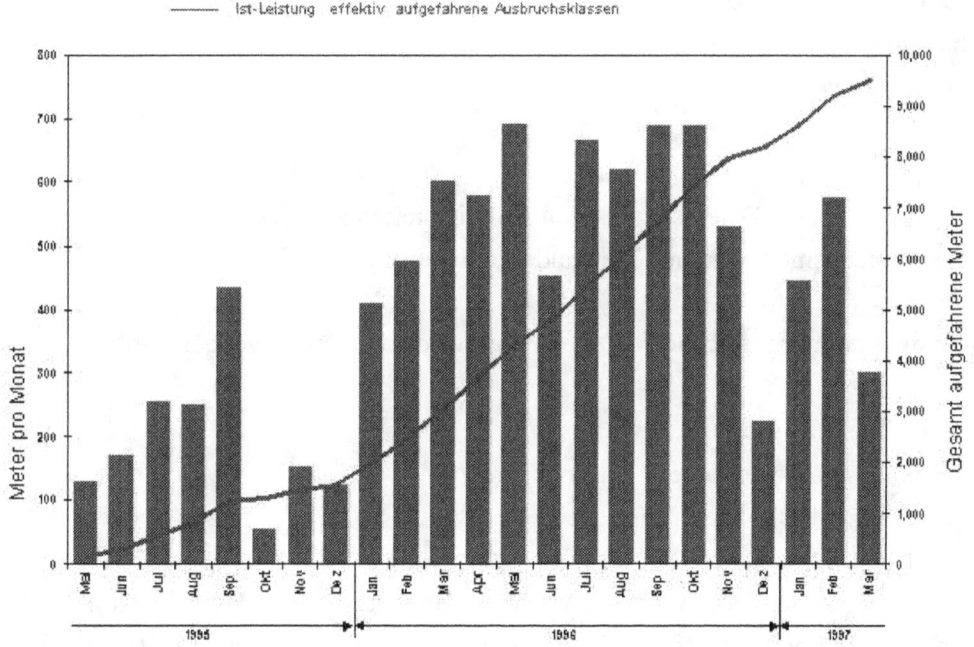

Abbildung 18 Monatsvortriebsleistungen und Summenlinie Vortrieb Vereinatunnel Nord

Trotz des in der Regel äußerst unregelmäßigen Verlaufes der Leistungskurven kann ein steigender Trend der Leistungen festgestellt werden, obwohl unterschiedliche Vortriebsklassen in den Darstellungen nicht berücksichtigt sind. Dieser Leistungszuwachs, der sich trotz annähernd gleicher geologischer Bedingungen einstellt, wird als *Einarbeitungseffekt* bezeichnet und kann auf das Lernen der am Vortrieb und am Projekt Beteiligten zurückgeführt werden.

Der Einarbeitungseffekt, der sich bis zu einigen Monaten hinstrecken kann, erreicht dadurch eine nicht zu vernachlässigende, wirtschaftliche Bedeutung. Für die Prognose des Verlaufes der Einarbeitungsphase sind Kenntnisse über typische Verläufe von Lernkurven erforderlich. Dabei sind Lernkurven Funktionen, die mittels statistischer Methoden an den Verlauf der tatsächlichen Daten angepasst werden.

2.11 Zusammenfassung

Ausgehend von Überlegungen zu den Anforderungen der Projektbeteiligten an die Datenerfassung, über eine Systematisierung der an einem Bauprojekt anfallenden Daten, erfolgt eine Analyse der bei mechanischen Tunnelvortrieben anfallenden Daten. Es fallen bei der Projektphase Vortrieb Daten aus folgenden Bereichen an:

- Vortriebseinrichtung
- Geologie und Hydrologie
- Ausbau und Sicherung
- Vermessung
- Baubetrieb

Zur Aufzeichnung dieser Daten stehen zwei Möglichkeiten zur Verfügung. Zum einen automatische Aufzeichnungsmethoden und zum anderen händisch ausgefüllte Berichtsformulare.

Die Auswertung des aufgezeichneten Datenmaterials erfolgt aus folgenden Motiven:

- Vortriebsklassifizierung
- Betriebsinterne Auswertungen - Optimierung
- Auswertung zur TBM Steuerung

Die Analyse von grafisch ausgewerteten Vortriebsdaten ergibt erste Hinweise auf die Leitungszunahme durch Einarbeitungseffekte. Die Ursachen und die Methoden zur Behandlung dieses Phänomens werden in den folgenden Kapiteln eingehend untersucht.

3 Das Lernen bei der Abwicklung von Tunnelbaustellen

3.1 Einführung

Im folgenden Kapitel wird ein komprimierter Überblick über die Hintergründe des Lernens gegeben. Es werden Begriffsdefinitionen analysiert und die Ursachen des Lernens aufgezeigt, um dadurch die Möglichkeit zu bieten, den Lernprozess auf der Baustelle positiv beeinflussen zu können.

Für den Begriff des Lernens gibt es in der Literatur keine einheitliche Definition. Eine wesentliche Ursache dafür liegt darin, dass das Lernen nicht direkt beobachtet werden kann, sondern nur seine Auswirkungen, also die während des Lernvorganges oder bei der späteren Anwendung gezeigten Leistungen[41]. Aus der Vielzahl von Definitionsversuchen lässt sich die folgende, umfassende Formulierung ableiten: Mit Lernen werden relativ überdauernde Änderungen der Verhaltensmöglichkeiten bezeichnet, soweit sie auf Erfahrung zurückgehen[42]. Der Begriff Erfahrung wird oft ersetzt durch Ausdrücke wie Wiederholung, Übung, Training etc.

Das Phänomen des Lernens ist Untersuchungsgegenstand verschiedener Disziplinen. Die Psychologie, die als originäre Lernwissenschaft betrachtet wird, entwickelte Modelle und Theorien, die Lernprozesse in allgemeiner Form beschreiben und erklären[43]. Lernen wird dabei als Vorgang definiert, durch den eine Aktivität im Gefolge von Reaktionen des Organismus auf eine Umweltsituation entsteht oder verändert wird[44]. Die allgemeinen Aussagen dieser Lerntheorien sind für eine Anwendung im speziellen Bereich der industriellen Fertigung geeignet. Die psychologischen Lerntheorien können in zwei Hauptgruppen eingeteilt werden:

- Reiz-Reaktionstheorien S-R (**S**timulus-**R**esponse) Theorien
- Kognitive Lerntheorien

3.1.1 Reiz-Reaktionstheorien

Die *Reiz-Reaktionstheorien* stammen aus jener Richtung der psychologischen Lernforschung, die als Behaviorismus bezeichnet wird.

---

[41] Ullrich, G.: Wirtschaftliches Anlernen in der Serienmontage: Ein Beitrag zur Lernkurventheorie. Verlag Shaker, Aachen, 1995, S. 4
[42] ebenda, S. 4
[43] Flechtner, H.-J.: Gedächtnis und Lernen in psychologischer Sicht. Stuttgart, 1974, S.91
[44] Hilgard, E. R., Bower, G. H. Theorien des Lernens, Bd. 1. Klett, Stuttgart, 1979, S. 16

Es wird davon ausgegangen, dass der Lernende einer Problemsituation gegenübersteht, in der ein Ziel erreicht werden muss[45]. Diese Situation ist gekennzeichnet durch Reize, auf die der Lernende mit Reaktionen antworten muss. Die Wahl der Reaktionen erfolgt am Anfang des Lernprozesses zufällig. Die Lernform, die den S-R-Theorien zugrunde liegt, kann auch als *Trial-and-Error-Lernen* bezeichnet werden[46]. Das Ergebnis der gewählten Reaktion wird dann mit dem zu erreichenden Ziel verglichen. Beurteilt der Lernende den Erfolg der Reaktion positiv, so wird die Verknüpfung zwischen Reiz und gewählter Reaktion verstärkt[47]. Eine Abschwächung der Verknüpfung tritt ein, falls die Reaktion nicht zum gewünschten Erfolg führt.

Lernen im Sinne der S-R-Theorien besteht also in einer Verstärkung beziehungsweise Abschwächung von Reiz-Reaktionsverknüpfungen. In der Terminologie der psychologischen Lernforschung wird das als Gesetz des Effektes bezeichnet. Die Betrachtung beschränkt sich darauf, die Wahl bestimmter Reaktionen im Hinblick auf Reize zu registrieren. Der Lernende selber wird dabei als *Blackbox* angesehen. Durch die Einbeziehung von Übung und Motivation werden wichtige Einflussgrößen des Lernens in die S-R Theorien eingebracht.

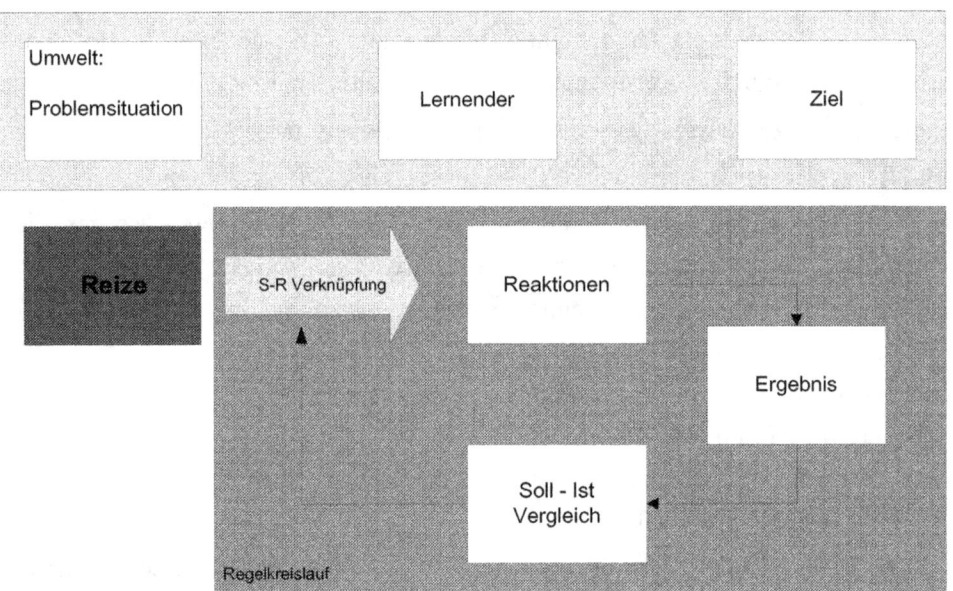

Abbildung 19 Grundschema der Reiz-Reaktionstheorien

---

[45] Henfling, M.: Lernkurventheorie: Ein Instrument zur Quantifizierung von produktivitätssteigernden Lerneffekten, Wissenschaftlicher Verlag A. Lehmann, Gerbrunn b. Würzburg, 1978, S. 11
[46] Foppa, K.: Lernen, Gedächtnis, Verhalten. Köln – Berlin, 1970
[47] Hilgard, E. R., Bower, G. H.: Theorien des Lernens, Bd. 1. Klett, Stuttgart, 1979, S. 16

Die Weiterentwicklung der S-R Theorien erlaubt zwar eine Beschreibung und Analyse von Lernexperimenten unter Laborbedingungen, eine direkte Übertragung auf die komplexe Situation einer Baustellenfertigung ist jedoch nicht möglich. Die Lernprozesse können unter Baustellenbedingungen dadurch charakterisiert werden, dass der Lernende einer Problemsituation gegenübersteht, in der ein Ziel zu erreichen ist. Eine mathematische Formulierung der S-R-Theorien ermöglicht es, bei der Ableitung eines Modells für das Lernen an diese Ansätze anzuknüpfen[48]. In der Abbildung 19 ist das Grundschema der Reiz-Reaktionstheorien dargestellt.

3.1.2 Kognitive Theorien

Bei den S-R Theorien des Lernens wird die Umwelt durch Reize gekennzeichnet. *Kognitive Theorien* dagegen gehen davon aus, dass eine Problemsituation für den Lernenden durch Zeichen charakterisiert ist, die den Weg zum angestrebten Ziel weisen. Entscheidend ist, dass diese Zeichen zu Beginn des Lernprozesses die Struktur des Problems nur sehr unvollkommen erkennen lassen. Daher wird der Lernende zunächst Annahmen über die Problemstruktur machen und sein Verhalten an diesen Erwartungen ausrichten. Der Lernvorgang besteht nun darin, dass erfolgreiches Verhalten auf Grund einer bestimmten Annahme über die Problemstruktur den Lernenden in dieser Sicht bestärkt. Erfolgloses Verhalten wird zu einer Korrektur der Erwartungen führen[49].

Kognitive Theorien kommen zu dem Ergebnis, dass Bedeutungen der Zeichen und Verhaltenspläne auf Grund von Erwartungen gelernt werden[50]. Für die Betrachtung von Lernprozessen sowohl in der industriellen Fertigung als auch bei der Baustellenfertigung sind kognitive Lerntheorien vor allem wegen ihres Verhaltensbegriffes von Interesse.

Für den Verhaltensbegriff gelten folgende Ansätze[51]:

- Zweckorientiertes und zielgerichtetes Verhalten
- Möglichkeiten, die die Umwelt bietet, werden als Hilfsmittel zur Zielerreichung nutzbar gemacht. Andererseits gibt es Hindernisse, die der Zielerreichung im Wege stehen. Das Zurechtfinden unter diesen Bedingungen kennzeichnet das Verhalten als kognitiv.
- Kurze und einfache Aktivitäten zur Zielerreichung werden gegenüber langen und schwierigen bevorzugt. Diese Selektivität wird als Prinzip des kleinsten Aufwandes bezeichnet.

---

[48] Crossman, E. R.: A Theory of the Aquisition of Speed-Skill. Ergonomics, Vol. 2, 1959, S. 153 - 166
[49] Henfling, M.: Lernkurventheorie: Ein Instrument zur Quantifizierung von produktivitätssteigernden Lerneffekten, Wissenschaftlicher Verlag A. Lehmann, Gerbrunn b. Würzburg, 1978, S.13
[50] Hilgard, E. R., Bower: G. H. Theorien des Lernens, Bd. 1. Klett, Stuttgart, 1979, S. 16
[51] Henfling, M.: Lernkurventheorie: Ein Instrument zur Quantifizierung von produktivitätssteigernden Lerneffekten, Wissenschaftlicher Verlag A. Lehmann, Gerbrunn b. Würzburg, 1978, S. 13

Auch für die kognitiven Lerntheorien wurden mathematische Formulierungen entwickelt, die aber für experimentelle Lernsituationen gedacht waren und dadurch nicht zur quantitativen Erfassung von Lernsituationen bei Produktionsprozessen eingesetzt werden konnten.

Das Grundprinzip der kognitiven Lerntheorien lässt sich als Regelkreis wie in Abbildung 20 darstellen.

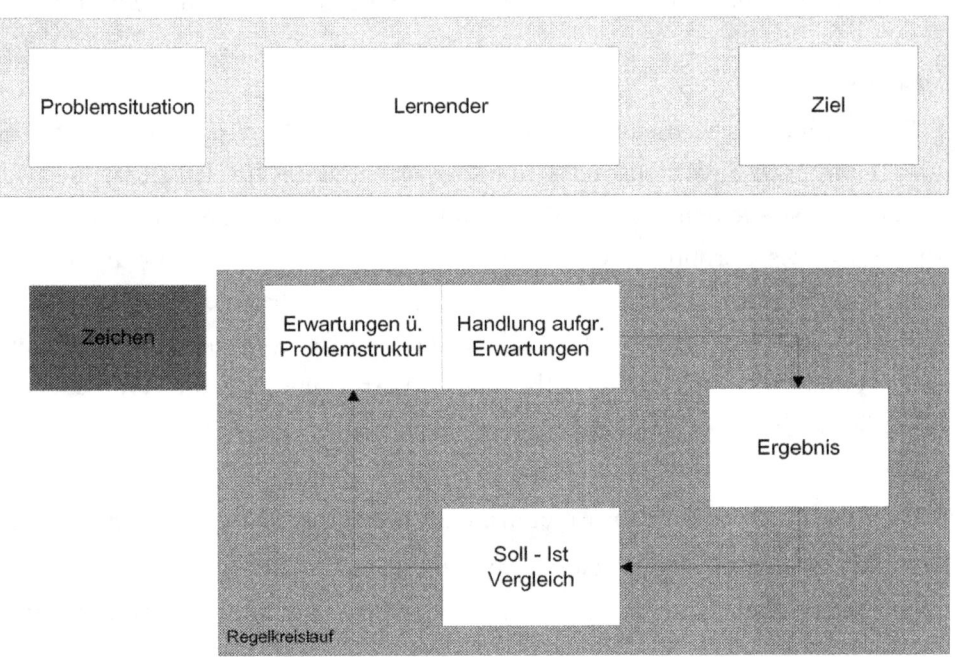

Abbildung 20 Grundschema der kognitiven Theorien

3.1.3 Zusammenfassung

Die Formen des Lernens, die im Zusammenhang mit der Lernkurventheorie zu betrachten sind, weisen sowohl kognitive als auch Reiz-Reaktionselemente auf. Dabei stehen bei der Verbesserung der Geschicklichkeit durch Übung Aspekte im Vordergrund, wie sie die S-R Theorien behandeln, während bei der Form des organisatorischen Lernens kognitive Vorgänge eine größere Rolle spielen.

Für den Lernfortschritt ist deshalb im ersten Fall die Anzahl der Wiederholungen bestimmend, während im zweiten Fall vor allem die Informationsbedingungen den Lernerfolg nachhaltig beeinflussen[52].

---

[52] ebenda, S. 15

3.2 Die Definition des Lernbegriffes

3.2.1 Grundsätzliche Überlegungen zur Definitionsbildung

Entsprechend den Zielen der verschiedenen Disziplinen, die sich mit dem Lernen beschäftigen, unterscheiden sich die Definitionen des Lernens. Daher ist es erforderlich, das Lernen in der industriellen Fertigung gegenüber anderen Lernbegriffen abzugrenzen und gleichzeitig die charakteristischen Lernprozesse für diesen Bereich herauszuarbeiten. Der gewählte Lernbegriff muss operational in dem Sinne sein, dass er die Messung von Lerneffekten zulässt und die Formulierung von funktionalen Zuordnungen ermöglicht, die empirisch getestet werden können[53]. Diese von Henfling[54] geforderten Anforderungen an die Definition eines Lern-begriffes in der industriellen Fertigung müssen auch auf die Bildung eines Lernbegriffes für die Baustellenfertigung zutreffen. Dabei ist zu überlegen, wie eine Messung von Lerneffekten möglich ist und wie eine funktionale Zuordnung erfolgen kann.

3.2.2 Diskussion und Bildung eines Lernbegriffes in Anlehnung an Henfling

Henfling greift bei der Bildung eines Lernbegriffes für die industrielle Fertigung auf generelle, charakterisierende Eigenschaften der Lernprozesse zurück, die auch eine Operationalisierung des Lernbegriffes im oben genannten Sinne zulassen:

1. Das Lernen in der industriellen Fertigung vollzieht sich als <u>dynamischer Prozess</u>. Dies ist sowohl bei der Analyse des Lernens selbst als auch bei der Einbeziehung von Lernvorgängen in Modelle zu beachten. Die statische beziehungsweise komparativ statische Betrachtungsweise ist auf dynamische Ansätze zu erweitern.
2. Die <u>Verwertung von Informationen</u> ist ein konstitutives Merkmal des Lernens in der industriellen Fertigung. Dabei kann es sich sowohl um gespeicherte Informationen (Erfahrungen) als auch um externe Informationen oder mit dem Lernprozess auftretende Informationen handeln.
3. Das Lernen in der industriellen Fertigung führt zu einer quantitativen und qualitativen <u>Umgestaltung betrieblicher Strukturen und Prozesse</u>. Dies findet seinen Ausdruck in einer Steigerung der Produktivität und der Wirtschaftlichkeit des Produktionsprozesses. Damit sind auch objektive Kriterien gegeben, die eine Messung des Lernprozesses ermöglichen.

---

[53] Scholl, F., Die Einbeziehung von Lernvorgängen in ökonomische Modelle, Diss. Köln, 1968, in Henfling, M.: Lernkurventheorie: Ein Instrument zur Quantifizierung von produktivitätssteigernden Lerneffekten, Wissenschaftlicher Verlag A. Lehmann, Gerbrunn b. Würzburg, 1978, S. 18

[54] Henfling, M.: Lernkurventheorie: Ein Instrument zur Quantifizierung von produktivitätssteigernden Lerneffekten, Wissenschaftlicher Verlag A. Lehmann, Gerbrunn b. Würzburg, 1978

Der Begriff des Lernens umfasst dabei auch solche Lernvorgänge, die zwar nicht direkt im Produktionsbereich ablaufen, aber dennoch in ihren Auswirkungen signifikante Produktivitätssteigerungen in der Fertigung hervorrufen[55]. Es ist nun zu untersuchen, ob dieser speziell auf die industrielle Fertigung zugeschnittene Lernbegriff auch auf den Fertigungsprozess auf Baustellen - im Speziellen bei Tunnelvortrieben - angewendet werden kann bzw. welche Einschränkungen oder Erweiterungen erforderlich sind, dass dieser Lernbegriff angewendet werden kann. Wesentlich ist, die Unterschiede einer Baustellenfertigung gegenüber einer industriellen Fertigung in Erinnerung zu rufen:

- Einzelanfertigung
- Störungsanfälligkeit (Witterung, Zusammenspiel mit anderen etc.)
- Vielzahl von beteiligten Organisationen
- Hoher manueller Arbeitsanteil
- Schlechte Arbeitsbedingungen

Unter diesen Gesichtspunkten soll nun die Definition des Lernbegriffes betrachtet werden:

<u>Das Lernen ist ein dynamischer Prozess, bei dem Informationen verarbeitet werden, die zu einer Umgestaltung der betrieblichen Strukturen und Prozesse führen.</u>

Diese Definition des Lernbegriffes ist durch die generalisierte Formulierung auch auf die Fertigung auf einer Baustelle anwendbar, vorausgesetzt, dass der Begriff betrieblich nicht nur auf eine Firma eingeschränkt gesehen wird, sondern auf die gesamte Baustellenorganisation. Diese Definition beinhaltet die wesentlichen Elemente der allgemeinen Lerndefinitionen, nämlich die Information als Input (Reiz, Stimulus) in den Verarbeitungsprozess (Bewertung, Kategorisierung), der zu Veränderungen im Produktionsprozess (Reaktion, Response) führt[56].

3.2.3 Quantifizierung des Lerneffektes

Die Formen des Lernens, die den Produktionsprozess direkt beeinflussen, sind einer direkten Messung nicht zugänglich[57]. Um Lerneffekte messen zu können, müssen Messgrößen für die festgestellten Produktivitätssteigerungen gefunden werden.

---

[55] ebenda, S. 20

[56] Hieber, W. L.: Lern- und Erfahrungskurven und ihre Bestimmung in der flexibel automatisierten Produktion. (Controlling Praxis), XVIII, Verlag Franz Vahlen, München, 1991, S. 24

[57] Henfling, M.: Lernkurventheorie: Ein Instrument zur Quantifizierung von produktivitätssteigernden Lerneffekten, Wissenschaftlicher Verlag A. Lehmann, Gerbrunn b. Würzburg, 1978, S. 38

Anforderungen an die Messgrößen sind[58]:

- Hinreichende Genauigkeit
- Rechtzeitige Verfügbarkeit zur Weiterverarbeitung
- Zulassung von Aussagen über die Wirtschaftlichkeit

Den Lernkurven liegt zu Grunde, dass die betrachteten Lernprozesse quantitative und qualitative Verbesserungen im Produktionsbereich bewirken. Daher liegt es nahe, den Produktivitätsgewinn als Maß für das Lernen heranzuziehen. Produktivität ist dabei die Ergiebigkeit der betrieblichen Faktorkombination. Zu messen ist die Produktivität durch Bezugnahme des Ertrages bzw. der Leistung auf eine Einsatzeinheit[59].

Das Festlegen der Messgrößen kann daher auf drei verschiedene Arten vorgenommen werden:

- Einsatzmengen bezogen auf die gefertigten Einheiten (Arbeits-, Reparaturstunden etc.)
- Hergestellte Einheiten bei gleichbleibenden Einsatzmengen
- Kostengrößen

Messgrößen für mechanische Tunnelvortriebe werden in Kapitel 5 detailliert behandelt.

3.3 Die Lernformen unterschieden nach dem Träger des Lernens

3.3.1 Allgemein

Die lernbedingten Umstrukturierungen können nicht als Folge eines einzigen homogenen Lernprozesses gesehen werden. Es existieren eine Vielzahl von Prozessen, die neben- oder nacheinander ablaufen und deren Einflussgrößen und Wirkungen nicht vollständig isoliert betrachtet werden können.

Ziel ist es, diese Lernvorgänge nach bestimmten Gesichtspunkten zu ordnen und dadurch die Vielzahl an Erscheinungen überschaubar zu machen. Bei den folgenden Überlegungen werden die Lernvorgänge nach den Trägern des Lernens geordnet, das sind Einzelpersonen oder Gruppen.

---

[58] Hieber, W. L.: Lern- und Erfahrungskurven und ihre Bestimmung in der flexibel automatisierten Produktion. (Controlling Praxis), XVIII, Verlag Franz Vahlen, München, 1991, S. 24, und
Henfling, M.: Lernkurventheorie: Ein Instrument zur Quantifizierung von produktivitätssteigernden Lerneffekten, Wissenschaftlicher Verlag A. Lehmann, Gerbrunn b. Würzburg, 1978, S. 38
[59] Gabler, Th.: Wirtschaftslexikon Bd. 5. Fischer, Frankfurt, 1972, S.1178

3.3.2 Individuelle Lernprozesse

Individuelles Lernen findet im Produktionsprozess dort statt, wo Personen unabhängig von anderen eine Aufgabe ausführen und die Leistung mit zunehmender Wiederholungsanzahl zunimmt. Das Lernen des Einzelnen ist dabei von folgenden Faktoren abhängig:

- Aufgabe
- Anlagen und Fähigkeiten der Person
- Einstellung und Motivation der Person
- Vorkenntnisse und Vorbereitung

Die Größe des individuellen Lernprozesses lässt sich anhand von persönlichen Lernkurven feststellen. Diese sind einem großen Streubereich unterworfen. Der Einfluss der individuellen Lernprozesse spielt im Tunnelbau eine untergeordnete Rolle, da es sich bei der Fertigung auf Baustellen im Allgemeinen um Gruppenarbeit handelt.

3.3.3 Kollektive Lernprozesse

Wie bereits zuvor erwähnt, handelt es sich beim baubetrieblichen Fertigungsprozess im Normalfall um eine Gruppe von Personen wie z.B. ein Vortriebsdrittel. Die Zusammensetzung der Gruppe beeinflusst die Lern- und Leistungsfähigkeit der Gruppe entscheidend. Obwohl auch hier letztendlich die einzelnen Gruppenmitglieder lernen, werden die Lernprozesse durch die Gruppenstruktur quantitativ und qualitativ so beeinflusst, dass von Gruppenlernen gesprochen werden kann[60]. Die Anpassungsvorgänge, die bei der Integration des Einzelnen in eine Gruppe ablaufen, sind ebenfalls Gegenstand lerntheoretischer Betrachtungen[61]. Das Lernen wird durch die Gruppe als Träger des Lernens in zweifacher Hinsicht bestimmt[62]:

- Gruppeneinflüsse bestimmen das Lernverhalten / die Lernmöglichkeiten des Einzelnen
- Umstrukturierungen der Gruppe selbst können als Lernprozess gedeutet werden

Der kollektive Lernprozess darf nicht nur auf die kleinste Einheit wie z.B. auf das Vortriebsdrittel beschränkt bleiben, sondern muss sich auf die gesamten am Bauablauf beteiligten Organisationselemente erstrecken.

---

[60] Hieber, W. L.: Lern- und Erfahrungskurven und ihre Bestimmung in der flexibel automatisierten Produktion, S. 21

[61] Kappler, E.: Systementwicklung. Wiesbaden, 1972, und
Gutenberg, E.: Grundlagen der Betriebswirtschaftlehre Bd.1, Die Produktion, Berlin, 1975 in
Hieber, W. L.: Lern- und Erfahrungskurven und ihre Bestimmung in der flexibel automatisierten Produktion. (Controlling Praxis), XVIII, Verlag Franz Vahlen, München, 1991, S. 22

[62] ebenda

Gruppendynamik

Vom Gruppenmitglied wird eine Anpassung an die Norm der Gruppe erwartet. Dieses rollenkonforme Verhalten hat Einfluss auf das Ausmaß und den Ablauf des Lernverhaltens. Dabei können zwei Reaktionsmöglichkeiten festgestellt werden:

- Lernfortschritte, die über das akzeptierte Niveau der Gruppe hinausgehen, werden nicht realisiert
- Unterschreiten dieses akzeptierten Niveaus ruft Sanktionen der Gruppe hervor und bewirkt Anpassung

Informationsverarbeitung

Bei der Beschreibung der psychologischen Lerntheorien wurde bereits herausgearbeitet, dass Information und Informationsverarbeitung von herausragender Bedeutung für den Lernprozess sind. In jeder Gruppe existieren nun unterschiedlichste Kommunikationsstrukturen, die Art und Ausmaß der Informationen, die einem Gruppenmitglied zugänglich sind, bestimmen[63]. Auf diese Art und Weise wird nicht nur das Lernen der Gruppe, sondern auch das des einzelnen Gruppenmitgliedes beeinflusst. Die Kommunikationsstruktur selber unterliegt auch einem Lernprozess und wird dadurch ständig verändert. Neben der Änderung der Informationsbedingungen können auch Änderungen in der Zusammensetzung der Gruppe zu Änderungen der Organisationsstruktur und weiters zu Lerneffekten führen.

Führung

Die Führung der Gruppe beeinflusst das Lernklima innerhalb der Gruppe maßgeblich. Der Anführer kann durch sein Verhalten Anreiz und Motivation geben, gesteckte Ziele zu erreichen. Diese Eigenschaft ist sehr von der Person des Anführers abhängig. Hat der Anführer der Gruppe nicht diese Fähigkeiten, kann sich die Situation ins Gegenteil wenden.

3.4 Die Lernformen unterschieden nach der Art der Tätigkeit

3.4.1 Allgemein

In diesem Kapitel wird näher auf die unterschiedlichen Formen des Lernens eingegangen. Bei der baubetrieblichen Fertigung werden Bauwerke aus Stoffen und mit Betriebsmitteln unter Einsatz von Arbeitsleistungen hergestellt.

---

[63] Hieber, W. L.: Lern- und Erfahrungskurven und ihre Bestimmung in der flexibel automatisierten Produktion. (Controlling Praxis), XVIII, Verlag Franz Vahlen, München, 1991, S. 22

Kombiniert werden diese Elementarfaktoren durch den dispositiven Faktor, dessen Aufgabe darin besteht, Entscheidungen zu treffen und der sich zur Steuerung des Geschehens der Instrumente Planung und Organisation bedient[64]. Durch Kontakte zur Umwelt entstehen externe Impulse. Aus diesen Überlegungen heraus lassen sich folgende Lernformen ableiten:

- Objektbezogene Arbeitsleistungen
- Produktionstechnik und technische Gestaltung des Bauwerkes
- Entscheidungsverhalten, Planung und organisatorischer Rahmen
- Exogene Einflüsse

3.4.2 Objektbezogene Arbeitsleistungen

Arbeitswissenschaftliche Studien zeigen, dass bei der wiederholten Ausführung einer Aufgabe beachtliche Verbesserungen auftreten, die vor allem in einer Verkürzung der benötigten Zeit zum Ausdruck kommen[65]. Die erzielten Erfolge resultieren dabei aus folgenden Punkten:

- Zunehmende Vertrautheit des Ausführenden mit der Aufgabe
- Steigende Koordination der einzelnen Bewegungen
- Körperliche Anpassung an den Arbeitsablauf

Aus der Sicht der psychologischen Lerntheorien sind diese Faktoren den S-R Theorien zuzuordnen. Darüber hinaus lassen sich Einflussgrößen wie z.B. eine verbesserte Einsicht in den Arbeitsablauf und in die technische Gestaltung feststellen; diese sind der kognitiven Sichtweise zuzuordnen.

Generell kann man feststellen, dass eine Zuordnung zu den verschiedenen Lernformen von der gestellten Aufgabe abhängig ist; dabei sind rein manuelle Tätigkeiten eher auf die S-R Theorie zurückzuführen und komplexe, maschinenorientierte Tätigkeiten eher auf die kognitiven Überlegungen.

Neben dem Qualifikationsniveau des Personals ist auch die Fluktuationsrate des Personals eine ausschlaggebende Größe, da mit dem Eintritt neuer Personen neue Lernprozesse verbunden sind.

---

[64] ebenda, S. 23

[65] de Jong, J. R.. Fertigkeit, Stückzahl und benötigte Zeit, Sonderheft der REFA Nachrichten. Hrsg. Verband für Arbeitsstudien REFA e. V., Hieber, W. L.: Lern- und Erfahrungskurven und ihre Bestimmung in der flexibel automatisierten Produktion. (Controlling Praxis) , XVIII, Verlag Franz Vahlen, München , 1991, S. 24

Deshalb hat eine gewisse Stabilität im Personalbereich positive Auswirkungen auf die Möglichkeiten, Produktivitätssteigerungen durch Lernen bei objektbezogenen Arbeitsleistungen zu erreichen[66]. Das eingesetzte Entlohnungssystem zählt ebenfalls auf Grund seines motivierenden Charakters zu den Einflussgrößen auf die Arbeitsleistung.

3.4.3 Produktionstechnik und technische Gestaltung des Bauwerkes

Gerade bei mechanischen Tunnelvortrieben, bei denen die Leistung im Wesentlichen von einem Schlüsselgerät - der TBM - abhängt, spielt der Einfluss der Vortriebstechnik eine entscheidende Rolle. Die Tatsache, dass zum Zeitpunkt der Maschinenbestellung und am Beginn der Produktion nur Annahmen über die geologischen Verhältnisse bekannt sind, führt meistens zu erforderlichen Anpassungen der Vortriebseinrichtung. Konstruktions- und Produktionsfehler können erst im vollen Betrieb erkannt werden und müssen behoben werden.

Die Anpassungen im Bereich des technischen Lernens bei TBM-Vortrieben kann in drei Bereiche unterteilt werden:

- Maschinentechnik TBM
- Änderungen an der Logistik
- Änderungen am Vortriebsverfahren
- Änderung des Ausbaues

Die Betrachtungsweisen können aus zwei verschiedenen Blickwinkeln angestellt werden:

- Auf das Projekt bezogen
- Auf mehrere Projekte bezogen

Maschinentechnik TBM

Maschinentechnische Verbesserungen auf die Dauer eines Projektes können nur in einem begrenzten Rahmen stattfinden und können als Behebung von auftretenden Mängeln angesehen werden. Wird die Betrachtung auf mehrere Projekte erweitert, so kann man erhebliche Änderungen des Maschinenkonzeptes erkennen. Als Beispiel wäre die Entwicklung der Doppelschildmaschine zu erwähnen, bei der Vortrieb und Ausbau nahezu entkoppelt sind.

---

[66] Hieber, W. L.: Lern- und Erfahrungskurven und ihre Bestimmung in der flexibel automatisierten Produktion. (Controlling Praxis), XVIII, Verlag Franz Vahlen, München, 1991, S.26

Kovari[67] et al. erwähnen die Leistungssteigerung zwischen zwei mit *Ausweitungsmaschinen* aufgefahrenen Tunnel mit großem Durchmesser, die durch die Umstellung eines dreistufigen Systems auf ein zweistufiges System entstand[68]. Weitere Beispiele für die Weiterentwicklung an einem Maschinentyp sind:

- Bohrkopfdesign
- Schneidwerkzeuge
- Antriebssystem
- Fördereinrichtung
- Stützmitteleinbau wie z.B. Ringerektor für den Einbau von Stahlbögen unmittelbar hinter dem Bohrkopf bei einer o-TBM

Änderungen am Vortriebsverfahren/-ablauf

Änderungen am Vortriebsablauf während des Vortriebes werden selten vorgenommen; wohl sind sie aber bei Übergängen von einer Baustelle auf die andere zu erkennen. Diese Effekte sind jedermann als „Beim nächsten Mal würden wir...... - Effekte" bekannt. *Kovari (1992)*[69] et al. erwähnen in Ihrer Studie als Beispiel das Auffahren des *Gubristtunnels*, bei dem ein derartiger Effekt beim Auffahren der zweiten Tunnelröhre dadurch auftrat, dass der Einbau der Betonfahrbahn geändert wurde. Als weiteres Beispiel kann die Entwicklung von Ringerektoren für den Einbau der Stahlbögen bei o-TBM genannt werden

Änderung des Ausbaues

Änderungen des Ausbaues können sich bei offenen Maschinen dadurch ergeben, dass die erforderlichen Stützmittel an die tatsächlichen Verhältnisse angepasst werden müssen. Dadurch ändern sich die Menge und die erforderliche Einbauzeit. Neben dieser projektbezogenen Perspektive können bei Betrachtung über einen größeren Zeitraum Verbesserungen an den Stützmitteln selbst festgestellt werden wie z.B. Entwicklung der Swellex Anker. Bei einem Tübbingausbau können Änderungen an den Verbindungsmitteln wie z.B. Dübelverbindung statt Verschraubung oder aber Änderungen am Design selbst erkannt werden. Verbesserungen innerhalb eines Projektes sind kaum anzutreffen, da die Produktion der Tübbings eine Vorlaufzeit benötigt und Änderungen dadurch nicht sofort wirksam werden.

---

[67] Kovari K., Fechtig, R., Amstad, Ch.: Erfahrungen mit Vortriebsmaschinen großen Durchmessers in der Schweiz. Forschung und Praxis, 34, Alba, Düsseldorf, 1992, S. 30

[68] Anmerkung: Zeitaufwand für die Felssicherung im Bereich der ersten Stufe entfällt.

[69] Kovari K., Fechtig, R., Amstad, Ch.: Erfahrungen mit Vortriebsmaschinen großen Durchmessers in der Schweiz. Forschung und Praxis, 34, Alba, Düsseldorf, 1992, S. 31

3.4.4 Entscheidungsverhalten, Planung und organisatorischer Rahmen

Lern- und Entscheidungsprozesse

Zwischen Lern- und Entscheidungsprozessen bestehen eine Vielzahl von Zusammenhänge. Dabei ist eine Beschränkung auf Entscheidungen notwendig, die in gleicher oder ähnlicher Form wiederholt getroffen werden. Weiters interessieren die Lernvorgänge insoweit, als sie sich in einer Verbesserung der Produktivität niederschlagen. Es muss hier unterschieden werden zwischen Entscheidungen, die sich direkt auf den Produktionsprozess auswirken und damit direkte Auswirkungen auf die Produktivitätssteigerung haben und Entscheidungen der Führung, die sich auf die Bedingungen für das Lernen in der Produktion auswirken.

Produktionsplanung - Logistik

Gerade auf Linienbaustellen ist besonderes Augenmerk auf die Logistik zu legen. Die Arbeitsstellen müssen mit Baustoffen ausreichend versorgt werden und das Ausbruchmaterial muss aus dem Tunnel entfernt werden. Am Logistiksystem können mit zunehmender Vortriebsdauer produktivitätssteigernde Verbesserungsmaßnahmen erfolgen, die die Stillstandsdauern reduzieren.

Organisatorisches Lernen

Der Rahmen, in dem die Bauproduktion erfolgt, wird weitgehend von der Organisationsstruktur des Projektes mitbestimmt. Die Formen des Lernens können dabei wieder auf zwei Ebenen beobachtet werden:

- Auf der Ebene der Produktionsorganisation
- Auf der Ebene der Projektorganisation

Die Produktionsorganisation kann als bestimmend für die Zerlegung der Aufgabe in einzelne Aufgaben angesehen werden. Durch die Organisation erfolgt weiters die Zuordnung der Einzelaufgaben auf Gruppen oder Einzelpersonen. Das organisatorische Lernen kann als Verbesserung dieser Zerlegung und Zuordnung der Aufgaben die Arbeitszufriedenheit und damit die Produktivität positiv beeinflussen. Die Organisationsstruktur eines Projektes hat eine zentrale Bedeutung für den Informationsfluss und damit für das Lernen als zielgerichtete Verwertung von Informationen. Das Ausmaß und der Ablauf von Lernprozessen hängen davon ab, ob erforderliche Informationen rechtzeitig an der richtigen Stelle verfügbar sind.

Die Kommunikation zwischen den Beteiligten und der Ablauf des Informationsflusses sind wesentliche Einflussgrößen auf den Lernprozess.

Die Rahmenbedingungen für den Ablauf der Informationsflüsse werden von der Organisationsstruktur vorgegeben oder mit der Organisationsstruktur gewählt. Innerhalb dieses Rahmens erfolgt der Informationsaustausch zwischen den einzelnen Personen.

Kommunikation

Der Rahmen für den Gedanken- und Informationsaustausch zwischen den einzelnen Personen wird durch die Fähigkeit der einzelnen Personen zur Kommunikation gesteckt. Zu Beginn eines Bauprojektes werden Menschen von verschiedenen Firmen, die vorher auf verschiedenen Baustellen mit unterschiedlichsten Organisationsstrukturen gearbeitet haben, zusammengeworfen.

Die Kommunikationsstrukturen innerhalb der bereits aufgestellten Projektorganisation müssen sich erst entwickeln; der Vergleich dieser Situation mit einer Blackbox liegt nahe.

Mit zunehmender Projektdauer entwickelt sich erst eine Struktur, bestehend aus formellen und informellen Kommunikationswegen.

Diese Verbesserung der Kommunikationswege und damit auch die Verbesserung der Informationsverarbeitung kann eine Produktivitätssteigerung bei der Bauausführung bewirken.

3.5 Exogene Einflüsse

Wird bei der Einteilung der Lernprozesse die Herkunft der Informationen als Kriterium herangezogen, so kann zwischen endogenem und exogenem Lernen unterschieden werden. Jedes Projekt ist mit seiner Umwelt – mit anderen Projekten – über eine Vielzahl von Verbindungen verknüpft. Durch diese Verbindungen nach außen erhält das jeweilige Projekt Informationen, die Verbesserungen jeglicher Art ermöglichen.

Die Informationen können über verschiedene Wege zum jeweiligen Projekt gelangen wie z. B.:

- Lieferanten
- Erfahrungsaustausch
- Veröffentlichungen
- Baustellenbeobachtungen

Exogene Lerneffekte bestehen jedoch nicht nur in der Nachahmung fremder Ideen, sondern können durchaus selbständige Verbesserungsmaßnahmen sein, die durch Impulse von außen erst zustandegekommen sind.

3.6 Zusammenfassung

Die verschiedenen Lernformen stellen komplexe Sachverhalte mit vielfältigen Vernetzungen dar. Ausgehend von den verschiedenen, psychologischen Lerntheorien und einer Definition des Lernbegriffes wurde versucht, aus verschiedenen Blickwinkeln Einflüsse auf den Lernprozess aufzuzeigen und zu analysieren. Es wird hier nicht der Anspruch erhoben, alle Einflussfaktoren dargelegt zu haben, vielmehr soll hier die Komplexität noch einmal hervorgestrichen werden. Es ist unmöglich, aus den verschiedenen Einflussfaktoren Größen abzuleiten, die den Einfluss auf den Lernvorgang wiedergeben würden. Aus diesem Grund ist es erforderlich, auf eine höhere Abstraktionsebene zu gehen und das Modell, das das Problem des Lernvorganges beschreiben soll, auf der Ebene des gesamten Projektes zu bilden. Wichtig erscheint, auf die verschiedenen, äußerst komplexen Subsysteme aufmerksam zu machen, da durch diese der Lernvorgang wesentlich beeinflusst wird.

4 Stand des Wissens in der Lernkurventheorie

In der stationären Industrie stellen die Lernkurven *(progress functions)* ein reichlich untersuchtes und viel diskutiertes Forschungsgebiet dar. Im folgenden Kapitel werden die bestehenden und in der stationären Industrie verwendeten Modelle untersucht, ohne vorerst auf deren Anwendbarkeit in der Bauproduktion einzugehen.

Um die Technik der Lernkurventheorie besser verstehen zu können, wird zuerst die geschichtliche Entwicklung näher beleuchtet. Im Grundsätzlichen sagt die Lernkurve ein Sinken der direkten Produktionskosten mit dem Anstieg der kumulierten Produktionsmenge aus.

4.1 Historischer Rückblick auf die Entwicklung der Lernkurventheorie

4.1.1 Die Anfänge der Lernkurventheorie

Ausgangspunkt für die wesentlichen Entwicklungen zur Lernkurventheorie war die amerikanische Luftfahrtindustrie in der Zwischenkriegszeit. Zu Beginn des Zwanzigsten Jahrhunderts fanden zum ersten Mal Methoden zur Produktions- und Kostenüberwachung Einzug in die Industrie. Die Luftfahrtindustrie war zu diesem Zeitpunkt ein aufblühender Zweig und ein maßgeblicher Faktor im amerikanischen Militär- und Zivilleben.

Die Überlegungen zur Lernkurventheorie war eine von vielen damals getätigten Entwicklungen. Zu Beginn der zwanziger Jahre begann *T. P. Wright* mit seinen Untersuchungen zur Veränderlichkeit der Kosten mit kumulierter Produktionsanzahl. Die Ergebnisse wurden 1936 in einem vielzitierten Artikel[70] veröffentlicht. Dieselben Beobachtungen wurden ebenfalls zu Beginn der zwanziger Jahre in Deutschland von *A. Rohrbach* bei der Produktion von Luftfahrzeugen gemacht[71].

4.1.2 Entwicklungen während und nach dem Zweiten Weltkrieg

Erstmals wurde die neu entwickelte Theorie beim sogenannten *50.000-Flugzeuge-Programm* vor Beginn des Zweiten Weltkrieges[72] angewendet. Die Amerikanische Luftwaffe musste aufgestockt werden, wobei es bei derart großen Produktionszahlen erforderlich wurde, den Einarbeitungseffekt in die Produktionsplanung mit einzubeziehen.

---

[70] Wright, T.P.: Factors Affecting the Cost of Airplanes. Journal of the Aeronautical Sciences, New York 3, 1936
[71] Dutton, J. M., Thomas, A., Butler, J. E.: The History of Progress Functions as a Management Tool. Business History Review, 58, 1984
[72] ebenda

Wrights Ansatz – sinkende Kosten mit steigender Produktionszahl – wurden bestätigt. Während des Zweiten Weltkrieges waren die Forscher mit folgenden Fragestellungen befasst:

- Prognose der Lernfunktion und deren Verlauf
- Untersuchen der kausalen Zusammenhänge
- Einsatz als Instrument bei Produktionskontrolle und –planung

Die Weiterentwicklung erfolgte sowohl durch Berater, die den Firmen mit auf Lernkurven basierenden Kostenschätzungen und Produktionsprogrammen zur Verfügung standen, als auch durch Forschungsinstitute wie der *Rand Corporation* und das *Stanford Research Institut*. Nach Kriegsende wurde die Forschung auf dem Gebiet der Lernkurven durch Dokumentationen über die Produktionsdaten erleichtert. Weitere Beobachtungen kommen aus Schiffswerften und den Radarproduktionen.

Nicht nur in Amerika wurden Lernkurven erforscht, auch in Europa beschäftigte dieses Thema die Forscher in den 30er und 40er Jahren. Eine umfassende Veröffentlichung wurde vom Franzosen *M. P. Guibert* verfasst, der im Gegensatz zu den Amerikanern versuchte, neue theoretische Formulierungen zu finden.

4.1.3 Entwicklungen während der Nachkriegszeit

Die Nachkriegsjahre zeigten einige Entwicklungen mit weitreichender Wirkung. Dabei wurden die während des Krieges aufgetretenen, unterschiedlichen Strömungen aufgegriffen. Diese Strömungen lassen sich in drei Gruppen kategorisieren:

- empirische Studien
- theoretischer Rahmen
- angewandte bzw. empfohlene Vorschriften

Eine Vielzahl von Untersuchungen befasste sich mit diesen Vorgängen in den verschiedenen Zweigen der Industrie. Das Ergebnis war, dass Lernprozesse zwar eindeutig festgestellt werden konnten, der Verlauf der Funktion und die Größenordnung aber einer großen Schwan-kung unterlegen ist, abhängig vom untersuchten Prozess, vom untersuchten Produkt und der untersuchten Firma etc.

Wirtschaftswissenschaftler wie *Alchian*, *Arrow* und *Asher* waren bei Untersuchungen im Rahmen der Luftfahrtindustrie in den 40er und 50er Jahren beteiligt. Ende der 50er Jahre wurden die Gedanken der Produktionsfunktionen in die Produktionstheorie implementiert.

Die Bemühungen, die Lernkurventheorie in die Wirtschaftstheorie zu übertragen, dauerten bis in die 60er Jahre an. Der Einsatzbereich als Management-Entscheidungshilfe reichte von Kostenschätzungen und Produktionsplanungen, über Produktpreise, bis hin zu Langzeit-Wettbewerbsstrategien. Die mit den Lernkurven verbundene Kostenreduktion verhalf dieser Technik dazu, ein wichtiges Instrument im Wettstreit mit Konkurrenzunternehmen zu werden[73].

4.1.4 Entwicklungen in den 70er und 80er Jahren

Zu Beginn der 70er Jahre wurde zum ersten Mal der Begriff der Erfahrungskurve von der *Boston Consulting Group* eingeführt. Dieses Hilfsmittel beschreibt den Erfahrungszuwachs auf Ebene des einzelnen Unternehmens[74]; das Ergebnis resultierte in einem nationalen und internationalen Einsatz der Lern- und Erfahrungskurventheorie. Eine starke Unterstützung bei der Verbreitung der Lernkurventheorie in den USA erfuhr diese durch eine staatliche Verordnung, die die Berücksichtigung des Einarbeitungseffektes bei der Kalkulation von Staatsaufträgen zwingend vorschrieb[75].

Weitere Entwicklungen wurden vor allem auf dem Gebiet der *Erfahrungskurven* gemacht. Die Erfahrungskurven beschreiben prinzipiell das gleiche Phänomen wie die Lernkurven, mit dem Unterschied, dass dabei ein anderer Kostenbegriff definiert wird[76]. Dabei wird der durchschnittliche Verlauf der Gesamtstückkosten betrachtet, abzüglich der Vor- und Fremdleistungen; während bei den Lernkurven nur die direkten Kosten bzw. Aufwände betrachtet werden.

Zusätzlich zum Produktionsbereich werden sämtliche funktionalen Unternehmensbereiche bzw. deren Kosten in die Betrachtung miteinbezogen[77]. Gleich bleibt der Maßstab, auf den die Kosten bezogen werden, die kumulierte Ausbringungsmenge. Aus den Erkenntnissen der Relationen zwischen Preis, Kosten, Marktanteil etc. werden Folgerungen für die Strategieentwicklung getroffen. Das Erfahrungskurvenkonzept hat das strategische Managementdenken der letzten Jahre stark beeinflusst. So ist beispielsweise bekannt, dass Firmen wie *Texas Instruments* oder *Intel* ihre Unternehmensstrategien an diesem Konzept ausgerichtet haben.

---

[73] Dutton, J. M., Thomas, A., Butler, J. E.: The History of Progress Functions as a Management Tool. Business History Review, 58, 1984, S. 217
[74] ebenda, S. 217
[75] Hieber, W. L.: Lern- und Erfahrungskurven und ihre Bestimmung in der flexibel automatisierten Produktion. (Controlling Praxis), XVIII, Verlag Franz Vahlen, München, 1991, S. 20
[76] Hieber, W. L.: Lern- und Erfahrungskurven und ihre Bestimmung in der flexibel automatisierten Produktion. (Controlling Praxis), XVIII, Verlag Franz Vahlen, München, 1991, S. 21
[77] Hieber, W. L.: Lern- und Erfahrungskurven und ihre Bestimmung in der flexibel automatisierten Produktion. (Controlling Praxis), XVIII, Verlag Franz Vahlen, München, 1991, S. 21

Andererseits sei auch hier auf die Misserfolge von *DuPont* und *Ford* verwiesen, die blind auf die Erfahrungskurven und deren Anwendung vertraut haben[78].

4.1.5 Entwicklungen in den 90er Jahren

Da die grundlegenden Untersuchungen zu den Lernkurven bis dahin weitgehend erschöpfend abgehandelt wurden, beschäftigen sich die Untersuchungen in den 90er Jahren vor allem mit Randbereichen und ausgewählten Fragestellungen. Häufig treten dabei Optimierungsprobleme auf. In einer wissenschaftlichen Arbeit wurde die Übertragung des Lernzuwachses von einer Schicht auf die andere untersucht und wie das zeitliche Verhalten des Wissenszuwachses sich verhält[79]. Bemerkenswert ist eine kritische Veröffentlichung, die den ständigen Einsatz der *Potenzfunktion* kritisiert, da diese gegen null strebt[80]. Ein wesentlicher Beitrag beschäftigt sich mit der Untersuchung des Einflusses von Produktionsunterbrechungen auf die Lernkurven[81]. Die anwendungsorientierten Untersuchungen befassen sich überwiegend mit der Anwendung der Lernkurven in der stationären Industrie[82].

4.2 Überblick über die verwendeten Lernkurven

Wie bereits beschrieben, tauchen in der Literatur eine Unzahl von Lernkurven auf. Im Folgenden wird ein kurzer Überblick (Abbildung 21) über die verschiedenen Funktionen gegeben.

Die Formulierung von Lernkurven kann grundsätzlich entweder auf Basis theoretischer Überlegungen oder auf der Grundlage empirischer Untersuchungen erfolgen. Ein im streng wissenschaftstheoretischen Sinne deterministisches Ergebnis, wonach aus allgemeinen Gesetzesaussagen und situationsspezifischen Randbedingungen die Erklärung des fraglichen Phänomens abgeleitet wird, lässt sich bei der Bestimmung von Lernkurven nicht aufstellen[83].

---

[78] ebenda, S. 21

[79] Murphey, K.: An Empirical Investigation of the Microstructure of Knowledge Acquisition and Transfer through Learning by Doing. Operations Research 44, S. 77 - 86, 1996 und
Argote, L., Beckmann, S. L., Epple, D.: The persistence and transfer of learning in industrial settings. Management Sciences 36, S. 140 - 154, 1990

[80] Hurley, W. J.: When are we going to change the learning curve lecture? Computers and Operations Research 23, S. 509 - 511, 1996

[81] Jaber, M. Y., Bonney, M.: Production breaks and the learning curve: The forgetting phenomenon. Appl. Math. Modelling 20, S. 162-169, 1996

[82] Hieber, W. L.: Lern- und Erfahrungskurven und ihre Bestimmung in der flexibel automatisierten Produktion. (Controlling Praxis) , XVIII, Verlag Franz Vahlen, München , 1991 und
Ullrich, G.: Wirtschaftliches Anlernen in der Serienmontage: Ein Beitrag zur Lernkurventheorie. Verlag Shaker, Aachen, 1995

[83] Hieber, W. L.: Lern- und Erfahrungskurven und ihre Bestimmung in der flexibel automatisierten Produktion. (Controlling Praxis) , XVIII, Verlag Franz Vahlen, München , 1991, S. 34

Eine derartige Kausalität scheitert daran, dass die Randbedingungen, die durch die verschiedenen Formen des Lernens bestimmt werden, nicht exakt zu spezifizieren sind[84]

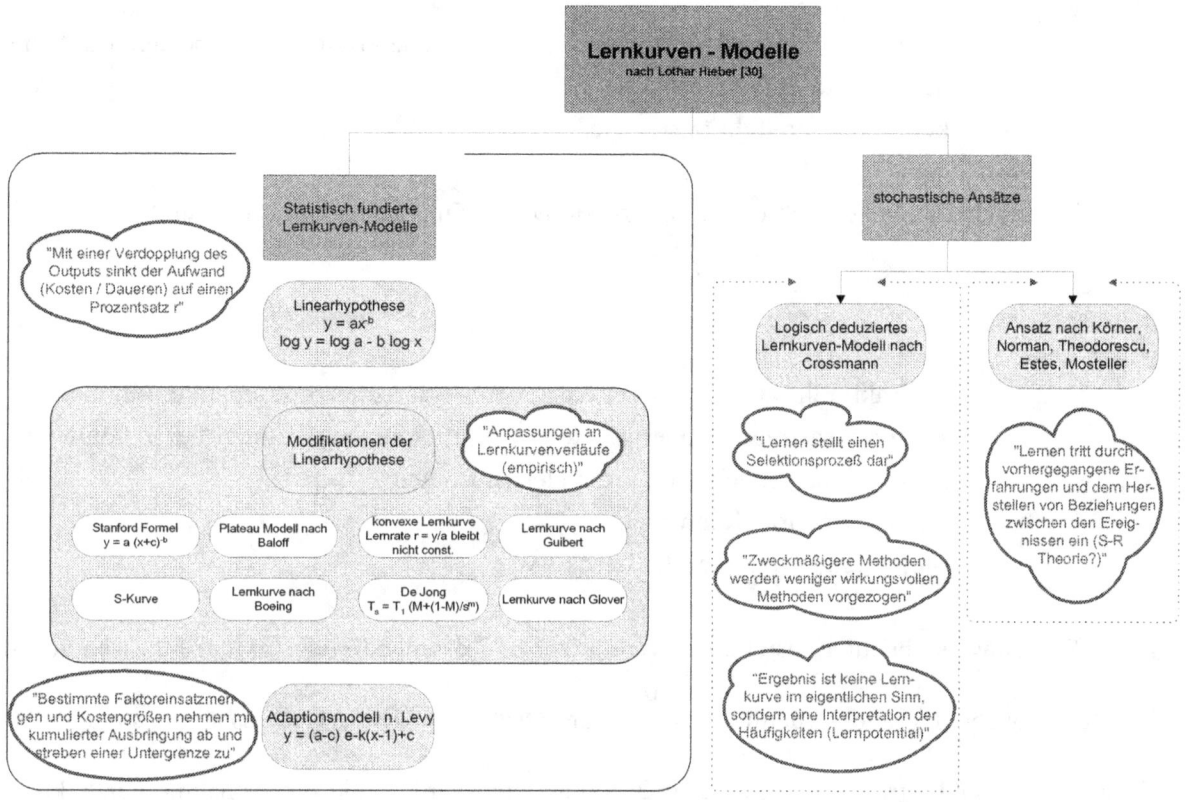

Abbildung 21 Überblick über die verwendeten Lernkurven

Die Lernkurventheorie beruht auf dem statistisch abgeleiteten Lerngesetz der Produktion. Daraus können entweder logisch deduktive Aussagensysteme formuliert werden oder empirisch gewonnene Daten statistisch ausgewertet werden.

Es sind entweder Aussagen über die Wahrscheinlichkeit abzuleiten oder die Hilfsmittel der Regressions- und Zeitreihenanalyse anzuwenden.

4.3 Statistisch fundierte Lernkurven

4.3.1 Linearhypothese

---

[84] Henfling, M.: Lernkurventheorie: Ein Instrument zur Quantifizierung von produktivitätssteigernden Lerneffekten, Wissenschaftlicher Verlag A. Lehmann, Gerbrunn b. Würzburg, 1978, S.55

Bereits die ersten Untersuchungen von *Wright* führten zu einer Lernkurve der Form:

$$F = N^x \quad (3)$$

wobei gilt:

F Kostenänderungsfaktor der zuletzt produzierten Einheit bezogen auf die hergestellte Einheit

N kumulierte Produktionsmenge

In der heute gebräuchlichen Schreibweise lässt sich diese Funktion wie folgt darstellen:

$$y = a \cdot x^{-b} \quad (4)$$

wobei gilt:

y Faktoreinsatzmenge oder Kostengröße der zuletzt produzierten Einheit

a Faktoreinsatzmenge oder Kostengröße für die im Rahmen der kumulierten Produktionsmenge zuerst produzierten Einheit

x kumulierte Produktionsmenge

b Steigerungsparameter der Lernkurve

Diese Schreibweise benutzt anstelle des Wright'schen Kostenänderungsfaktors F dessen absolute Komponenten y und a (denn $F = \dfrac{y}{a}$) zur Beschreibung des Kostensenkungspotentials. Daraus kann der Begriff der Lernrate ($r=2^{-b}$) abgeleitet werden, die die Abnahme der Faktoreinsatzmenge bei Verdoppelung der Ausbringungsmenge beschreibt. Eine Lernrate von 80 % bedeutet, dass bei Verdoppelung der hergestellten Einheiten die direkten Produktionskosten nur noch 80 % des vorhergehenden Wertes betragen. Diese Aussage wird in der Linearhypothese der Lerntheorie zusammengefasst und kann in folgender Form beschrieben werden:

<u>Einsatzmengen und Kostengrößen bezogen auf eine Einheit des Produktes nehmen mit jeder Verdoppelung der kumulierten Ausbringungsmenge um einen konstanten Prozentsatz ab</u>[85].

Die Linearhypothese ist die am häufigsten benützte Form der Lernkurve, wohl auch deswegen, da sie im doppelt logarithmischen Maßstab als Gerade aufgetragen werden kann.

---

[85] Henfling, M.: Lernkurventheorie: Ein Instrument zur Quantifizierung von produktivitätssteigernden Lerneffekten. Wissenschaftlicher Verlag A. Lehmann, Gerbrunn b. Würzburg, 1978, S. 59

Die Abbildung 22 zeigt ein Beispiel der Lernkurve, links in gewöhnlicher Darstellung und rechts in logarithmierter Darstellung.

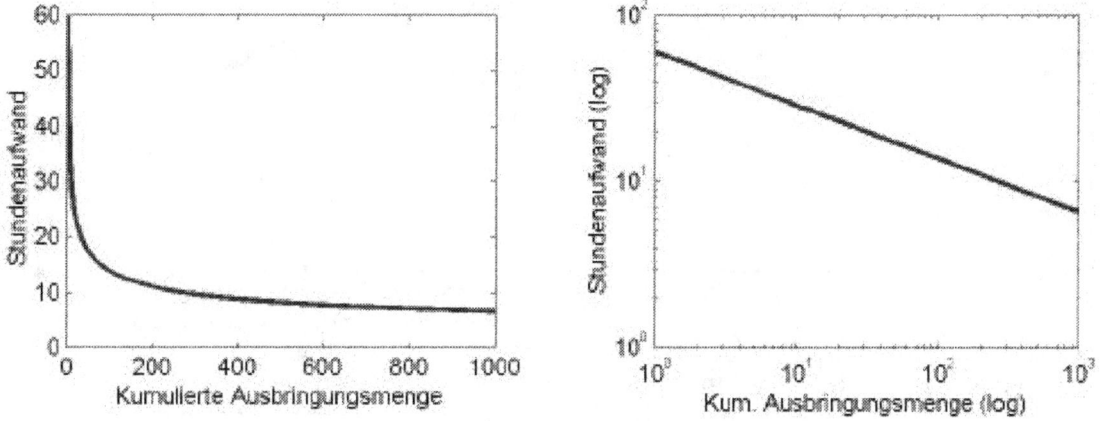

Abbildung 22 Beispiel einer Lernkurve mit $y = 60 \cdot x^{-0,32}$

4.3.2 Modifikationen der Linearhypothese

Stanford-B-Formel

Die *Stanford-B-Formel* weist am Anfang einen flacheren Verlauf auf und ist deshalb besonders gut für Fertigungen geeignet, bei denen außergewöhnliche Anlaufschwierigkeiten oder spezifische Produktionsbedingungen zunächst größere Lernfortschritte ausschließen[86].

$$y = a \cdot (x + c)^{-b} \quad (5)$$

wobei gilt:
y   Faktoreinsatzmenge oder Kostengröße der zuletzt produzierten Einheit
a   Faktoreinsatzmenge oder Kostengröße für die im Rahmen der kumulierten Produktionsmenge zuerst produzierten Einheit
x   kumulierte Produktionsmenge
b   Steigerungsparameter der Lernkurve
c   berücksichtigt die Anlaufschwierigkeiten

Die Abbildung 23 zeigt einen Vergleich der Stanford B-Fomel $y = 60 \cdot (x + 10)^{-0,32}$ mit der log-linearen Lernkurve $y = 60 \cdot x^{-0,32}$. Der Unterschied wird vor allem im logarithmischen Diagramm deutlich; der Aufwand sinkt stärker als in der log-linearen Lernkurve.

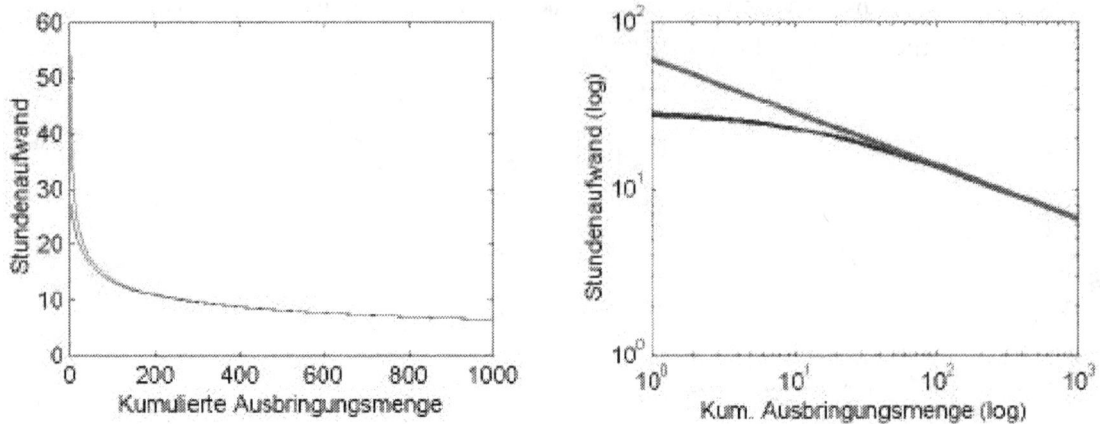

Abbildung 23 Stanford-B-Formel im Vergleich mit log-linearer Lernkurve

Lernkurve nach Guibert

Die Lernkurve nach *Guibert* ist durch eine Reihe von Parametern speziell auf Produktionsbedingungen in der Flugzeugindustrie zugeschnitten[87]

$$y_i = m + \frac{v}{x_i + p} \quad (6)$$

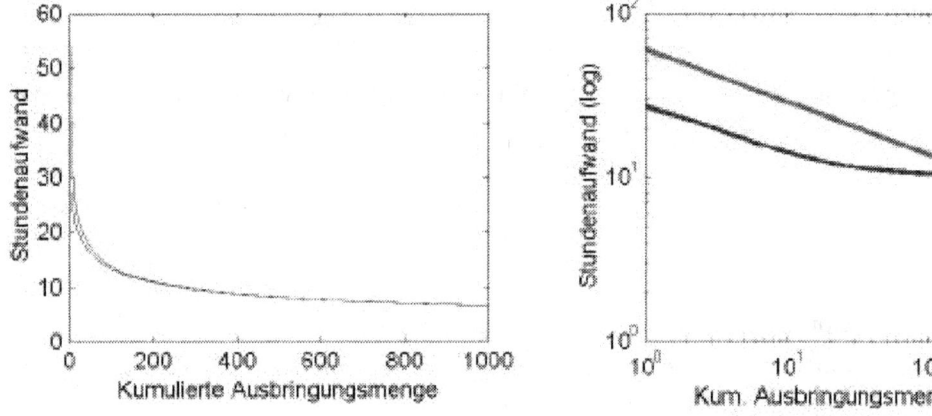

Abbildung 24 Lernkurve nach Guibert im Vergleich mit der log-linearen Lernkurve

In Abbildung 24 ist die Lernkurve nach Guibert für $y_i = 10 + \frac{50}{x_i + 2}$ dargestellt;

---

[86] Hieber, W. L.: Lern- und Erfahrungskurven und ihre Bestimmung in der flexibel automatisierten Produktion. (Controlling Praxis), XVIII, Verlag Franz Vahlen, München, 1991, S. 39

[87] Hieber, W. L.: Lern- und Erfahrungskurven und ihre Bestimmung in der flexibel automatisierten Produktion. (Controlling Praxis), XVIII, Verlag Franz Vahlen, München, 1991, S. 46

in der logarithmischen Darstellung ist der leicht s-förmige Verlauf, der durch den Parameter p hervorgerufen wird, zu erkennen.

Boeing – Modifikation der Lernkurve

Bei dieser Formel handelt es sich um eine Modifikation der Stanford-B-Formel, die dann für die Produktion des Modelltyps Boeing-707 angewendet wurde. Die Modifikation versuchte Designänderungen der unterschiedlichen Modelltypen der B-707 explizit in den Lernkurvenverlauf zu involvieren.

Konvexe Lernkurve nach Baur

Die Linearhypothese unterstellt einen permanent andauernden Lernprozess, der über den gesamten Zeitraum einer unverändert durchgeführten Produktion unvermindert anhält. Aus empirischen Untersuchungen ist bekannt, dass ein Abflachen der Lernkurve ab einem bestimmten Zeitpunkt stattfindet. Die Lernrate bleibt also nicht konstant[88].

Logistische Lernkurve[89]

Grundsätzlich basiert das Modell auf der Annahme, dass der durch ein Ereignis hervorgerufene Leistungszuwachs proportional zum Produkt aus dem noch möglichen Leistungszuwachs und dem bisher erreichten Leistungszuwachs ist[90]. Die Lernkurve erhält die Form (7):

$$y = \frac{a}{1 + \left(\frac{a}{b} - 1\right) \cdot e^{-c \cdot t}} \qquad (7)$$

wobei gilt:
a   Stundenaufwand im Plateaubereich
b   Stundenaufwand zuerst produzierte Einheit
c   Einfluss des Lernens

Die Abbildung 25 zeigt ein Beispiel für eine logistische Lernkurve.

---

[88] ebenda, S. 40
[89] Henfling, M.: Lernkurventheorie: Ein Instrument zur Quantifizierung von produktivitätssteigernden Lerneffekten. Wissenschaftlicher Verlag A. Lehmann, Gerbrunn b. Würzburg, 1978, S. 70
[90] Banks, R. B.: Growth and Diffusion Phenomena: Mathematical Frameworks and Applications. Springer Verlag, Berlin-Heidelberg, 1994, S. 81

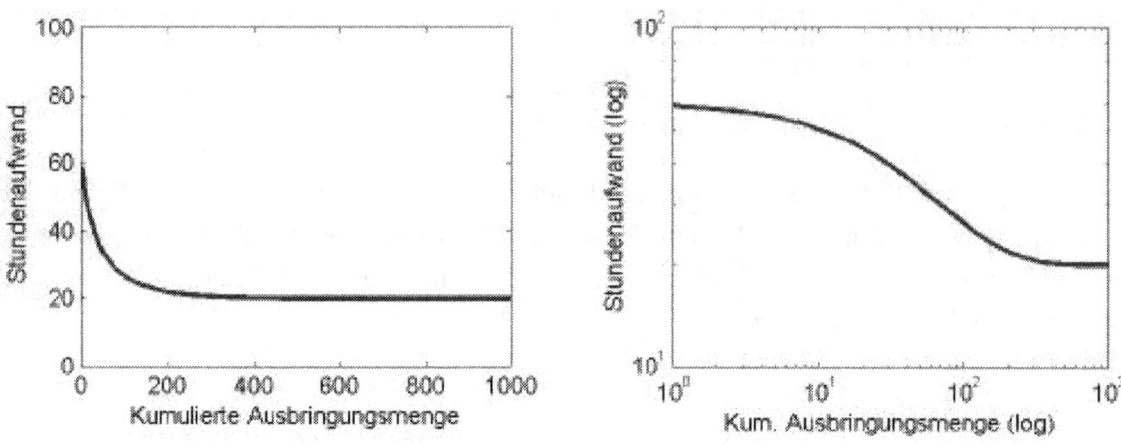

Abbildung 25 Beispiel einer logistischen Lernkurve mit [a = 20; b = 60; c = 0,01]

Plateaumodell nach Baloff

Das Plateaumodell nach *Baloff* geht von der Annahme aus, dass der Lernprozess zu einem bestimmten Zeitpunkt endet und die direkten Fertigungskosten auf einem konstanten Niveau stagnieren. Beim Plateaumodell endet der Lernprozess abrupt und geht direkt in eine Steady-State-Phase über.

In der Abbildung 26 ist ein Beispiel für eine Lernkurve nach Baloff dargestellt; die Steady-State-Phase setzt hier nach 50 Wiederholungen ein. Vor diesem Zeitpunkt ist die Lernkurve deckungsgleich mit der log-linearen Lernkurve; im Zeitpunkt t = 50 tritt ein Knick ein, ab dem der stationäre Betrieb beginnt.

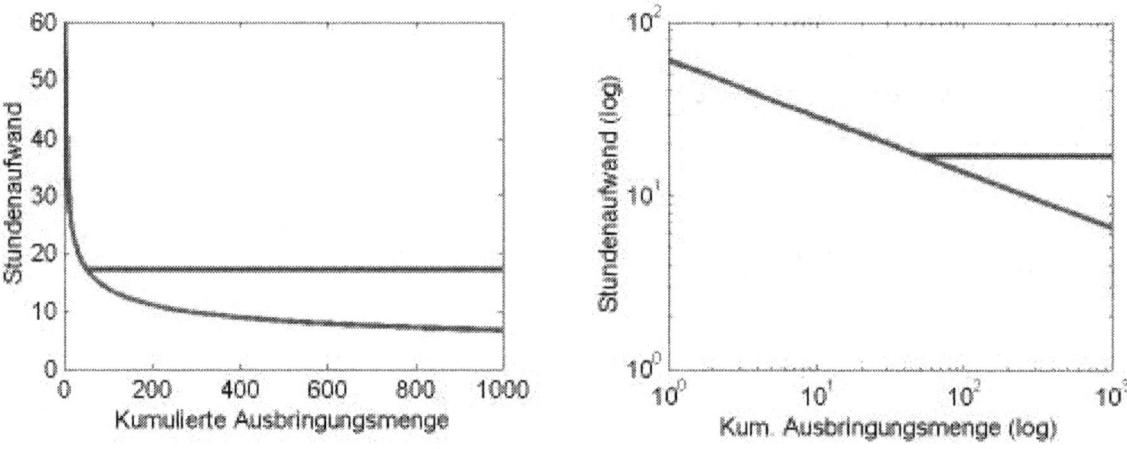

Abbildung 26 Lernkurve nach Baloff im Vergleich mit der log-linearen Lernkurve mit [a = 60, b = -0,32]

Lernkurve nach De Jong

Die Lernkurve nach *De Jong* entstammt nicht, wie alle bisher vorgestellten Funktionen, aus arbeitsmethodischen Untersuchungen. Ein weiteres charakteristisches Merkmal ist, dass sich die Untersuchungen unabhängig von einer Branche mit der Produktion beschäftigen.

Durch Auswertung zahlreicher Untersuchungen und unter Berücksichtigung wesentlicher Einflussfaktoren wie Erfahrung, Produktionsweise etc. werden Ablauflinien abgeleitet

$$T_s = T_1 \cdot \left(M + \frac{1-M}{s^m} \right) \qquad (8)$$

wobei gilt:

- T_s benötigte Zeit zur Durchführung des s-ten Zyklus
- T_1 benötigte Zeit für die Durchführung des ersten Zyklus
- M Minimalzeit eines Arbeitszyklus (Unreduzierbarkeitsmaß $0 \leq M \leq 1$)
- s laufende Nummer eines bestimmten Arbeitszyklus
- m Ablaufexponent

Das Unreduzierbarkeitsmaß M beschreibt die zur Ausführung eines Vorganges erforderliche Minimalzeit, die nicht mehr verringert werden kann.

In der Abbildung 27 ist ein Beispiel für eine Lernkurve nach De Jong dargestellt.

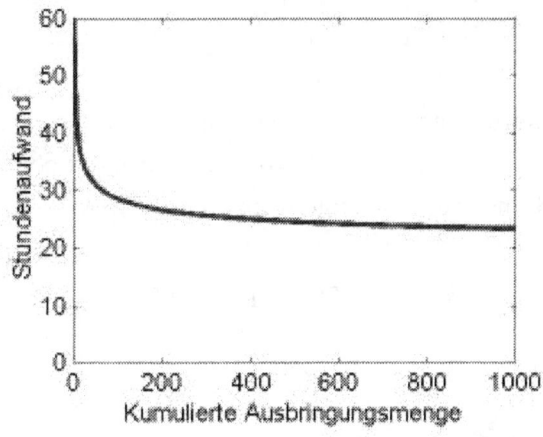 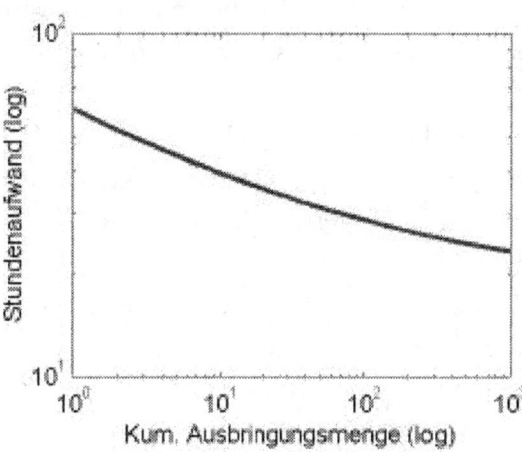

Abbildung 27 Lernkurve nach De Jong mit [$T_1 = 60$; $M = 0{,}3$; $m = 0{,}4$]

4.3.3 Adaptionsmodell nach Levy (Exponentielle Lernkurve)

Dem Modell nach *Levy* liegt eine Hypothese zugrunde, die es erlaubt den Lernkurvenverlauf abzuleiten. Dabei wird angenommen, dass bestimmte Faktoreinsatzmengen und Kostengrößen mit zunehmender kumulierter Ausbringung abnehmen und einer Untergrenze zustreben, wobei das Ausmaß der Veränderung dieser Größe proportional ist zur Differenz zwischen dem aktuellen Wert für eine Einheit und dem Grenzwert[91].

Aus dieser an der Produktivität orientierten Hypothese kann folgende Lernkurve abgeleitet werden. Ausgangspunkt dabei ist die Differenzengleichung (9),

$$y(x) = y(x-1) - k \cdot (y(x-1) - c) \Rightarrow$$
$$\Delta y = y(x) - y(x-1) = -k \cdot (y(x-1) - c) \quad (9)$$

die als Differentialgleichung für kontinuierliche Ausbringungsmengen die Form (10) annimmt.

$$\frac{dy}{dx} = -k \cdot (y - c) \quad (10)$$

Die Lösung der Differentialgleichung ergibt die Lernkurve (11)

$$y = (a - c) \cdot e^{-k(x-1)} + c \quad (11)$$

wobei gilt:
a   Anfangswert
c   Grenzwert auf den die Lernkurve zustrebt
k   Proportionalitätsfaktor, der den Lernkurvenverlauf charakterisiert

Durch die Einführung einer Untergrenze für Faktoreinsatz- oder Kostengrößen bzw. einer Obergrenze für ein direktes Produktivitätsmaß definiert die Hypothese von Levy ein Lernpotential, das abhängig von der Größe des Lernfaktors k mehr oder weniger schnell genutzt wird.

Dadurch entfernt sich diese Lernkurve (Abbildung 28) von den rein empirischen Regressionsfunktionen.

---

[91] Henfling, M.: Lernkurventheorie: Ein Instrument zur Quantifizierung von produktivitätssteigernden Lerneffekten. Wissenschaftlicher Verlag A. Lehmann, Gerbrunn b. Würzburg, 1978, S. 71

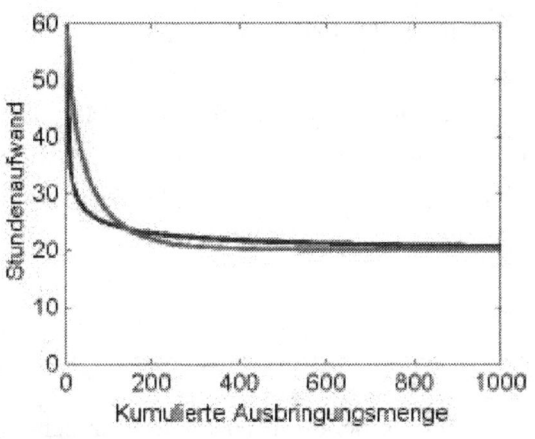 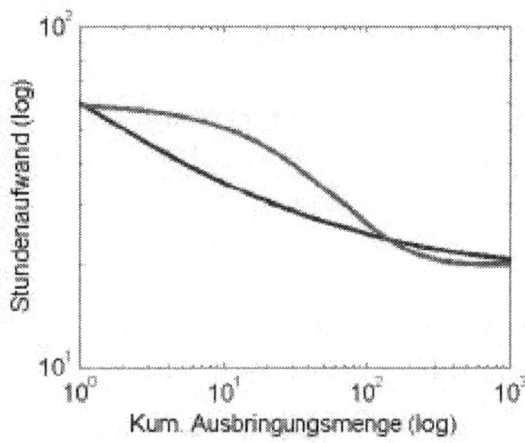

Abbildung 28 Exponentielle Lernkurve nach Levy (blau) mit [c = 20;a = 60;k = 0,01] im Vergleich zur logistischen Lernkurve (rot) mit [a = 20;b = 60;c = 0,01]

4.4 Stochastische Ansätze

4.4.1 Lernkurve nach Crossman

Crossman's Ansatz bedient sich der Methoden und Erkenntnisse der psychologischen Lernforschung und entstand bei der Untersuchung individueller Lernprozesse, bei konstruierten Arbeiten in einer Laborumgebung. Den Ausgangspunkt der Überlegungen bilden die S-R Theorien[92], die den Lernvorgang als *Trial and Error* Vorgang betrachten. Daraus werden Lernkurven entwickelt, die eine Änderung der Reaktionswahrscheinlichkeiten als Folge des Lernens darstellen. Crossman geht von der Hypothese aus, dass das Lernen einen Selektionsprozess darstellt, der darin besteht, dass bei der wiederholten Ausführung eines Arbeitsvorganges zweckmäßigere Methoden weniger wirkungsvollen vorgezogen werden[93].

Dem Ausführenden stehen dabei verschiedene Handlungsalternativen zur Verfügung, die er mit bestimmten Wahrscheinlichkeiten auswählt und nach erfolgter Durchführung hinsichtlich des erforderlichen Zeitaufwandes beurteilt.
Im Rahmen des S-R Modells sind die Reaktionen gleichzusetzen mit den alternativ zur Verfügung stehenden Ausführungsmethoden und an Stelle der Reizanzahlen treten die Ausführungszeiten zur Bewertung des Erfolges. Lernen besteht nun in einer Erhöhung der

---

[92] Henfling, M.: Lernkurventheorie: Ein Instrument zur Quantifizierung von produktivitätssteigernden Lerneffekten. Wissenschaftlicher Verlag A. Lehmann, Gerbrunn b. Würzburg, 1978, S. 11

Wahrscheinlichkeit der Auswahl einer Methode, wenn diese bei der letzten gleichgearteten Entscheidung zur Verkürzung der benötigten Ausführungszeit geführt hat.

Bezeichnet man für die mathematische Formulierung des Modells die verfügbaren Methoden mit M_i, ihre Anzahl mit n und mit $p_i(x)$ die Wahrscheinlichkeit, dass eine Methode M_i bei der x-ten Ausführung der Arbeit ausgewählt wird, so kann der Erwartungswert für die Ausführungszeit folgendermaßen formuliert werden:

$$T(x) = \sum_{i=1}^{n} p_i(x) t_i \qquad (12)$$

Dabei ist t_i die Zeit, die mit der Methode M_i für die Ausführung benötigt wird. Die Wahrscheinlichkeit für die Wahl der Methode M_i bei der (x+1)-ten Ausführung ist dabei:

$$p_i(x+1) = p_i(x)[1 - k(t_i - T(x))] \qquad (13)$$

Der Erwartungswert für die Zeit T(x+1), die für die Ausführung dieser Wiederholung benötigt wird:

$$T(x+1) = \sum_{i=1}^{n} p_i(x+1) t_i \qquad (14)$$

Ausgehend von x = 1 müssen die Wahrscheinlichkeiten und Zeiterwartungswerte berechnet werden. Die Interpretation des Lernens als Selektionsprozess ermöglicht Schlussfolgerungen für Lernrate, Lerndauer und Möglichkeiten der Übungsübertragung zwischen verschiedenen Aufgaben. Die Hauptkritikpunkte am Modell nach *Crossman* sind:

- Der Lernende kennt den Erwartungswert der Zeit und kann die Differenz zwischen dieser Durchschnittszeit und der tatsächlichen benötigten Zeit bestimmen[94]
- Es fehlt die Kenntnis der Anzahl (n) der zur Verfügung stehenden Arbeitsmethoden sowie die zugehörige Ausgangsverteilung der Wahrscheinlichkeiten (p_i)[95]

Um das Modell operationalisieren zu können, ist es notwendig, die relativen Häufigkeiten der einzelnen Anwendungen bestimmter Methoden bzw. die diesen Methoden zurechenbare Aus-

---

[93] Hieber, W. L.: Lern- und Erfahrungskurven und ihre Bestimmung in der flexibel automatisierten Produktion. (Controlling Praxis), XVIII, Verlag Franz Vahlen, München, 1991, S. 54

[94] Henfling, M.: Lernkurventheorie: Ein Instrument zur Quantifizierung von produktivitätssteigernden Lerneffekten. Wissenschaftlicher Verlag A. Lehmann, Gerbrunn b. Würzburg, 1978, S. 84

[95] Hieber, W. L.: Lern- und Erfahrungskurven und ihre Bestimmung in der flexibel automatisierten Produktion. (Controlling Praxis), XVIII, Verlag Franz Vahlen, München, 1991, S. 55

führungszeiten zu messen und in Form von Histogrammen darzustellen. Jedes Zeitintervall auf der Abszisse beschreibt dabei genau eine Arbeitsmethode. Die gemessene Häufigkeit jedes Zeitintervalls beschreibt somit die Häufigkeit der Anwendung einer bestimmten Methode. Es ergeben sich dabei in der Regel linksschiefe Verteilungen, d.h. die Zunahme der relativen Häufigkeiten kürzerer Ausführungszeiten erhöht sich überproportional[96].

4.5 Berücksichtigung der Wiedereinarbeitung nach Unterbrechungen

4.5.1 Überblick

Der Großteil aller Lernkurven behandelt im Wesentlichen die Fragestellung nach dem Verlauf der Einarbeitungsphase. Dies spielt für die Produktionsplanung eine bedeutende Rolle. Im Baubetrieb stellt sich auf Grund der Besonderheiten wie z.B. Feldfertigung, Einzelfertigung etc. darüber hinaus die Frage nach dem Einfluss von Unterbrechungen auf die Einarbeitungskurve und die Wiedereinarbeitung.

Quantitative Kenntnisse über diesen Einfluss sind bei der Abschätzung der Mehrkosten, die durch die Wiedereinarbeitung nach Unterbrechungen entstehen, von großem Interesse.

Erstmals berücksichtigt wurde der Prozess des Entlernens in der Lernkurventheorie von *Keachie / Fontana*[97], wobei hier aber nur die Existenz des Entlernens festgestellt wird, ohne Zusammenhänge aufzuzeigen.

Die erste Methode zur Berücksichtigung einer Entlernfunktion wurde von *Carlson / Rowe*[98] entwickelt, die den Entlernvorgang als negative Abnahmefunktion formulierten. Dabei wurden willkürliche Vergessensraten angenommen[99].

Cochran schlägt eine andere Vorgehensweise vor, indem er schreibt, dass der Lernende einfach auf einen früheren Punkt der Lernkurve zurückversetzt wird. Dieser Vorgang wird von ihm als *Retrogression* bezeichnet.

4.5.2 University of Nottingham[100]

---

[96] ebenda, S. 55
[97] Ullrich, G.: Wirtschaftliches Anlernen in der Serienmontage: Ein Beitrag zur Lernkurventheorie. Verlag Shaker, Aachen, 1995, S. 31
[98] Ullrich, G.: Wirtschaftliches Anlernen in der Serienmontage: Ein Beitrag zur Lernkurventheorie. Verlag Shaker, Aachen, 1995, S. 31
[99] Anmerkung: Bei einer 80 % Lernkurve eine Vergessensrate von 87 %

In dieser Veröffentlichung[100] greifen *Jaber* und *Bonney* die im Laboratorium gewonnenen Erkenntnisse von *Globerson, Levin* und *Shtub*[101] auf. Diese schlagen als Funktion für die Beschreibung des Vergessens eine Potenzfunktion vor. Dabei fließen die Länge der Unterbrechung, die Dauer der Ausführung vor der Unterbrechung und der Grad des Vergessens in das Modell ein. Die Vergessenskurve kann wie folgt beschrieben werden:

$$T_x = T_1 x^f \qquad (15)$$

wobei gilt:

T_x Dauer für den Erfahrungsverlust der x-ten Einheit der Vergessenskurve
x   kumulierter Output, der produziert worden wäre
T_1 Equivalente Zeit für die erste Einheit der Vergessenskurve
f   Vergessensparameter

Annahme: eine Anzahl von q Stücken wurde produziert und nach der q-ten Einheit erfolgt eine Produktionsunterbrechung; weiters existiert eine ausreichend große Unterbrechung, nach der bei der Weiterproduktion die zuvor gewonnenen Lerneffekte nicht sofort genutzt werden können. Die Produktionsdauer bei Wiederbeginn ist höher als bei der ununterbrochenen Produktion. Das Modell drückt den Parameter f in Abhängigkeit zu einigen anderen signifikanten Parametern und dem Lernparameter aus. Dabei lässt sich f folgendermaßen beschreiben:

$$f = \frac{l(1-l)\log q}{\log(C+1)} \qquad (16)$$

wobei gilt:

l   Lernparameter
q   produzierte Anzahl vor der Unterbrechung
f   Vergessensparameter
C   Verhältnis aus t_B zu t_p
t_B Dauer der Unterbrechung, ab der totales Vergessen auftritt
t_p Dauer des Produktionszeitraumes
R   Produktionsmenge, die im Zeitraum der Unterbrechung hätte hergestellt werden können

Für die Produktion der (q+1)-ten Einheit ergibt sich eine Produktionsdauer von:

---

[100] Jaber, M., Bonney, M.: Production breaks and the learning curve: The forgetting phenomenon. Appl. Math. Modelling 20, S. 162-169, 1996
[101] Globerson, S., Levin, N., Shtub, A., The impact of breaks on forgetting when performed a repetitive task. IIE Trans. 1989, 21(4), 376 –381, in Jaber, M., Bonney, M.: Production breaks and the learning curve: The forgetting phenomenon. Appl. Math. Modelling 20, S. 162-169, 1996

$$T_{q+1} = T_1[q^{\frac{(l+f)}{l}} (q+s)^{-\frac{f}{l}} + 1]^{-l} \quad (17)$$

$s \leq R$

$0 \leq t_p \leq t_B$

4.5.3 Louisiana Technical University[102]

Unter Beachtung der Auswirkungen des Lernens und Vergessens bestimmt diese Arbeit die Reihenfolge des Aufbaues und die in jedem Aufbau zu produzierende Menge, wenn zwei Produkte auf einer einzigen Anlage herzustellen sind. Der zu minimierende Kostenausdruck besteht aus drei Faktoren: Aufbaukosten, Trägerkosten und Stillstandkosten. Ein Lösungsverfahren wird entwickelt und die Analyse wird auf n Produktsysteme erweitert[102].

4.5.4 Bailey[103]

Erst *Bailey*[104] bestätigt durch seine Laboruntersuchungen die Theorie des Entlernens. Er untersuchte anhand von Montage- und Demontagearbeiten das Anlern- und Wiederanlern-verhalten von rund 30 Testpersonen. Dabei wird die Montage als *procedural task* und die Demontage als *continuous control task* eingestuft. Ein *procedural task* besteht demnach aus einer Serie diskreter, motorischer Reaktionen bzw. im Entscheiden: „Was zu tun ist"; also im Lernen der Bewegungen an sich. Eine *continuous control task* beinhaltet wiederkehrende Bewegungen ohne klaren Anfang oder ohne klares Ende. Bailey nennt das Bedienen eines Computers als Beispiel eines *procedural task* sowie Fahrrad fahren und die visuelle Überprüfung einer Anordnung als Beispiele für *continuous control*. Die wichtigsten Hypothesen, die Bailey aufstellt, sind folgende[104]:

- Vergessen im Fall der Demontage ist (*continuous control task*) vernachlässigbar
- Vergessen bei der Montage (*procedural task*) ist abhängig von der Höhe des vor der Unterbrechung gelernten und der Dauer der Unterbrechung; aber nicht von der Lernrate oder der anfänglichen Verrichtungsgeschwindigkeit.
- Die Lernrate des Wiederanlernens ist eine Funktion der ursprünglichen Lernrate.

---

[102] Sule, D. R.: Effect of learning and forgetting on economic lot size scheduling problem. International J. Production Research, 21, S. 771 - 786, 1983

[103] Ullrich, G.: Wirtschaftliches Anlernen in der Serienmontage: Ein Beitrag zur Lernkurventheorie. Verlag Shaker, Aachen, 1995, S. 31

[104] Bailey, C. D.: Forgetting and the Learning Curve: A Laboratory Study. Management Science, Vol. 35, 3, Baltimore, Maryland, 1989, S. 340 - 352

Als Höhe oder Menge des Entlernten – Übungsgewinn - definiert Bailey die Differenz zwischen der Ausführungszeit für den ersten Teil und der vor der Tätigkeitsunterbrechung erreichten Zeit. Er kommt zu dem Schluss, dass bei hohem Übungsgewinn vergleichbar höhere Vergessensverluste auftreten. Je länger die Lernpause, desto mehr wird vergessen. Bei Bailey besteht aber keine direkte Proportionalität zwischen Vergessen und Unterbrechungsdauer, vielmehr geht die Unterbrechung in Tagen logarithmisch in eine Formel zur Berechnung der Verluste ein.

4.6 Der Einsatz im Bauingenieurwesen

Auf Grund der Einzelanfertigungen von Bauwerken ist der Einarbeitungseffekt im alltäglichen Baubetrieb zwar allgegenwärtig, spielt aber eine untergeordnete Rolle, da selten eine hohe Wiederholungsanzahl erreicht wird und andere Faktoren wie z.B. die Bauwerkshöhe[105] bei Hochbauarbeiten diesen Effekt wieder wettmachen. Besteht jedoch die Möglichkeit zu einer Serienfertigung oder zyklischen Fertigung wie z.B. bei Serien-Wohnbauten, Taktschüben von Brücken, Tunnelvortrieben etc. mit einer entsprechenden Wiederholungsanzahl, dann erwächst dem Einarbeitungseffekt eine zunehmende Bedeutung.

Die ersten Untersuchungen des Einarbeitungseffektes im Baubetrieb galten vor allem den Beton- und Schalarbeiten, da diese Tätigkeiten eine häufige Wiederholungsanzahl aufweisen. Der erste Einsatz von Lernkurven im Baubetrieb ist nicht genau festzustellen. Die Dissertation von *Bauer* (1962)[106] berücksichtigt den Einarbeitungseffekt bei der Fließfertigung in der maschinellen Bauproduktion und Bauer scheint damit einer der Ersten zu sein, der Lernkurven in der Bauindustrie, wenngleich bei einer stationären Fertigung, einsetzt.

In der Bauindustrie gibt es Untersuchungen und Berechnungsmethoden, die nachfolgend vorgestellt werden sollen. Dabei ist zwischen reinen Messergebnissen und Herleitungen von Methoden zu unterscheiden.

4.6.1 Einarbeitungseffekt nach Drees / Spranz[107]

Als Möglichkeit zur Berücksichtigung der Einarbeitung bei der Arbeitsvorbereitung und Ablaufplanung schlägt *Drees* vor, die Einarbeitung bei den ersten drei Wiederholungen in Form eines Zuschlages zu berücksichtigen.

---

[105] Drees, G., Spranz, D., Handbuch der Arbeitsvorbereitung in Bauunternehmen, Bauverlag, Wiesbaden, 1976, S. 77
[106] Körner, H.: Beitrag zum Problem der Einarbeitung. Bauingenieur, Heft 75, 1982
[107] Drees, G., Spranz, D., Handbuch der Arbeitsvorbereitung in Bauunternehmen, Bauverlag, Wiesbaden, 1976, S. 77 ff

Für schwierige Arbeiten wie z.B. Schalungsarbeiten sollte man einen Einarbeitungszuschlag wie folgt ansetzen:

        100 % für die 1. Ausführung
         50 % für die 2. Ausführung
         25 % für die 3. Ausführung

Dieser Zuschlag bezieht sich immer auf die Normalleistung eines Taktes nach Beendigung der Einarbeitung. Bei einfacheren Arbeiten wie z.B. Mauer- und Betonarbeiten genügt ein reduzierter Ansatz.

        40 – 50 % für die 1. Ausführung
            25 % für die 2. Ausführung
            10 % für die 3. Ausführung

Strengere Maßstäbe müssen bei der Berücksichtigung der Einarbeitung für eine leistungsgerechte Entlohnung angelegt werden. Hier empfiehlt sich, sowohl die Schwierigkeitsgrade der einzelnen Arbeiten als auch die Zuschläge der jeweiligen Wiederholungen weiter abzustufen[108]. Ein Vorschlag für die Abstufung in Schwierigkeitsklassen (I bis IV), der aus der stationären Industrie stammt[109], basiert auf der klassischen *Potenzfunktion* - der logarithmisch-linearen Lernkurve.

Da die dazu benutzte Einarbeitungskurve aus der stationären Industrie stammt und keine Beispiele für Schwierigkeitsklassen benannt werden, sind sie für die hier behandelte Problematik wenig nützlich. Weiterhin ist fraglich, ob die Kurven im Bauwesen überhaupt angewendet werden können[110].

4.6.2 Einarbeitungseffekt nach Fleischmann

Fleischmann[111] gibt zwei Möglichkeiten zur Berücksichtigung der Einarbeitung an. Zum einen durch das Einbeziehen eines Zuschlages, wie bereits von Drees und Spranz vorgeschlagen, und zum anderen durch Bildung einer mittleren Taktzeit.

---

[108] Drees, G., Spranz, D., Handbuch der Arbeitsvorbereitung in Bauunternehmen, Bauverlag, Wiesbaden, 1976, S. 79
[109] Wright, T.P., Factors Affecting the Cost of Airplanes, Journal of the Aeronautical Sciences, New York 3, 1936
[110] Lang, A., Ein Verfahren zur Bewertung von Bauablaufstörungen und zur Projektsteuerung, VDI – Verlag, Düsseldorf, 1988, S. 72
[111] Fleischmann, H. D., Bauorganisation : Ablaufplanung, Baustelleneinrichtung, Arbeitsstudium, Bauausführung, Düsseldorf, Werner, 1997

Die mittleren Taktzeiten, die die Normaldauer und einen mittleren Zuschlag für die Einarbeitung umfassen, werden von Fleischmann in einer weiteren Veröffentlichung[112] angeführt.

Dabei gibt er für das Umsetzen einer Großflächenschalung folgende Werte an:

> 30 % Zuschlag bei 15 Einsätzen
> 10 % Zuschlag bei 30 Einsätzen

4.6.3 Einarbeitungseffekt nach Platz in Schub / Meyran

In dieser Veröffentlichung[113] wird der Einarbeitungseffekt für zwei verschieden schwierige Schalungssysteme behandelt. Es wurden Einarbeitungszuschläge für die ersten Ausführungen festgelegt. Dieser Zuschlag wird mit Hilfe eines Faktors f_w berücksichtigt, der den Einfluss der Einarbeitung durch Wiederholung gleichartiger Arbeiten wiedergibt. Für die beiden Schalungssysteme - konventionelle Schalung und Großflächenschalung - werden einige Faktoren genannt.

4.6.4 Weitere Ansätze

Aus der Vielzahl von Untersuchungen zum Einarbeitungseffekt sei hier auf einige weitere Veröffentlichungen hingewiesen. Dabei werden als Ergebnis vor allem die Anzahl der Wiederholungen, ab denen der Einarbeitungsvorgang als abgeschlossen betrachtet werden kann, und die mögliche Leistungsreduktion angeführt; der Verlauf der Einarbeitungskurve wird hier nicht berücksichtigt. Die folgenden Ansätze sind aus der Literatur bekannt:

- Einarbeitungseffekt nach den Arbeitszeit Richtwertetafeln für den Hochbau[114]
- Einarbeitungseffekt nach REFA[115]
- Einarbeitungseffekt nach Kassel Dorant[116]
- Einarbeitungseffekt nach Hoffmann[117]

---

[112] Fleischmann, H.D., Kalkulationswerte für Standardleistungen, Werner – Verlag, Düsseldorf, 1975, S. 64
[113] Schub, A., Meyran, G.: Praxiskompendium Baubetrieb: Leitfaden, Arbeitsunterlage u. Nachschlagewerk für Praktiker u. Studenten Bd. 1. Bauverlag, Berlin, 1982, S. 69 ff
[114] Lang, A., Ein Verfahren zur Bewertung von Bauablaufstörungen und zur Projektsteuerung, VDI – Verlag, Düsseldorf, 1988, S. 73
[115] Lang, A., Ein Verfahren zur Bewertung von Bauablaufstörungen und zur Projektsteuerung, VDI – Verlag, Düsseldorf, 1988, S. 74
[116] Lang, A., Ein Verfahren zur Bewertung von Bauablaufstörungen und zur Projektsteuerung, VDI – Verlag, Düsseldorf, 1988, S. 75
[117] Lang, A., Ein Verfahren zur Bewertung von Bauablaufstörungen und zur Projektsteuerung, VDI – Verlag, Düsseldorf, 1988, S. 75

4.6.5 Einarbeitungseffekt nach Müller

Müller hat in seiner Veröffentlichung[118] die Zuschläge für den Einarbeitungseffekt aus der Nachkalkulation von vier, nicht näher beschriebenen Schalungseinsätzen ermittelt. Dabei wurden die Tätigkeitsdauern gemittelt und dadurch die Ausgangsdauern für eine Regressionsberechnung erstellt. Das Ergebnis der Berechnungen ist eine Näherungsformel, die es erlaubt, den Stundenaufwandswert (Y) in Abhängigkeit von der Anzahl der Ausführungen (N) zu errechnen. Der Basiswert ist dabei auf 100 % gesetzt.

Dabei gilt: $$Y(N) = 214{,}2 + \frac{6{,}4 \cdot N}{(1 + 0{,}08375 \cdot N)} \qquad \text{für } 0 \leq N \leq 58 \qquad (18)$$

$$Y(N) = 100 \qquad \text{für } 59 \leq N \leq 100 \qquad (19)$$

Aus dieser Funktion kann dann der gesamte Zuschlagwert Z für die Anzahl der Einsätze ermittelt werden. Dieses Rechenverfahren täuscht eine Genauigkeit vor, die durch die Modellierung nicht gegeben ist. Lang weist in seiner Veröffentlichung nach, dass die angeführten Kurven und Formeln stark anzuzweifeln sind[119]. Auffallend ist die Unstetigkeit der Funktion Y(N) zwischen 58-ter und 59-ter Ausführung – Y(58)=277,57 und Y(59)=100-.

4.6.6 Einarbeitungseffekt nach Stradal

Aufbauend auf der allgemein bekannten logarithmischen Lernkurve versucht *Stradal*[120] die Kapazität auf der Baustelle an den Lernvorgang anzupassen. Es werden jedoch keine Angaben zur Größe der Parameter gemacht.

4.6.7 Einarbeitungseffekt nach Körner

In seinem Beitrag[121] zum Problem der Einarbeitung versucht Körner, ausgehend von einem rein theoretischen Ansatz, ein einfaches Abschätzverfahren zu schaffen, das in der Praxis anwendbar ist und Zeitaufnahmen erleichtert. Körner baut dabei auf die mathematischen Grundlagen der Lerntheorie von *Estes*[122], *Bush*, *Mosteller*[123], *Norman*[124], *Iosifescu* und *Theo-*

---

[118] Müller, H., Rationalisierung des Stahlbetonhochbaues durch neue Schalverfahren und deren Optimierung beim Entwurf, Dissertation Universität Karlsruhe, 1979 in [62]
[119] Lang, A., Ein Verfahren zur Bewertung von Bauablaufstörungen und zur Projektsteuerung, VDI – Verlag, Düsseldorf, 1988, S. 79
[120] Stradal, O.: Lerneffekte und Ausnutzung der Kapazität bei Bauprogrammen mit verschiedenen Projekten. Bauwirtschaft 37, S. 1438 - 1444, 1983
[121] Körner, H.: Beitrag zum Problem der Einarbeitung. Bauingenieur, Heft 75, 1982
[122] Estes, W. K.: Towards a statistical Theory of Learning. Psychol. Rev. 57, 1950, S. 94 - 107
[123] Bush, R., Mosteller, F.: Stochastic Processes for Learning. J. Wiley & Sons, New York, 1955
[124] Norman, M. F.: Markov Processes and Learning Models. Academic Press, New York, 1972

dorescu[125] auf. Über eine Herleitung, deren genauer Rechengang bei *Körner* nachzulesen ist, wird aus den mathematischen Grundlagen der Lerntheorie letztendlich eine Gleichung aufgestellt, die den Einarbeitungseffekt modelliert.

Dafür wurden folgende Annahmen getroffen:

- Für jeden Arbeitsprozess ist es möglich, den Aufwand zu vermindern.
- Die Zahl der Veränderungen ist beschränkt; der Aufwand kann nicht null werden.
- Die Arbeitskraft ist in der Lage, bei jeder Wiederholung einen Anteil der reduzierbaren Arbeitsvorgänge zu erlernen.

Das Ergebnis kann in der folgenden Gleichung dargestellt werden:

$$A(n) = \lambda_j + (1 - \lambda_j)e^{-cn} \qquad (20)$$

wobei gilt:
$A(n)$ Anteil von Ausgangswert A_0
n Anzahl der Wiederholungen
λ_j Mögliche Reduzierbarkeit des Vorganges
c Lernfähigkeit der Kolonne

Diese Gleichung ist als Näherungsmodell aus den mathematischen Grundlagen entstanden. Mit der Abschätzung der Parameter c für die Lernfähigkeit und λ für die Reduzierbarkeit der Vorgänge werden die Kurven gesteuert. Dabei ist der Wert λ abhängig vom Verhältnis der manuellen Arbeit zur Maschinenarbeit, vom Grad der Organisation und Arbeitsvorbereitung, von der Abhängigkeit von anderen Prozessen und von äußeren Einflüssen wie Witterung etc.[121]. Die Einarbeitungskonstante c drückt die Lernfähigkeit des Systems aus und wird beeinflusst durch Eigenschaften und Verhaltensweisen der im System wirkenden Menschen.

Körner gibt folgende Größenordnungen für die beiden Parameter an:

	Gering	hoch
λ	0,40	0,90
c	0,01	0,10

---

[125] Iosifescu, M., Theodorescu, R.: Random Processes and Learning. Springer, Berlin, 1969

Durch dieses Verfahren von Körner reduziert sich die Abschätzung des Einarbeitungseffektes auf die Schätzung der Parameter λ und c. Das Verfahren wurde zur Beurteilung des Einarbeitungseffektes eines Fertigteilwerkes erprobt; dabei wurden die Istwerte den Sollwerten gegenübergestellt.

4.6.8 Einarbeitungseffekt nach Lang

Die durchgeführten Untersuchungen[126] beziehen sich auf die Aufwandswerte für das Einschalen. Wesentliche Aussagen sind, dass die Einarbeitung nach der dritten Wiederholung abgeschlossen ist und dass der Einarbeitungsgewinn bei den Verteil-, Warte- und Erholzeiten wesentlich größer ist als bei den reinen Tätigkeitszeiten.

Auf diese Untersuchungen aufbauend macht Lang einen Vorschlag für die praktische Einbeziehung des Einarbeitungseffektes. Der Schwerpunkt gilt dabei dem gestörten Bauablauf und der daraus resultierenden Behinderung der Einarbeitung. Um die mit einem Sprung der Einarbeitungskurve verbundene Minderleistungen zu erfassen, ist es nötig, für alle wichtigen Fälle der Baupraxis entsprechende Kennzahlen zu finden. Lang stellt für Schalarbeiten, Mauerarbeiten und Betonarbeiten ein derartiges Kennzahlensystem auf, das folgende Besonderheiten berücksichtigt:

- Zeitpunkt und Länge der Störung
- Zusammensetzung und Lernfähigkeit der Arbeitskolonne
- Schwierigkeit der Tätigkeit

Um alle drei Besonderheiten zu berücksichtigen, hat der Verfasser eine entsprechende Aufwandsfunktion aufgestellt. Für den i-ten Einsatz lautet die Aufwandsfunktion:

$$W_i = W_0 \cdot f_L \cdot \left((f_{Ei} - 1) \cdot f_{St} + 1\right) \qquad (21)$$

wobei gilt

W_i Aufwandswert des Einsatzes i
W_0 Grundaufwand oder Basiswert aus den ARH-Tafeln oder sonstigen Tabellen
f_L Einfluss der Länge der Störung i;
        100 % = 1,0,
        40 % - 60 % = 0,4 – 0,6
f_{St} Lernfähigkeit der Kolonne von 0,81 – 1,22

---

[126] Lang, A.: Ein Verfahren zur Bewertung von Bauablaufstörungen und zur Projektsteuerung. VDI-Verlag, Düsseldorf, 1988, S. 81 ff

f_{Ei} Einarbeitung des Einsatzes i unter Berücksichtigung des Schwierigkeitsgrades (aus Tabellen abzulesen)

Der reine Mehraufwand durch die Einarbeitung beträgt dann:

$$W_E = W_0 \cdot A \cdot f_L \cdot \sum_{1}^{n} \left((f_{Ei} - 1) \cdot f_{St} \right) \qquad (22)$$

und der Gesamtaufwand ergibt sich dann zu:

$$W = W_0 \cdot A \cdot f_L \cdot \sum_{1}^{n} \left((f_{Ei} - 1) \cdot f_{St} + 1 \right) + (m - n) \cdot W_0 \cdot A \qquad (23)$$

wobei gilt

W   Gesamtaufwand
W_E Mehraufwand durch Einarbeitung
n   Anzahl der Ausführungen mit Einarbeitung
m   Gesamtzahl der Ausführungen
A   Schalfläche, Mauer- oder Betonkubatur eines Abschnittes

4.6.9 Einarbeitungseffekt nach Platz

Die bis hierher behandelten Veröffentlichungen zum Einarbeitungseffekt beziehen sich vorwiegend auf Tätigkeiten im Bereich des Hochbaues. Eine erwähnenswerte Veröffentlichung von *Platz*[127] behandelt den Einarbeitungseffekt bei konventionellen Tunnelvortrieben. Dabei wird versucht, wesentliche Parameter mittels *Regressionsanalysen* zu ermitteln. Als Ausgangspunkt für die Analysen setzt Platz in Anlehnung an *Körner*[128] eine Lernkurve in Abhängigkeit zur Anzahl der Wiederholungen mit folgender Form an:

$$A(n) = \tau + (1 - \tau)e^{-cn} \qquad (24)$$

Darüber hinaus versucht Platz, den Einarbeitungsfaktor abhängig von der Station der Ortbrust in der Weise anzugeben, dass dem Endwert nach abgeschlossener Einarbeitung die Größe 1 zugeordnet wird. Dieser Ansatz wird in folgender Form dargestellt:

$$1 + \beta_E = 1{,}0 + (\tau - 1)e^{-cn} \qquad (25)$$

---

[127] Platz, H.: Über die Zeitermittlung auf Baustellen, dargestellt am Beispiel von Vortriebsdaten des konventionellen Tunnelbaues. Dissertation Technische Universität München, 1989 S. 130 ff
[128] Körner, H.: Beitrag zum Problem der Einarbeitung. Bauingenieur, Heft 75, 1982

Der τ - Wert ist in diesem Fall der Quotient aus dem Anfangswert A(0) bei der 1. Ausführung und dem Entwurf und dem Endwert A(∞) nach abgeschlossener Einarbeitung. Der Wert für τ hängt mit dem Schwierigkeitsgrad der Arbeitsaufgabe zusammen und bewegt sich im Bereich zwischen $1{,}50 \leq \tau \leq 2{,}50$.

Schwierige und komplexe Arbeitsvorgänge können bei entsprechend häufiger Wiederholung stärker reduziert werden als einfache[129]. Die Konstante c beschreibt die Lernfähigkeit des Arbeitssystems und bewegt sich i.A. in den Grenzen $0{,}01 \leq c \leq 0{,}10$.

Als weitere Verfeinerung unterteilt Platz in eine Einarbeitungsphase und eine Rationalisierungsphase. Aus den ermittelten Einarbeitungskurven und der Tunnellänge lassen sich mittels Integration Faktoren für den Einfluss der Einarbeitung ermitteln.

4.6.10 Untersuchungen an der University of Michigan[130]

Everett und *Farghal* merken in ihrer Veröffentlichung[131] an, dass sich ein Großteil der Forschung mit der Suche nach Funktionen und mathematischen Modellen beschäftigt; eine wesentliche Aufgabe besteht jedoch darin, die Modelle für zukünftige Prozesse zu verwenden. Als mathematisches Modell sehen die Autoren die log-lineare Lernkurve für ausreichend an. Dies geht als Ergebnis einer weiteren Veröffentlichung[132] hervor, in der verschiedene Funktionen auf ihre Tauglichkeit mittels Fehleranalysen untersucht werden. Als verlässlichste Funktion hat sich herausgestellt:

$$\log y = a + b \cdot \log x \qquad (26) \qquad \text{oder} \qquad y = a \cdot x^b \qquad (27)$$

Ein wesentlicher Punkt der Untersuchungen beschäftigt sich mit der Darstellung des auszuwertenden Datenmaterials. Dabei werden die Vor- und Nachteile von Einzeldaten und gleitenden Mittelwerten untersucht. Das Problem der großen Schwankungen und daraus resultierend das Verwischen eines vorhandenen Trends wird aufgegriffen und das gleitende Mittel als ein Hilfsmittel näher dargestellt. In einer weiteren Studie[133] werden verschiedene Funktionen ver-

---

[129] Platz, H.: Über die Zeitermittlung auf Baustellen, dargestellt am Beispiel von Vortriebsdaten des konventionellen Tunnelbaues. Dissertation Technische Universität München, 1989, S. 132

[130] Everett, J. G., Farghal, S. H.: Data Representation for Predicting Performance with Learning Curves. Journal of Construction Engineering and Management, 123, 1997 / 1, S. 46 – 52 und
Everett, J. G., Farghal, S. H.: Learning Curve Predictors for Construction Field Operations. Journal of Construction Engineering and Management, 120, 1986 / 3, S. 603 - 616

[131] ebenda

[132] ebenda

[133] Everett, J. G., Farghal, S. H.: Learning Curve Predictors for Construction Field Operations. Journal of Construction Engineering and Management, 120, 1986 / 3, S. 603 - 616

glichen und beurteilt, welche die Zyklusdauer oder die Kosten in Abhängigkeit zur Wiederholungsanzahl beschreiben. Dabei wurde zum einen versucht, die verschiedenen Ansätze an Datenreihen mit mehr als vier Datenpunkten anzupassen und die Abweichungen festzustellen, und zum anderen eine zukünftige Leistung vorherzusagen. Eine der Lernkurven wurde der ersten Hälfte der Datenpunkte angepasst, die Prognose mit der zweiten Hälfte der Datenpunkte verglichen und der Fehler bestimmt. Die verwendeten Lernkurven lassen sich wie in Tabelle 1 dargestellt in drei Gruppen einteilen:

Linear	x, y
	x, log y
	log x, y
	log x, log y
Quadratisch	x, y
	x, log y
	log x, y
	log x, log y
Kubisch	x, y
	x, log y
	log x, y
	log x, log y

Tabelle 1 Einteilung der verwendeten Lernkurven

Die Prognose künftiger Daten lässt sich am besten mit der linearen log x, log y Lernkurve bewerkstelligen. Diese Funktion ist die ursprüngliche Lernkurve, wie sie von *Wright (1936)* angesetzt wurde. Kubische Lernkurven können am besten an bereits bestehendes Daten angepasst werden[134].

4.6.11 Untersuchungen an der Pennsylvania State University[135]

In dieser Untersuchung[136] werden 5 Lernkurven verglichen und beurteilt. Die Funktionen wurden an 65 unterschiedlichen Datensätzen aus dem Baubetrieb angewendet.

Es stellt sich heraus, dass die lineare logarithmische Funktion als kaum geeignet bewertet werden muss. Hier wird einem kubischen Lernkurvenansatz der Vorzug gegeben.

$$\log Y = \log A - n_1 \cdot \log X + C \cdot (\log X)^2 + D(\log X)^3 \qquad (28)$$

Insgesamt wurden folgende Lernkurven untersucht:

---

[134] ebenda
[135] Thomas, R. H., Mathews, C. T., Ward, J. G.: Learning Curve Models of Construction Productivity. Journal of Construction Engineering and Management, 112, 1986 / 2, S. 245 - 258
[136] ebenda

- Stanford B Lernkurve
- Schrittweise lineare Lernkurve
- Lineare, logarithmische Lernkurve
- Kubische Lernkurve
- Exponentielle Lernkurve

Auch hier gilt besonderes Augenmerk der Darstellung der Daten. Es wird empfohlen, die Prognose anhand von Daten, die mit Hilfe des kumulierten Mittels geglättet wurden, vorzunehmen. Die Kontrolle der Aktivitäten soll mit den Einzeldaten oder den gleitenden Mitteln erfolgen. Verglichen mit den in Kapitel 4.6.10 dargestellten Ergebnissen, vertreten die Autoren dieser Studie gänzlich konträre Ansichten.

Als Schlussfolgerung kann daraus nur die Frage gestellt werden, ob es möglich ist, ohne den Prozess zu berücksichtigen, generell Lernkurven zu empfehlen.

4.7 Kritik an den im Bauingenieurwesen eingesetzten Lernkurven

Die bestehenden Ansätze zur Modellierung des Einarbeitungseffektes können in prozentuelle Erhöhungen der Aufwandswerte und Lernkurven eingeteilt werden. Die Angabe von Prozentsätzen für Aufwandswerte oder Leistungsansätze ist ein gangbarer Weg zur Berücksichtigung des Einarbeitungseffektes bei baubetrieblichen Problemen. Eine wesentliche Aufgabenstellung dabei ist das Feststellen der Einarbeitungsphase; Lösungsvorschläge zur Festlegung der Einarbeitungsphase anhand des Datenmaterials fehlen gänzlich.

Ein Lösungsvorschlag für diese Aufgabenstellung wird in dieser Arbeit in Kapitel 6 gegeben.

Es werden unterschiedliche Funktionen als Lernkurven vorgeschlagen:

- Log-lineare Funktion (*Stradal, Everett/Farghal*)
- Kubische Funktion *(Thomas/Mathews, Everett/Farghal)*
- Exponentialfunktion *(Körner, Platz)*

Die Log-lineare Funktion ist sehr einfach in der Handhabung und bietet eine einfache Interpretationsmöglichkeit der Parameter. Die Hauptkritik an der Log-linearen Funktion besteht darin, dass diese Funktion keinen Plateaubereich aufweist, das heißt, dass der Aufwand gegen null strebt, wenn die kumulierte Produktionsmenge genügend groß ist.

Polynomfunktionen wie die kubische Lernkurve haben eine sehr gute Anpassung an die Daten, ein unbehebbarer Nachteil besteht darin, dass die so ermittelten Parameter nicht interpretiert werden können.

Eine geeignete Funktion stellt die Exponentialfunktion dar, bei der es möglich ist, einen Plateaubereich zu berücksichtigen. Die von *Körner* vorgeschlagene und von *Platz* für konventionelle Vortriebe angepasste Lernkurve beruht auf der Festlegung eines Parameters τ; dieser Parameter ist gleich dem Quotienten des Aufwandswertes der 1. Ausführung und dem Endwert.

Dieser Quotient beeinträchtigt die Auswertung maßgeblich und ist <u>nicht eindeutig festzulegen</u>, da die Daten große Schwankungen aufweisen. Aus diesem Grund wird davon abgegangen, dieses Modell zu übernehmen, obwohl es am konventionellen Vortrieb *Pilotstollen Semmering Basistunnel*[137] und am mechanischen Vortrieb *Vereinatunnel Baulos Nord*[138] zur Modellierung eingesetzt wurde.
Bei der Auswertung der Vortriebsdaten dieser Projekte kann der Endwert und infolgedessen auch der Parameter τ nicht eindeutig ermittelt werden. Der Versuch, den Endwert als Mittelwert der Aufwandswerte festzulegen, scheitert an der Festlegung, ab welchem Zeitpunkt die Daten in die Mittelwertbildung einfließen müssen.

Ein weiterer Anlass für die Entwicklung eines neuen Modells ist die von Körner und Platz verwendete Messgröße – der Aufwandswert [h/m]. Wie im Kapitel 5.3 näher erläutert, unterliegt der Stundenaufwandswert großen Schwankungen; deswegen wird davon abgegangen, den Stundenaufwandswert als Messgröße einzusetzen.

---

[137] Schneider, E.: Gutachten über die Auswirkung der Einarbeitung beim Pilotstollen Semmering. Innsbruck, 1997
[138] Krüger, U.: Der Einarbeitungseffekt am Projekt Vereina Nord. Diplomarbeit Universität Innsbruck, 1998

5 Messgrößen für die Quantifizierung des Einarbeitungseffektes bei mechanischen Tunnelvortrieben

5.1 Allgemein

Der Einsatz von Kostengrößen als Messgröße hat in der industriellen Fertigung großen Anklang gefunden, ist aber für das Messen von Lernvorgängen bei der Herstellung von Tunnel nicht anwendbar, da zum einen die tatsächlichen Kosten sehr schwer und sehr oft auch zu spät ermittelt werden können und zum anderen ein Vermischen von Leistungen und Kosten nicht wünschenswert ist. Bei der Auswahl geeigneter Messgrößen für die Quantifizierung des Einarbeitungseffektes bei mechanischen Tunnelvortrieben aus der Vielzahl von möglichen Messgrößen wurde nach dem Verfahren *Trial and Error* vorgegangen; die Eignung der Messgröße wird durch Versuch am Datenmaterial festgestellt.

5.2 Mögliche Messgrößen

Im Kapitel 3.2.3 wurde der Begriff Messgröße allgemein erörtert und in diesem Kapitel wird speziell die Situation bei maschinellen Vortrieben behandelt. Auf Grund der projektabhängigen Randbedingungen und im Sinne eines Vergleiches zwischen verschiedenen Baustellen ist es von Vorteil, als Messgrößen Einsatzmengen bezogen auf die hergestellte Einheiten als auch hergestellte Einheiten bei gleichbleibenden Einsatzmengen heranzuziehen. Unter Einsatzmengen versteht man:

- Vortriebsstunden
- Stillstandsstunden
- Maschinenstunden
- Reparaturstunden
- Arbeitstage, Arbeitsmonate, Arbeitswochen etc.

Als hergestellte Einheit wird die aufgefahrene Tunnelstrecke festgelegt. Ausgehend von dieser Fülle an Möglichkeiten ist zu überlegen, in welcher Betrachtungstiefe man vorgehen will. Nahe liegend ist eine detaillierte Untersuchung der Tätigkeiten.
Als Betrachtungsebene kommen in Frage:

- Arbeitszyklus (= Hub) als kleinste Einheit
- Schicht
- Arbeitstag, -woche, -monat

Unter Berücksichtigung der jeweiligen Betrachtungsebene ergeben sich folgende Messgrößen:

- Dauer/Hub
- Hübe/h
- Stillstandszeiten/m
- m/AT
- m/h
- h/m
- Ah/m

5.3 Auswahl der Messgrößen

5.3.1 Allgemein

Der Einsatz sämtlicher zuvor angeführten Messgrößen ist grundsätzlich möglich. Ziel ist es aber, Messgrößen einzusetzen, die auch in einem von der Bauwirtschaft vorgegebenen Rahmen verwendbar sind wie z.B. bei Kalkulationen und Arbeitsvorbereitungen etc.

5.3.2 Kriterien für die Auswahl der Messgröße

Leichte Erfassbarkeit

Das sind Werte, die direkt aus den Bohrberichten oder deren Zusammenfassungen abgelesen werden können. Geeignete Messgrößen sind im Tunnelbau übliche Größen wie z.B. m/Schicht, m/AT etc. Aufwändiger erfassbar sind Messgrößen wie z.B. Hübe/h, h/Hub etc.

Genauigkeit der Aufzeichnungen

In der Baustellenpraxis ergeben sich fallweise folgende Schwierigkeiten:

- Unleserliche manuelle Aufzeichnungen
- Zu grober Aufzeichnungsraster
- Falsche Begründungen für Stillstandszeiten

Geeignete Messgrößen leiten sich aus möglichst exakten Aufzeichnungen ab wie z.B. die Schicht- oder die Tagesarbeitszeit, die Schicht- oder die Tagesvortriebsleistung.

Geringste Schwankungsbreite

Zu beachten ist, dass die Messgröße selbst einen erheblichen Einfluss auf die relative Abweichung der Schwankungsbreite hat, wie aus Tabelle 2 ersichtlich ist.

	Vortriebsleistung [m/AT]	Arbeitsstunden [h/AT]	Tagesleistung [m/AT]	Aufwand [h/m]
Tag 1	35,00	20,00	35,00	0,571
Tag 2	1,00	20,00	1,00	20,000

Tabelle 2 Beispiel für die relative Abweichung der Schwankungsbreite

Bei der Messgröße Tagesleistung ergibt der Sprung von Tag 1 auf Tag 2 eine relative Abweichung von 97 %; beim Aufwand ist die relative Abweichung 3400 %. Das Ergebnis zeigt erwartungsgemäß einen beträchtlichen Unterschied der relativen Abweichung; erwartungsgemäß deshalb, weil es sich um einen simplen Effekt der Prozentrechnung handelt, der davon abhängt, ob man x oder 1/x betrachtet. Das hat bei der Datenauswertung zur Folge, dass man bei größeren relativen Abweichungen häufiger Ausreißer im Datenmaterial beherrschen muss. Die Betrachtungsebene beeinflusst die Schwankungsbreite, sodass mit größer werdendem Betrachtungszeitraum die größten Schwankungen des Datenmaterials ausgeglichen werden.

In der Abbildung 29 ist die Strukturierung der Messgrößen in Abhängigkeit von der Betrachtungsebene dargestellt.

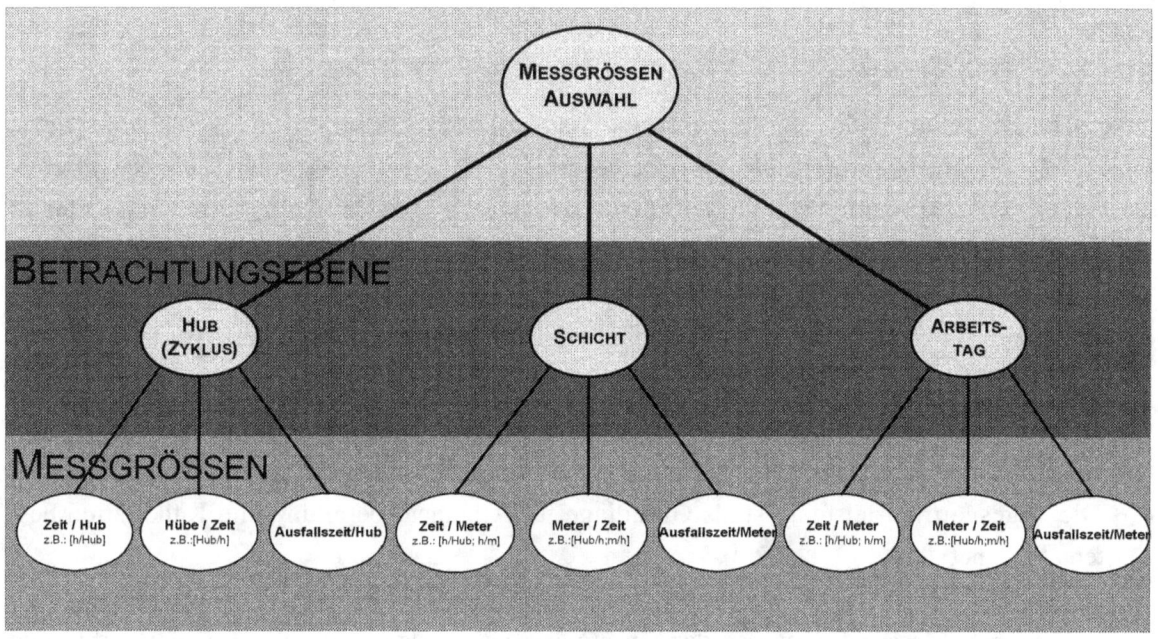

Abbildung 29 Übersicht der möglichen Messgrößen

Eine geeignete Messgröße ist die Tagesvortriebsleistung [m/AT] als ein Kompromiss zwischen

Messgrößen mit großen Schwankungsbreiten wie z.B. Aufwand, Hub/h etc. und geringeren Schwankungsbreiten wie z.B. Monatsvortriebsleistung etc.

Ganzheitliche Betrachtung der Baustellensituation

Die Auswertung der Stillstandszeiten in Kapitel 7.3 zeigt, dass die Stillstandszeiten, über die Baudauer betrachtet, größtenteils einen abnehmenden Trend aufweisen, der entweder durch eine Veränderung der Auftretenshäufigkeit oder durch eine Veränderung der Dauern hervorgerufen wird.

Weiters kann man feststellen, dass die Ursachen für die Stillstände mit abnehmendem Trend sehr stark variieren. Eine Anpassung von Lernkurven an die Dauern der Stillstandszeiten ist daher zur Prognose nicht geeignet. Folglich sind Messgrößen, die auf den Stillstandszeiten aufbauen, nicht geeignet, da diese allein betrachtet das Gesamtbild verfälschen.

Es sind daher Messgrößen zu wählen, die die Gesamtsituation abdecken wie z.B. die Vortriebsleistung, Arbeitsstunden etc., wo eindeutig ein signifikanter Trend nachgewiesen werden kann.

Bestmögliche Eignung für Arbeitsvorbereitung und Kalkulation

Grundlage für Arbeitsvorbereitung und Kalkulation sind im Allgemeinen Leistungsansätze wie z.B. Tages- oder Monatsvortriebsleistung und Aufwandswerte wie z.B. Arbeitsstunden pro Einheit.

5.3.3 Schlussfolgerung

Unter Berücksichtigung aller im vorigen Kapitel angeführten Kriterien ergibt sich als günstigste Messgröße für die Ermittlung des Einarbeitungseffektes bei mechanischen Tunnelvortrieben die Tagesvortriebsleistung m/AT. Bei dieser Messgröße werden die geforderten Kriterien bestmöglich erfüllt:

- Leichte Erfassbarkeit: Der Wert kann direkt dem Bohrbericht entnommen werden
- Die Genauigkeit der Aufzeichnung ist in der Regel gegeben
- Die Schwankungsbreite der Tagesvortriebsleistung liegt im geeigneten Rahmen
- Die Tagesvortriebsleistung berücksichtigt sämtliche leistungsrelevanten Einflüsse
- Die Tagesvortriebsleistung ist als Grundlage für Arbeitsvorbereitung und Kalkulation bestens geeignet

Als ungünstigste Messgröße hat sich der Einsatz des Aufwandswertes wie z.B. [h/m] auf Grund der hohen Abweichungen vom Normalwert herausgestellt.

5.4 Reduktion der Schwankungen durch die Datenaufbereitung

5.4.1 Allgemein

Die Messgrößen zur Ermittlung des Einarbeitungseffektes sind großen Schwankungen unterworfen. Um eine bessere Anpassung der Lernkurven an das Datenmaterial zu erreichen, besteht die Möglichkeit, durch Aufbereitung der Daten die Schwankungsbreite zu reduzieren. Die Verfahren dazu werden im folgenden Kapitel näher erläutert und ihre Einsatzfähigkeit beurteilt.

5.4.2 Ursachen für Schwankungen

Schwankungen der Leistungen sind auf Grund des Produktionsumfeldes im Baubetrieb häufig gegeben. Die Tagesleistung ist außerdem von Stillstandszeiten beeinflusst, die unregelmäßig auftreten. Die Ursachen für die Stillstandszeiten können bei maschinellen Tunnelvortrieben auf folgende Umstände zurückgeführt werden:

- Maschinentechnische Ursachen wie z.B. Defekte, Wartungsarbeiten etc.
- Betriebliche Ursachen wie z.B. Logistik etc.
- Einbau der Stütz- und Ausbaumittel
- Geologische und hydrogeologische Ursachen wie z.B. Vortriebsklassenwechsel, Gesteinswechsel, Erschwernisse durch Wasserzutritte etc.
- Menschliche Einflüsse
- Umwelteinflüsse

Die Schwankungen werden sowohl durch unregelmäßiges Auftreten als auch durch unterschiedliche Dauern hervorgerufen. Weitere Ursachen für Schwankungen sind unter anderem dadurch gegeben, dass manuelle Aufzeichnungen nicht exakt geführt werden oder bei einer automatischen Betriebsdatenerfassung die Stillstandsursachen falsch zugeordnet werden.

Bei der getroffenen Wahl, als Messgröße die Tagesleistungen zu nehmen, ergibt sich der Vorteil, dass vor allem die Aufzeichnungsungenauigkeiten ausgeschaltet werden. Die Tatsache, dass Schwankungen in der Tagesleistung auftreten, kann damit aber nicht umgangen werden.

5.4.3 Datenbereinigung zur Reduktion der Schwankungsbreite

In der statistischen Fachsprache wird die Abweichung des Datenmaterials von einem Trend *Rauschen* genannt. Ein Weg zur Reduktion dieses Rauschens ist die Bereinigung der Daten um gewisse, nicht immer gleichmäßig auftretende Anteile. Die Dauern für den Ablauf eines Zyklus lassen sich in produktive und unproduktive Anteile unterteilen.

Bei den unproduktiven Anteilen lassen sich wiederum Zeiten herausfiltern, die ziemlich regelmäßig auftreten und andere, die unregelmäßig auftreten. Unregelmäßig auftretende Stillstandszeiten erzeugen unregelmäßige Spitzen bei der jeweils gewählten Messgröße; bei einer Reduktion der Dauer um derartige Stillstandszeiten lassen sich diese Spitzen stark reduzieren.

Der Vorteil dieser Methode ist, dass das Datenmaterial die unangenehmen Spitzen verliert und der Trend hervorgehoben wird; der Nachteil dieser Methode ist, dass die Messgrößen verfälscht werden und den realen Ablauf nicht mehr exakt wiedergeben. Zu beachten ist, dass nur irrelevante Anteile wie z.B. die Kategorie Sonstiges des Bohrberichtes zur Reduktion herangezogen werden, da sonst die Struktur des Vortriebes nicht mehr erhalten bleibt.

Die Abbildung 30 zeigt exemplarisch die prozentuellen Anteile verschiedener Haupttätigkeiten beim Vortrieb

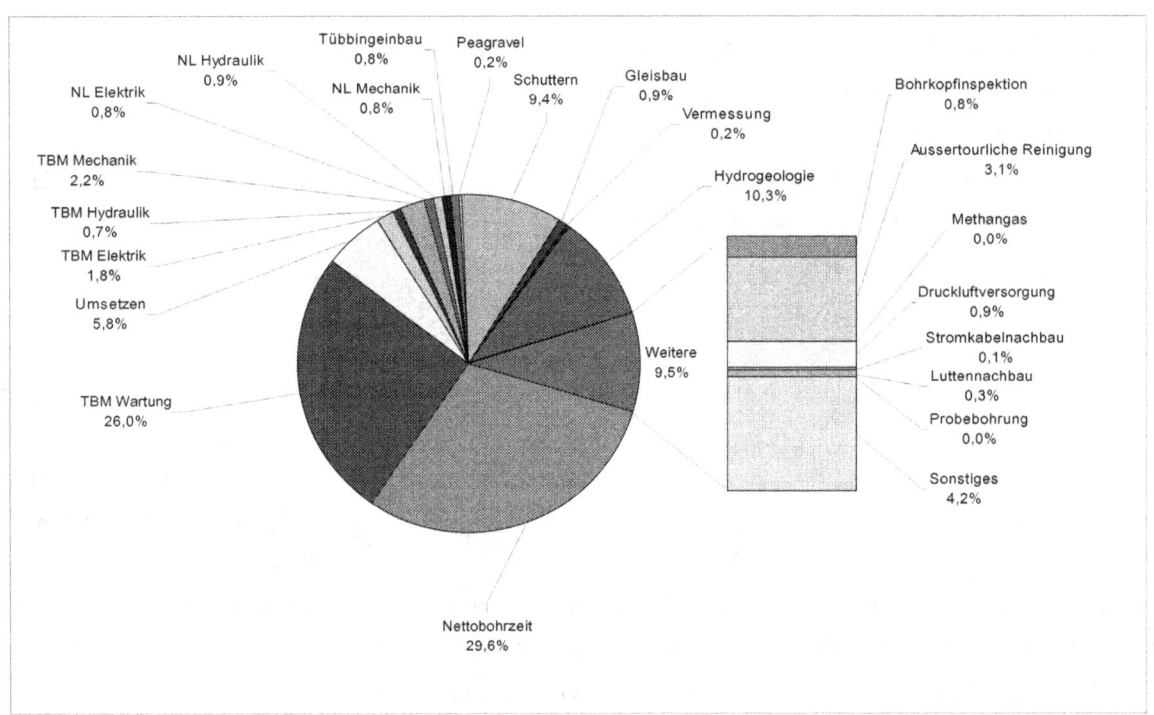

Abbildung 30 Exemplarische Auswertung eines Vortriebes

Es gilt nun auszuwählen, welche Anteile bei der Ermittlung der Messgrößen berücksichtigt und welche ausgeschlossen werden. Dabei ist zum einen zu überlegen, wie groß der Anteil an der Gesamttätigkeit ist und zum anderen wie die Auftretenshäufigkeit über das Projekt verteilt ist.

Als Entscheidungshilfe ist in Tabelle 3 eine Matrix mit den Ausschlusskriterien Auftretenshäufigkeit und Anteil der auszuschließenden Tätigkeit am Gesamtaufwand dargestellt.

		Auftretenshäufigkeit	
		Gering	Groß
Anteil	Gering	Ausschluß möglich	Berücksichtigung möglich
Anteil	Groß	Ausschluß möglich	Berücksichtigung erforderlich

Tabelle 3 Entscheidungshilfe für den Ausschluss von untergeordneten Tätigkeiten

Dem Bearbeiter bleibt die Entscheidung überlassen, inwieweit die einzelnen Datensätze für den Vortrieb repräsentativ bleiben; speziell bei geringem Anteil und großer Auftretenshäufigkeit ist dies besonders kritisch zu überlegen.

Die Abbildung 31 zeigt das Ergebnis einer Bereinigung des Datenmaterials um die Stillstandszeiten. Dabei handelt es sich um einen Ausschnitt aus einem Vortrieb. Es ist der Aufwand über die Arbeitstage aufgetragen und man kann deutlich erkennen, dass mit zunehmender Reduktion der Ausfallszeiten eine Glättung der Datensätze erfolgt. Im Beispiel ist der Aufwand mit der Bruttoarbeitszeit rot, der Aufwand mit der TBM-Einsatzzeit grün und der Aufwand mit der Nettobohrzeit blau dargestellt. Bei der Nettobohrzeit erfolgt die Reduktion der Bruttoarbeitszeit um sämtliche Stillstandszeiten (siehe auch Abbildung 30).

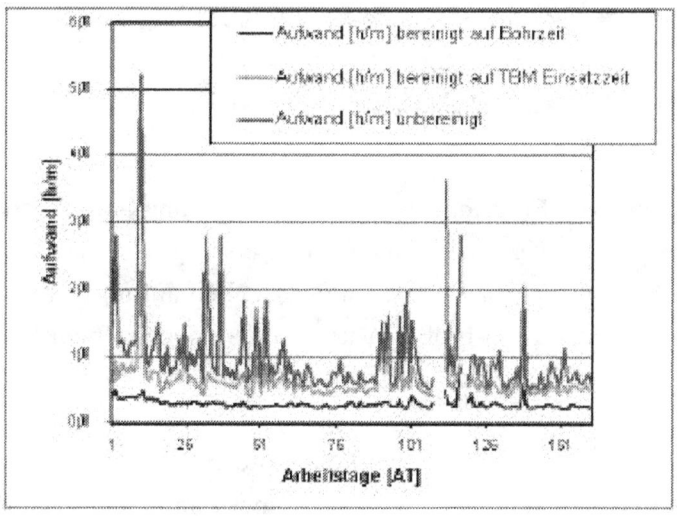

Abbildung 31 Beispiel des Ergebnisses einer Datenbereinigung

Das Ergebnis zeigt, dass eine Glättung des Datenmaterials erfolgt, und bringt aber mit sich, dass der Einarbeitungseffekt deutlich weniger sichtbar wird; die rote Linie weist noch eindeutig einen Trend auf, während die blaue Linie beinahe keinen Trend aufweist. Die Schlussfolgerung daraus ist, dass je mehr die Datensätze bereinigt werden, desto mehr Bestandteile des Einarbeitungseffektes gehen verloren. Da der Einarbeitungseffekt ermittelt werden soll, ist diese Vorgehensweise kein zielführender Weg; es soll ja der gesamte Umfang und die gesamte Auswirkung erfasst werden.

5.4.4 Gleitende und Kumulierte Mittelwerte

Bei der Darstellung des Datenmaterials gibt es grundsätzlich zwei Möglichkeiten, wie in Abbildung 32 dargestellt:

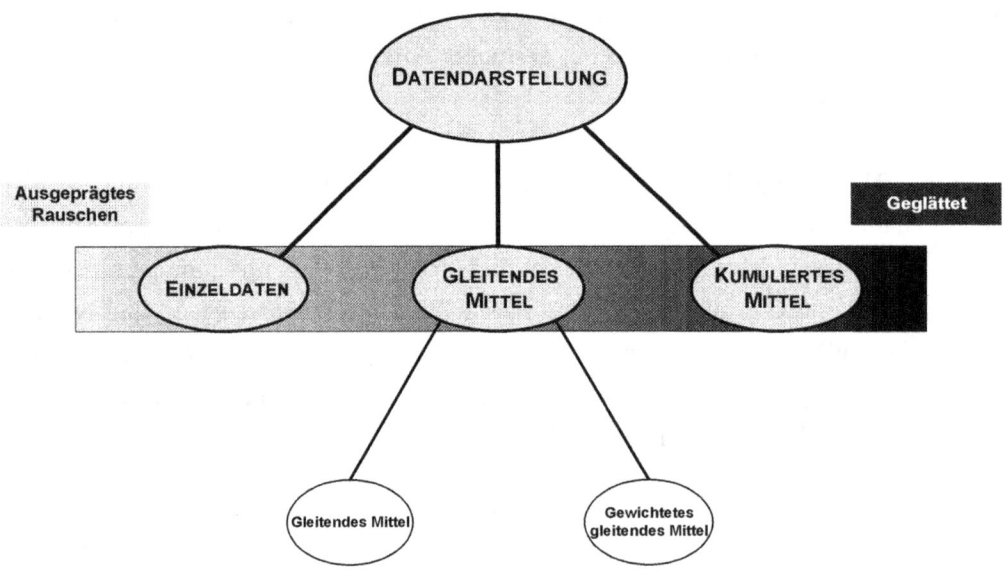

Abbildung 32 Übersicht über die Möglichkeiten der Datendarstellung

Entweder die Darstellung als Einzeldaten oder die Darstellung als gleitende bzw. kumulierte Mittelwerte. Die Einzeldaten zeigen die momentane Leistung bzw. den momentanen Aufwand an einer bestimmten Stelle und genau so wie sie tatsächlich auftreten. Mit diesen realistischen Werten ist im Bauwesen immer ein großer Anteil an dem sogenannten Rauschen zu verzeichnen. Beim Darstellen der Datensätze kann kein offensichtlicher Trend mehr festgestellt werden.

Das kumulierte Mittel bildet eine Möglichkeit, das Datenmaterial zu glätten und das Rauschen teilweise zu beseitigen, indem alle Datensätze zusammengefasst werden und der Mittelwert bis zum jeweiligen Zeitpunkt gebildet wird. Dadurch werden Langzeittrends sichtbar und Kurzzeittrends bleiben allerdings verborgen. Eine wesentliche Information für die Baustelle sind aber die Kurzzeittrends. Was am Anfang der Baustelle passiert ist, ist Geschichte, die Ereignisse der Vorwoche und der Vortage sind weitaus signifikanter.

Das Problem ist, dass bei den Einzeldaten das Rauschen überwiegt, während beim kumulierten Mittel die Daten derart geglättet werden, dass Kurzzeittrends nicht mehr erkannt werden können.[139]

Als ein Mittelding zwischen diesen beiden Extremen kann das gleitende Mittel angesehen werden, das weiter in das herkömmliche gleitende Mittel und das exponentiell gewichtete gleitende Mittel unterschieden werden kann.

Das gleitende Mittel

Das gleitende Mittel stellt eine Variation des kumulierten Mittels dar, mit dem Unterschied, dass nur die unmittelbar letzten Daten berücksichtigt werden. Der extremste Fall des gleitenden Mittels sind die Einzeldaten bzw. das kumulierte Mittel.

Darüber hinaus gibt es die Möglichkeit, das Mittel vom Datenpunkt rückwärts zu berechnen (29) oder ein zentriertes gleitendes Mittel zu berechnen (30). In den beiden Gleichungen (29 und 30) ist die Berechnung eines gleitenden Mittels mit der Länge 3 dargestellt. Je nach Anzahl der Datensätze und Größe des Rauschens werden üblicherweise gleitende Mittel über 3 bis 7 Datenpunkten verwendet.

$$S_t = \frac{D_{t-2} + D_{t-1} + D_t}{3} \qquad (29)$$

$$S_t = \frac{D_{t-1} + D_t + D_{t+1}}{3} \qquad (30)$$

wobei gilt:
S_t..........Gleitendes Mittel für das Datum zum Zeitpunkt t
D_t..........Datum zum Zeitpunkt t
t............Zeitpunkt im Ablauf der Zeitreihe (1,.....,n)

Als Unterschied der beiden Vorgehensweisen stellt sich eine Verschiebung des Wertes S_t heraus. Im Falle des gleitenden Mittels 3 beträgt die Verschiebung 1.
Die Abbildung 33 zeigt eine grafische Darstellung von Einzeldaten, gleitendem Mittel 3 und

---

[139] Everett, J. G.; Farghal, S. H.: Data Representation for Predicting Performance with Learning Curves. Journal of Construction Engineering and Management, 123, 1997 / 1, S. 46 - 52

gleitendem Mittel 5. Mit zunehmendem Einschluss von Daten in den Mittelwert ist die Glättung deutlich zu erkennen.

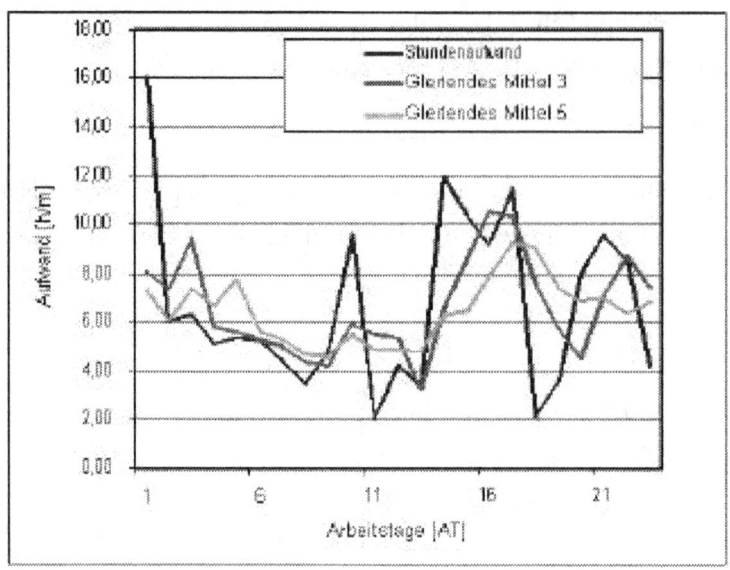

Abbildung 33 Vergleich der Einzeldaten mit dem gleitenden Mittel 3 und 5

Das exponentiell gewichtete gleitende Mittel

Gemäß *McClain* und *Thomas* basiert das exponentiell gewichtete Mittel auf der Konzeption der Ermittlung des gewichteten Mittels zwischen dem letzten Datum und dem gewichteten Mittelwert der vergangenen Daten[140].

$$S_t = \alpha \cdot D_t + (1-\alpha) \cdot S_{t-1} \qquad (31)$$

Für vorangegangene S_t gilt:

$$S_{t-1} = \alpha \cdot D_{t-1} + (1-\alpha) \cdot S_{t-2} \qquad (32)$$

$$S_{t-2} = \alpha \cdot D_{t-2} + (1-\alpha) \cdot S_{t-3} \qquad (33)$$

Substituiert man Gleichung (32) und (33) in (31), so erhält man folgenden Ausdruck (34):

$$S_t = \alpha \cdot D_t + (1-\alpha) \cdot \alpha \cdot D_{t-1} + (1-\alpha)^2 \cdot \alpha \cdot D_{t-2} + (1-\alpha)^3 \cdot S_{t-3} \qquad (34)$$

Die Gleichung (34) wird kaum angewendet[140], zeigt aber implizit, dass der neu errechnete Mit-

---

[140] Everett, J. G.; Farghal, S. H.: Data Representation for Predicting Performance with Learning Curves. Journal of Construction Engineering and Management, 123, 1997 / 1, S. 46 - 52

telwert mit der gesamten Datengeschichte zusammenhängt. Im Gegensatz zum herkömmlichen gleitenden Mittel werden die einzelnen Werte gewichtet; allgemein gilt, je weiter das Datum zurück liegt, desto weniger ist der Einfluss auf den aktuellen Wert.

Für ein Datum, das d Zyklen vom aktuellen Wert zurückliegt kann das Gewicht mit $\alpha(1-\alpha)^d$ festgelegt werden. Daraus leitet sich der Name *exponentiell gewichtetes gleitendes Mittel* ab.

Die Abbildung 34 zeigt die Auswirkungen bei Anwendung des exponentiell gewichteten Mittels auf die Ausgangsdaten. Das Ergebnis ist eine deutliche Glättung des Datenmaterials. Mit steigenden α-Werten nimmt der Einfluss des letzten Datums zu und die Kurve beginnt sich dem Ausgangsdatenmaterial anzunähern. Verwendet man den Parameter $\alpha = 0,5$, so entspricht das ungefähr einem gleitenden Mittel von N = 3 und bei $\alpha = 0,3$ entspricht das einem gleitenden Mittel von N = 5-6.[141]

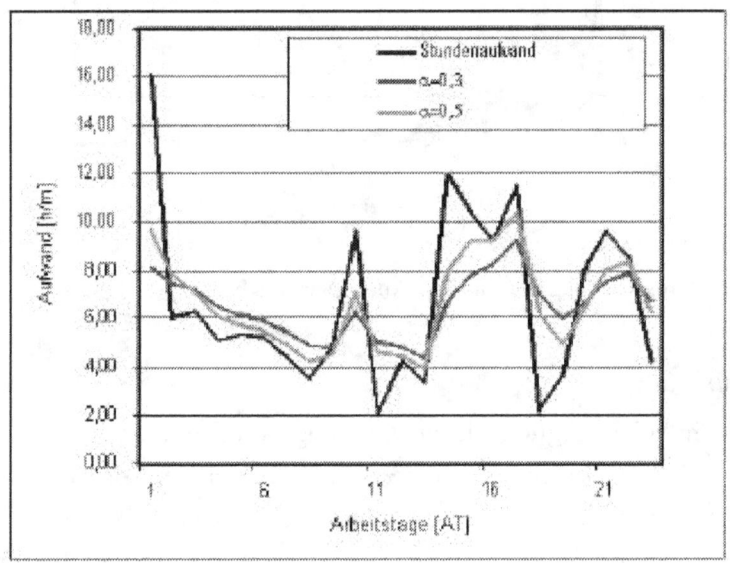

Abbildung 34 Vergleich der Einzeldaten mit dem exponentiell gewichteten Mittel ($\alpha = 0,3$ und $\alpha = 0,5$)

Das kumulierte Mittel

Das kumulierte Mittel ist als eigenständige Abart des gleitenden Mittels zu sehen. Der Wert wird von allen, bis zum jeweiligen Zeitpunkt aufgetretenen Daten beeinflusst.

---

[141] Everett, J. G.; Farghal, S. H.: Data Representation for Predicting Performance with Learning Curves. Journal of Construction Engineering and Management, 123, 1997 / 1, S. 46 - 52

Die Abbildung 35 zeigt einen Vergleich der Einzeldaten mit dem kumulierten Mittel; es ist ganz deutlich die extreme Glättung zu erkennen. Gleichzeitig muss aber auch darauf hingewiesen werden, dass das kumulierte Mittel gegen einen ganz anderen Wert strebt als die Einzeldaten, was vor allem daher kommt, dass sämtliche Daten berücksichtigt werden. Es ist sehr gut ersichtlich, dass ein Trend durch den Einarbeitungseffekt besteht; das Problem ist aber, dass die Interpretierbarkeit der Daten völlig offen bleibt.

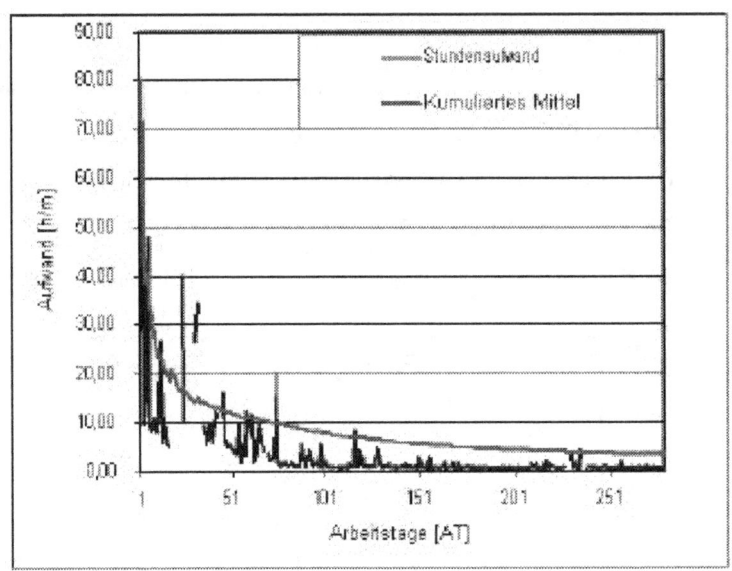

Abbildung 35 Vergleich der Einzeldaten mit dem kumulierten Mittel

5.4.5 Summenbildung

Eine weitere, sehr einfache Möglichkeit zur Glättung von fluktuierendem Datenmaterial stellt die Summenbildung dar. Es besteht zwar eine Ähnlichkeit in der Vorgehensweise mit dem kumulierten Mittel, jedoch ergibt sich ein bedeutender Unterschied: bei einer Mittelwertbildung erfolgt ein Verschmieren der Daten, wodurch die Aussagekraft und die Interpretierbarkeit verloren gehen und bei einer Summenbildung besteht die Möglichkeit, durch die gezielte Auswahl der Daten sehr aussagekräftige Bilder zu erhalten. Im Tunnelbau ist die Summenlinie der Tagesleistungen über die Arbeitstage aufgetragen eine übliche Form der Darstellung.

Die Abbildung 36 zeigt eine gelungene Glättung von Daten mit Hilfe einer Summenbildung; durch die Krümmung im Anfangsbereich kommt der Einarbeitungseffekt sehr gut zum Ausdruck. Rot sind die Tagesleistungen dargestellt und die blaue Linie zeigt die Summenlinie der Tagesleistungen. Dieses Beispiel illustriert deutlich das zuvor Gesagte; die Aussagekraft bleibt erhalten, da ja die Summe der Tagesleistungen die aktuelle Vortriebsstation darstellt.

Diese Summenlinie findet sehr gut in einem Zeit-Weg-Diagramm ihre Anwendung. Auf der anderen Seite stellt die Tagesleistung eine brauchbare, häufig verwendete Größe dar.

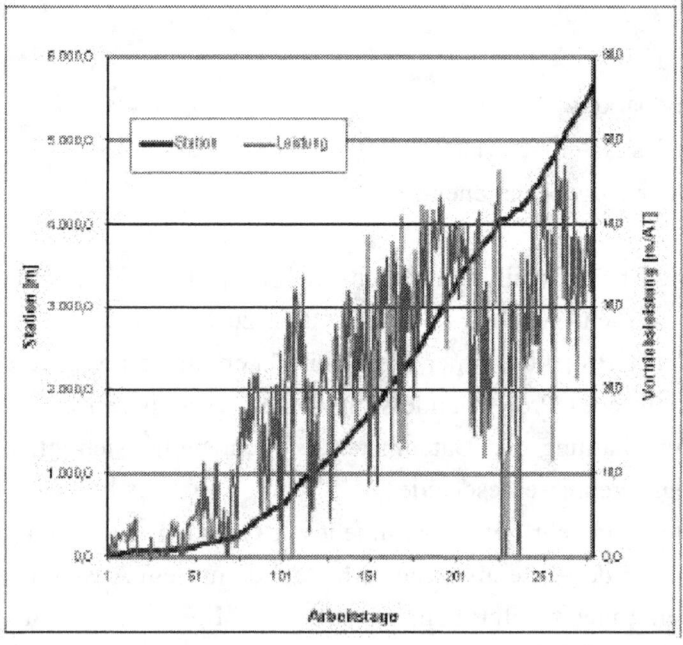

Abbildung 36 Glättung durch Summenbildung

5.4.6 Auswahl des Glättungsverfahrens

In der Abbildung 37 sind die Möglichkeiten zur Glättung des Datenmaterials übersichtlich dargestellt.

Abbildung 37 Übersicht der Möglichkeiten zur Glättung des Datenmaterials

Das Glättungsverfahren bei der Ermittlung des Einarbeitungseffektes wird nach folgenden Kriterien ausgewählt:

- Hohe Aussagekraft
- Einfache Anwendbarkeit
- Starke Glättung des Datenmaterials
- Anwendbarkeit der vorgeschlagenen Lernkurve

Die Datenbereinigung ist für Detailuntersuchungen ein sehr brauchbares Instrument; eine einfache Anwendbarkeit ist nicht gegeben und es entsteht zusätzlich das Problem, dass bei einem Vergleich verschiedener Projekte immer dieselben Daten ausgefiltert werden müssen. Das ist kaum möglich, da sich jedes Projekt anders entwickelt. Aus diesen beiden Gründen wird die Datenbereinigung zur Glättung des Datenmaterials nicht berücksichtigt. Darüber hinaus sind die erzielten Glättungsergebnisse bescheiden.

Die Mittelbildung stellt ein sehr gutes Instrument zur Glättung der Daten dar; beim gleitenden Mittel bleibt die Struktur des Datenmaterials erhalten, da nur ein Ausgleich zwischen mehreren aufeinander folgenden Tagen erfolgt; beim kumulierten Mittel wird die Struktur der Daten verändert, da eine Mittelwertbildung bis zum betrachteten Datum erfolgt und daher alle bis dahin angefallenen Werte und Ereignisse in diesen speziellen Wert einfließen. Die Glättung der Daten ist beim gleitenden Mittel je nach Anzahl der einfließenden Daten gut und beim kumulierten Mittel sehr gut.

Für die weitere Vorgehensweise kommt das gleitende Mittel vor allem aus dem Grund nicht zur Anwendung, da ein Eingriff in die Rohdaten erfolgt und dadurch Aussagen über die Unschärfe beeinflusst werden. Das kumulierte Mittel kommt nicht zur Anwendung, weil die Struktur der Daten verfälscht wird und die Aussagefähigkeit der Daten nicht so einfach gegeben ist; es eignet sich für Prognosen während des Vortriebes, da der Langzeittrend sehr gut ersichtlich ist.

Unter Berücksichtigung aller oben angeführten Kriterien stellt sich die Summenbildung als beste Möglichkeit zur Glättung des Datenmaterials heraus. Bei der Summenbildung ist eine sehr gute Glättung des Datenmaterials möglich, es tritt keine Verfälschung des Datenmaterials auf und man erreicht dadurch eine hohe Aussagekraft.

5.4.7 Schlussfolgerung

Für die weiteren Untersuchungen erfolgt die Glättung des Datenmaterials durch Summenbildung. Bei der weiteren Vorgehensweise ist zu berücksichtigen, dass die Summenbildung die Gestaltung der Lernkurve beeinflusst.

6 Modell zur Bestimmung des Einarbeitungseffektes

6.1 Allgemein

Modelle sind Hilfsmittel für den Umgang mit der Realität und dienen der Untersuchung eines Prozesses. Um das Verhalten eines realen Vorganges studieren zu können, wird dieser anhand eines Modells simuliert. Diese Verhaltenssimulation kann auf zwei verschiedenen Methoden erreicht werden:

Zum Ersten ist es denkbar, durch Beobachtungen des Verhaltens eines oder vieler gleichartiger Systeme zu einer umfassenden Verhaltensbeschreibung zu gelangen, die auch für ein zukünftiges Verhalten in einem relativ breiten Bereich zutrifft. In diesem Fall ist es nicht nötig, das System selbst in allen seinen Einzelheiten und Funktionen zu kennen; es kann als Blackbox behandelt werden.

Eine zweite prinzipielle Möglichkeit, zu Verhaltensaussagen zu gelangen, ergibt sich durch ein Nachbilden der Wirkungsweise des realen Systems, d.h. durch Untersuchungen des Verhaltens eines Modells, das die wesentlichen Wirkungsstrukturen des Realsystems abbildet. In diesem Fall muss sehr viel über das System selbst bekannt sein; das Verhalten in der Vergangenheit ist von sekundärem Interesse[142].

Die Modellbildung des Einarbeitungseffektes ist auf Grund der Komplexität des realen Systems und der nicht vorhandenen, direkten Messgrößen dem zuerst beschriebenen Weg zuzuordnen. Die Vorgehensweise bei der Modellierung des Einarbeitungseffektes kann in zwei Phasen erfolgen:

Phase I stellt eine Grundlagenaufbereitung dar, bei der sämtliche zur Modellierung von Einarbeitungseffekten verwendeten Modelle studiert werden. Diese Grundlagenaufbereitung erfolgte in den Kapiteln 3 und 4.

Phase II stellt die eigentliche Modellbildung dar. Es wird durch Beobachtung des Datenmaterials der verschiedenen Vortriebe unter Zugrundelegung der Erkenntnisse des Grundlagenstudiums ein Modell entwickelt. Durch Ausprobieren verschiedener Möglichkeiten werden ungeeignete Ansätze ausgeschieden. Es wird versucht, ausgehend von einem Wortmodell ein Modell zu entwickeln, das den im Folgenden spezifizierten Anforderungen gerecht

---

[142] Bossel, Hartmut; Modellbildung und Simulation: Konzepte, Verfahren und Modelle zum Verhalten dynamischer Systeme. Vieweg, Braunschweig / Wiesbaden, 1992, S. 12

wird. Die Abbildung 38 zeigt die oben geschilderte Vorgehensweise.

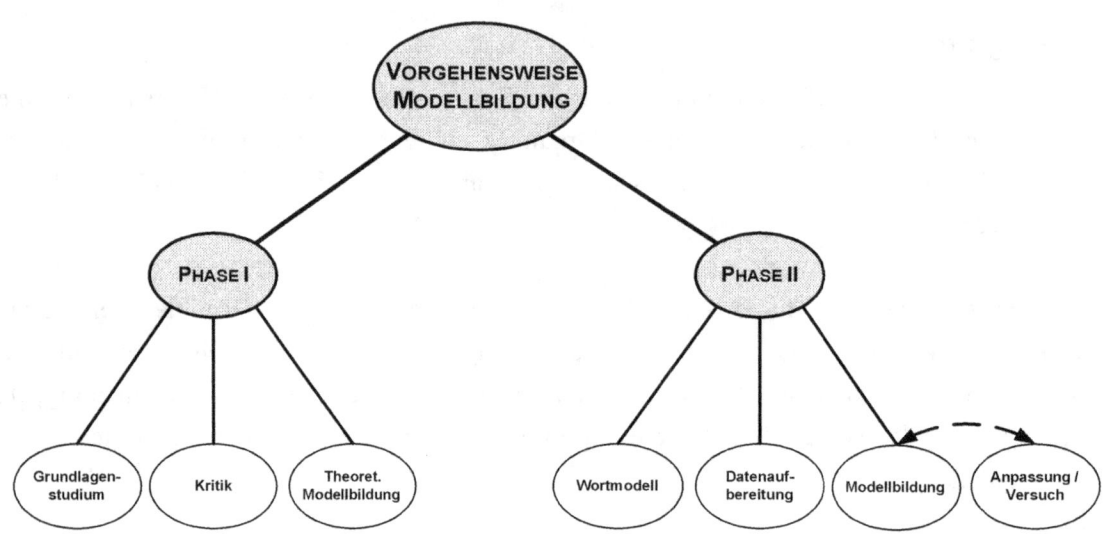

Abbildung 38 Grafische Darstellung der Vorgehensweise bei der Modellbildung

Ein trivialer, aber guter Weg, Aussagen über das Verhalten eines Systems zu bekommen, ist, das interessierende System - die Tunnelvortriebe - selbst zu beobachten.

Für Risikoüberlegungen und Abschätzungen von z.B. Zeit und Kosten der künftigen Vortriebe ist der Einsatz eines Modells erforderlich, das das Verhalten des Systems beschreibt. Das Problem beim Einsatz von Modellen liegt vor allem darin, dass die Unsicherheit bestehen bleibt, ob das Modell tatsächlich das Systemverhalten in allen Aspekten richtig wiedergibt.

Ein Modell ist immer eine vereinfachte Abbildung eines interessierenden Realitätsausschnittes. Es soll nur für diesen Ausschnitt eine gültige Aussage vermitteln[143]. Das heißt, dass ein Modell, das z.B. nur für den Einarbeitungseffekt bei mechanischen Tunnelvortrieben auf Grund von Beobachtungen entwickelt wurde, auch nur für diesen Bereich herangezogen werden kann. Darüber hinaus besteht auch noch die Gefahr, dass ein gut funktionierendes Modell dazu verführt, sein Verhalten als das Systemverhalten schlechthin zu interpretieren.

Prinzipiell gibt es zwei Möglichkeiten zur Nachahmung von Verhalten wie in Abbildung 39 dargestellt: Entweder das Verhalten selbst nachzuahmen oder die Systemstruktur nachzubilden.

---

[143] Bossel, Hartmut; Modellbildung und Simulation: Konzepte, Verfahren und Modelle zum Verhalten dynamischer Systeme. Vieweg, Braunschweig / Wiesbaden, 1992, S. 27

Selbstverständlich können auch Mischformen beider Möglichkeiten entwickelt werden.

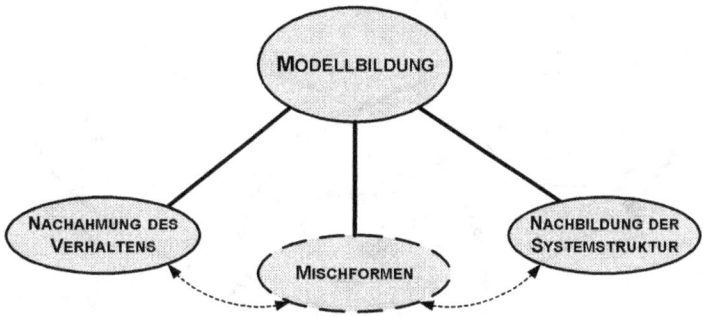

Abbildung 39 Prinzipielle Möglichkeiten der Modellbildung

Wird das Systemverhalten nachgeahmt, so gilt lediglich die Anforderung, dass gleiches Verhalten gezeigt werden muss. Dabei ist jede Konstruktion, die das Verhalten nachahmt, akzeptabel. Bei der Nachbildung der Systemstruktur ist das Originalsystem in seiner wesentlichen Struktur soweit nachzubilden, soweit es für den Modellzweck erforderlich ist. Es muss dabei die Wirkungsstruktur erkannt werden.

Mischformen werden angewendet, wenn Wirkungsstruktur und Parameter nur teilweise ermittelt werden können; es wird versucht, die Wirkungsstruktur nach besten Kenntnissen so darzustellen, dass sich wenigstens Verhaltensgültigkeit ergibt[144]. Beobachtungen ohne weitere Analyse des Systems führen zur Verhaltensbeschreibung des historischen Systems unter bestimmten Umfeldeinwirkungen. Zeigen die Reaktionen des Systems eine Regelmäßigkeit und Wiederholbarkeit, so kann auf entsprechendes Verhalten bei gleichen Bedingungen auch in Zukunft geschlossen werden. Der verhaltensbeschreibende Ansatz hat seine strikte Anwendbarkeit ausschließlich für die historischen Bedingungen mit den historischen Datenreihen.

Die Gültigkeit des Modells ist nur für ähnliche zukünftige Bedingungen gegeben. Im Vordergrund steht hier die Anpassung von mathematischen Zusammenhängen, die meist in keiner Beziehung zur realen Wirkungsstruktur steht, zu Daten aus Zeitreihenbeobachtungen.

Bei der Modellierung des Einarbeitungseffektes müssen reale, äußerst komplexe und daher nicht messbare Vorgänge, die zum Einarbeitungseffekt führen, abgebildet werden. Das Modell soll die in der Bauwirtschaft üblichen Praktiken berücksichtigen, das sind vor allem die Verwendung von relativ einfachen Modellen in der Produktionsplanung. Die technischen Randbedingungen, vor allem das Bauverfahren selbst und die eingesetzten Mittel zur Datenerfassung, sind in das Modell einzubauen. Die Abbildung 40 verdeutlicht das Umfeld der

---

[144] Bossel, Hartmut; Modellbildung und Simulation: Konzepte, Verfahren und Modelle zum Verhalten dynamischer

Modellierung der Einarbeitungseffekte bei mechanischen Tunnelvortrieben.

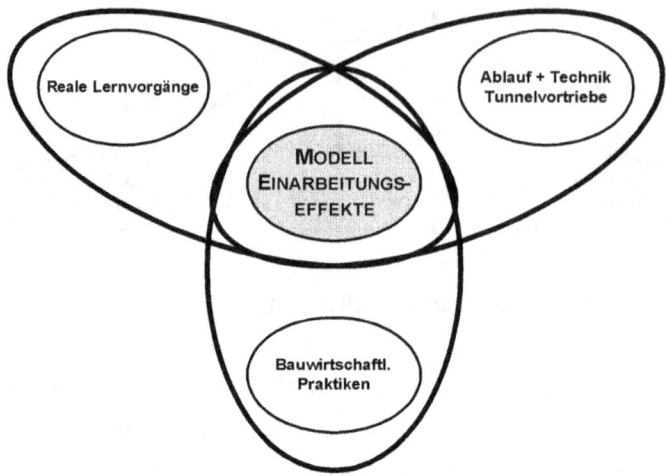

Abbildung 40 Modellierung der Einarbeitungseffekte und die wesentlichen Einflussgrößen

6.2 Anforderungen an das Modell

6.2.1 Allgemeine Anforderungen an das Modell

Aus den zuvor beschriebenen Überlegungen ergeben sich allgemeine Anforderungen an das Modell, die das Modell erfüllen muss:

- Verwendung einer einfachen Messgröße
- Breite Gültigkeit des Modells
- Gute Anpassung des Modells
- Interpretierbarkeit der Parameter - es soll nicht nur eine Kurve angepasst werden, sondern die Parameter sollen auch interpretiert werden können
- Das Modell soll das reale Verhalten widerspiegeln

Da es gerade bei der Modellierung des Lernens wichtig ist, auf eine breite Wissensbasis zurückgreifen zu können, also viele unterschiedliche Baustellen auszuwerten, ist es unbedingt erforderlich, ein Modell zu verwenden, das für die Auswertung möglichst aller Einarbeitungsverläufe anwendbar ist. Aus der Lernkurventheorie wissen wir, dass es für die unterschiedlichsten Einarbeitungsverläufe Kurvenansätze gibt. Mit der Forderung nach möglichst einfachen Messgrößen soll nicht verhindert werden, dass der Einarbeitungseffekt tiefgreifend untersucht

---

systeme. Vieweg, Braunschweig / Wiesbaden, 1992, S. 28

wird, sondern vielmehr versucht werden, dass die Anwendbarkeit auf breiter Basis möglich ist.

6.2.2 Besondere Anforderungen an das Modell

Aus der Betrachtung des Datenmaterials von mechanischen Tunnelvortrieben ergeben sich aus den technologischen Randbedingungen besondere Anforderungen an das Modell.

- Vorgehensweise zur Erfassung der betrieblichen Randbedingungen wie z.B. Personal und Vortriebseinrichtung
- Vorgehensweise zur Erfassung der geologischen Randbedingungen
- Berücksichtigung der Unschärfen
- Umgehen mit dem stark schwankenden Datenmaterial
- Einfaches Modell, das eingebunden werden kann in den Rahmen der in der Bauwirtschaft, insbesondere im Tunnelbau üblichen Methoden

Gerade die Randbedingungen, unter denen ein Vortrieb stattgefunden hat, spielen eine entscheidende Rolle, ob es gerechtfertigt ist, das Modell (siehe auch Kapitel 7.2.1) wieder einzusetzen oder nicht.

6.3 Das Modell für den Einarbeitungseffekt

6.3.1 Allgemein

Wie bereits im Kapitel 6.1 grundsätzlich aufgezeigt gibt es drei verschiedene Methoden zur Modellbildung. Bei der Modellierung des Einarbeitungseffektes kann eine Modellierung, die die Systemstruktur abbildet, auf Grund der zu geringen Kenntnisse über die Systemstruktur ausgeschlossen werden. Versuche zur Modellierung durch Nachbildung der Systemstruktur anhand einfacher Lernsituationen wurden mehrmals von unterschiedlichen Autoren[145] unternommen. Eine Abbildung des Lernvorganges durch *Markov-Ketten*, bei denen bei jeder Wiederholung eines Arbeitsvorganges eine Veränderung des Lernzustandes herbeigeführt wird, können nur auf sehr einfache Lernsituationen angewendet werden, sind aber auf Grund der komplexen Abläufe im Baubetrieb nicht anwendbar. Daher ist auch eine Modellierung in Form einer Mischung der beiden Methoden auszuschließen.

Für die Modellbildung durch Nachahmung des Systemverhaltens sind zwei Methoden möglich, wie in Abbildung 41 dargestellt:

---

[145] vgl. Iosifescu, M., Theodorescu, R.: Random Processes and Learning. Springer, Berlin, 1969

- Statistische Methode mit Hilfe von Lernkurven
- Kennzahlen beruhend auf statistischer Auswertung wie z.B. Prozentsätze etc.

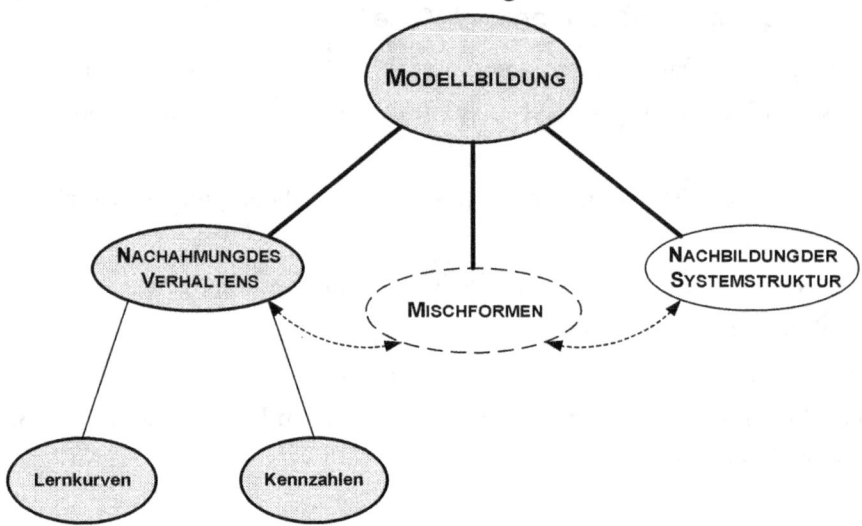

Abbildung 41 Eingesetzte Methoden zur Modellbildung

Lernkurven versuchen das Problem in ihrem gesamten Umfang derart abzubilden, dass aus Beobachtungen am Datenmaterial ein Modell angepasst wird, das das Verhalten bestmöglich wiederspiegelt. Das Verhalten kann anschliessend am Modell untersucht werden; das Modell idealisiert im Allgemeinen das Datengerüst. Die Parameter des Modells – der Kurve – sind Vergleichsgrößen, die das Problem beschreiben und eine Beurteilung ermöglichen sollen.

Zukünf-tiges Verhalten kann einfach durch Parameterschätzung oder komplizierter durch Simulation abgebildet werden, wobei zu berücksichtigen ist, dass das Modell einen eingeschränkten Gül-tigkeitsbereich besitzt.

Kennzahlen haben keinen zeitlich beschreibenden Charakter, geben aber dennoch Aussagen über den Prozess. Sie basieren auf dem Wissen über die in der Realität ablaufenden Vorgänge und einem darauf basierenden Wortmodell. Die Kennzahlen fassen die Auswirkungen des Lernens in einem oder mehreren Werten zusammen, die nicht als Funktion erfasst werden können. Auch hier gilt, dass der Gültigkeitsbereich des Modells eingeschränkt ist.

6.3.2 Das Wortmodell

Der erste Schritt bei der Modellbildung hat sich mit dem Erkennen und dem Darstellen der verhaltensrelevanten Systemstruktur zu befassen[146].

Als Wortmodell wird der in Kapitel 3.2.2 definierte Lernbegriff herangezogen. Dabei sind als Modellgrößen zu erkennen:

- Messgrößen wie z.B. m/AT
- Lernkurvenparameter, vor allem die Lernfähigkeit

6.3.3 Systemskizze der Modellstruktur

Das oben erklärte Modell ist in Abbildung 42 in Form einer Systemskizze grafisch dargestellt. Diese bildet die Grundlage sämtlicher weiterführender, qualitativ beschreibender Modelle. Zentrales Thema ist dabei die Informationsverarbeitung, die auf allen Ebenen der Baustelle mit den kompliziertesten Vernetzungen anzutreffen ist; eine detailliertere Modellierung für diese Systemelemente ist nicht angebracht und auch nicht möglich. Mit Hilfe dieser einfachen Systemskizze können Versuche unternommen werden, eine qualitative Aussage über den Einarbeitungseffekt zu machen. Wesentlich dabei wird sein, das Verhalten zu studieren.

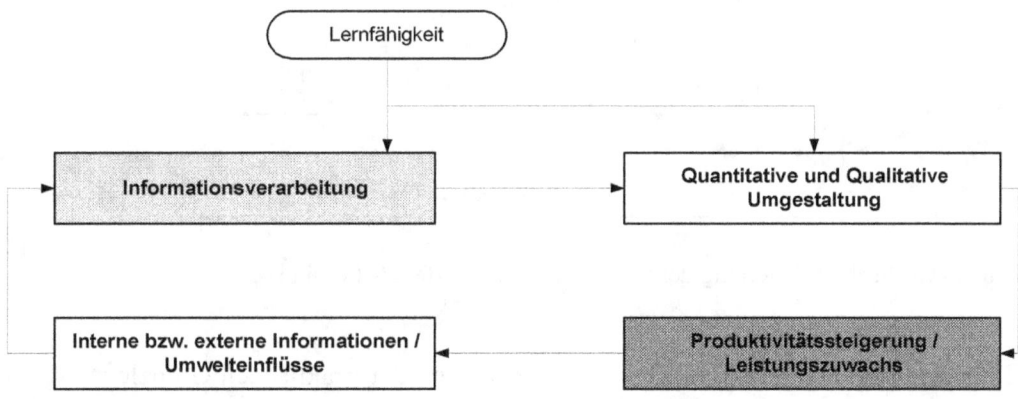

Abbildung 42 Systemskizze der Modellstruktur

6.3.4 Statistische Modelle – Lernkurven für TBM Vortriebe

Ein Überblick über die Lernkurven und die dazugehörenden Analysen wurde bereits im Kapitel 4 gegeben. Als Messgröße wird die Tagesleistung ausgewählt, deren Verlauf in zeitlicher Abhängigkeit verfolgt werden soll. Das Datenmaterial ist fluktuierend, weshalb eine Glättung des Datenmaterials angebracht ist (siehe dazu Kapitel 5).

Die Abbildung 43 zeigt den Normalfall des Verlaufes der Tagesleistungen über die Arbeitstage

---

[146] Bossel, Hartmut; Modellbildung und Simulation: Konzepte, Verfahren und Modelle zum Verhalten dynamischer Systeme. Vieweg, Braunschweig / Wiesbaden, 1992, S. 47

aufgetragen; niedrige Anfangsleistungen zu Beginn der Baustelle mit Tendenz zur kontinuierlichen Steigerung bis zum Erreichen eines praktischen Grenzwertes. Aus der Betrachtungsweise des realen Ablaufes werden drei wesentliche Einflussgrößen herausgegriffen.

- Anfangsleistung
- Grenzleistung
- Lernfähigkeit

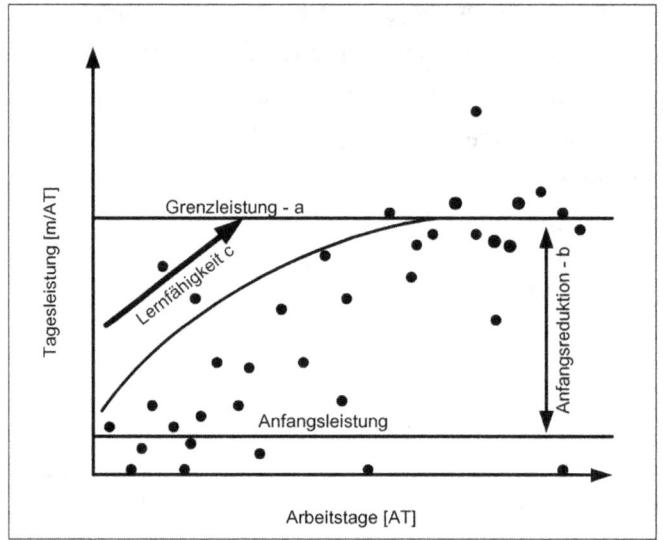

Abbildung 43 Grafische Darstellung der wesentlichen Begriffe des Lernkurve

Diese Beobachtung lässt den Schluss zu, dass zwischen der praktischen Grenzleistung und der geringen Anfangsleistung eine Verbindung durch die Lernfähigkeit hergestellt werden kann. Als Verbindung eignet sich eine Funktion, die gegen einen Grenzwert strebt; eine sehr einfach handhabbare Funktion stellt in diesem Fall die e-Funktion dar. Auch andere Funktionen sind denkbar, z.B. auch stückweise lineare Ansätze; diese sind aber bei der Datenauswertung nicht so einfach handhabbar.

In Abbildung 44 sind die wesentlichen Parameter der Lernkurve und ihre Bedeutung grafisch dargestellt. Dabei bedeutet:

a.........Mittlere praktische Grenzleistung
b.........Mittlere Anfangsreduktion
c.........Lernfähigkeit des Gesamtsystems

In der Gleichung (35) wurden die einzelnen Parameter derart miteinander verknüpft, dass sie den oben geschilderten Beobachtungen entsprechen.

$$L(t) = a - b \cdot e^{-c \cdot t} \qquad (35)$$

wobei gilt:
L(t)..... Vortriebsleistung pro Arbeitstag
a, b, c.. wie oben

Die hier beschriebene Funktion in Verbindung mit der Darstellungsweise ist vor allem mit dem Problem der Anpassung des Modells an die stark streuenden Daten konfrontiert. Eine Vorgehensweise zur besseren Beherrschung dieses Problems wird in Kapitel 6.3.5 vorgeführt. Die Ermittlung der Parameter anhand der Daten wird in Kapitel 7 behandelt.

Das vorgeschlagene Modell unterscheidet sich von den in Kapitel 4.6 beschriebenen, exponentiellen Lernkurven vor allem dadurch, dass kein Faktor für die Reduzierbarkeit der Vorgänge, dessen Festlegung problematisch ist, eingeführt werden muss. Darüber hinaus beschreibt das vorgeschlagene Modell die Tagesleistungen und ist damit direkt für Arbeitsvorbereitungen einsetzbar.

6.3.5 Lernkurve zur Auswertung der Summenlinie der Vortriebsleistungen

Um eine Auswertung der Summenlinien mit Lernkurven durchführen zu können, muss die im vorigen Kapitel beschriebene Lernkurve abgeändert werden. Es sollen folgende Größen verwendet werden:

- Als Messgröße die Tagesleistungen
- Zur Glättung der Daten die Summenlinie
- Die Lernkurve der Form $L(t) = a - b \cdot e^{-c \cdot t}$

Bei der weiteren Vorgehensweise wird die Tatsache ausgenutzt, dass die Ableitung der Summenlinie die Tagesleistungen ergeben muss. Durch Lösen dieser Differentialgleichung (37) mittels Integrieren (38) erhalten wir die Form der Lernkurve für die Summenlinie (39). Dabei ergibt sich der zu subtrahierende Wert b' durch Berücksichtigung der Randbedingungen.

$$L(t) = a - b \cdot e^{-c \cdot t} \qquad (36)$$

$$\frac{dS(t)}{dt} = L(t) \Rightarrow \qquad (37)$$

$$S(t) = \int_0^t L(t)dt \Rightarrow \qquad (38)$$

$$S(t) = a \cdot t + b' \cdot e^{-c \cdot t} - b' \qquad (39)$$

wobei gilt:

L(t)................Tagesleistung
S(t)................Summenlinie
a....................Dauerleistung (Grenzwert)
b....................Größe der Einarbeitungsverluste
c....................Lernfähigkeit

Das Ergebnis ist eine gut interpretierbare Lernkurve, die an geglättete Daten angepasst werden kann und darüber hinaus noch sehr gut für praktische Zwecke wie z.B. im Zeit-Weg Diagramm angewendet werden kann.

6.3.6 Kennzahlen

Eine sehr einfache Möglichkeit zur Darstellung des Einarbeitungsverhaltens stellt die Bildung von Kennzahlen dar. Dabei wird kein funktionaler Zusammenhang gebildet, sondern es werden aussagekräftige Größen ausgewertet, die zur Beurteilung der Einarbeitungssituation herangezogen werden können. Derartige Größen sind:

- Dauer der Einarbeitungsphase
- Verlusttage durch den Einarbeitungseffekt
- Prozentuelle Minderleistung während der Einarbeitungsphase

Die Abbildung 44 zeigt das Ergebnis der Beobachtungen typischer Verläufe von Tagesleistungen. Ab einem gewissen Zeitpunkt, dessen Grenze nicht genau festgelegt werden kann, treten immer seltener geringe Vortriebsleistungen auf. Dieser Zeitpunkt wird als Ende der Einarbeitungsphase definiert. Es handelt sich dabei um eine Trendwende oder wie aus der Literatur auch als *Change-Point Problem* bekannt. Methoden zur Bestimmung dieses Zeitpunktes werden im Kapitel 6.5 behandelt. Beim Ermitteln der Dauer der Einarbeitungsphase wird der Vortrieb in drei Bereiche unterteilt:

- Einarbeitungsphase
- Übergangsbereich
- Ungestörter Vortrieb

Die Kenntnis über die Dauer der Einarbeitungsphase gibt bereits erste qualitative Aussagen über die Größe des Einarbeitungseffektes. Es sind darüber hinaus auch die Auswirkungen auf die Leistung von Interesse.

Wie bereits oben angeführt sind hier zwei Wege möglich:

- Ermittlung von Verlusttagen
- Ermittlung von prozentuellen Leistungsangaben in der Einarbeitungsphase

Die Ermittlung dieser Zahlen baut auf der Erkenntnis auf, dass im Anschluss an die Einarbeitungsphase ein ungestörter Vortrieb stattfindet; in dieser Phase kann eine durchschnittliche Vortriebsleistung erbracht werden, die größer ist als die durchschnittliche Vortriebsleistung des Projektes und auch größer ist als die Vortriebsleistungen in der Einarbeitungsphase.

In der Abbildung 44 ist obige Aussage anhand fiktiver Daten dargestellt. Es kann nach abgeschlossener Einarbeitung eine durchschnittliche Vortriebsleistung ermittelt werden.

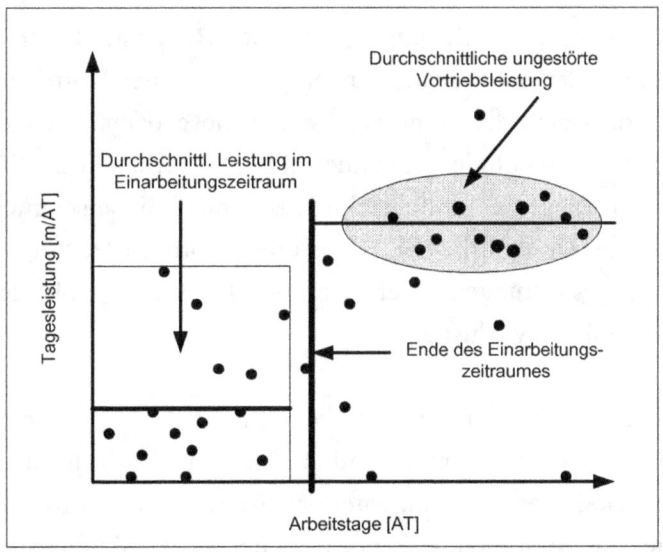

Abbildung 44 Ermittlung Prozentueller Minderleistungen in der Einarbeitungsphase

Das Verhältnis von Vortriebsleistung während der Einarbeitungsphase zu dieser höheren Vortriebsleistung lässt Rückschlüsse auf den Verlauf der Einarbeitung zu. Im Grunde genommen entspricht das einer Sprungfunktion, die nach Abschluss der Einarbeitungsphase den konstanten Funktionswert wechselt.

In Abbildung 45 wird die Situation für die Ermittlung von Verlusttagen dargestellt.

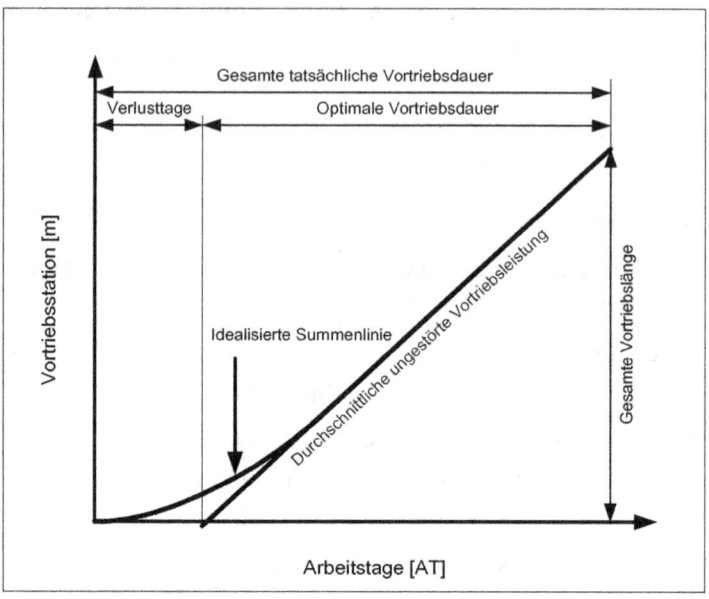

Abbildung 45 Ermittlung der Verlusttage mit Hilfe der Summenlinie

Deutlich zu erkennen ist diese Überlegung nur bei der Betrachtung der Summenlinie. Beim Studium der Summenlinie der Vortriebsleistungen verschiedener Vortriebe kann man im Allgemeinen beobachten, dass sich die Summenlinie an eine gedachte Tangente anschmiegt. Im Bild ist eine idealisierte Summenlinie abgebildet, die das Verhalten im Wesentlichen wiederspiegelt. Der Anstieg der Tangente, an die sich die Summenlinie anschmiegt, muss gleich sein mit der zuvor erklärten durchschnittlichen, ungestörten Vortriebsleistung, da ja die Ableitung der Summenlinie die Tagesleistungen ergeben muss. Der Schnittpunkt der Tangente mit der Zeitachse ergibt die Anzahl der Verlusttage.

Die optimale Vortriebsdauer kann aus der durchschnittlichen, ungestörten Vortriebsleistung ermittelt werden; diese Vortriebsdauer repräsentiert jene Dauer, mit der der Vortrieb ohne Einarbeitungseffekt abgewickelt werden kann, unter der Voraussetzung, dass die Randbedingungen wie z.B. die Geologie, die Hydrogeologie etc. das auch in der Anfangsperiode zulassen. Die Verlusttage ergeben sich aus der Differenz zwischen optimaler Vortriebsdauer und gesamter tatsächlicher Vortriebsdauer; die Verlustdauer ist ein Maß für die durch den Einarbeitungseffekt auftretenden Leistungsverluste, vorausgesetzt, dass keine anderen Umstände für Leistungsverluste vorhanden sind. Es ist zwar durchaus denkbar die Verlusttage näherungsweise grafisch zu ermitteln; in dieser Arbeit wird eine genauere Methode, die auf einer statistischen Auswertung der Daten beruht, aufgezeigt.

6.4 Methoden zur Ermittlung der Parameter

6.4.1 Allgemein

Um die Auswertungen mit den zuvor beschriebenen Modellen durchführen zu können, ist es erforderlich, auf statistische Methoden wie die *Regression* und das *Testen von Hypothesen* zurückzugreifen. In diesem Kapitel soll kein zusammenhängender Überblick über Wahrscheinlichkeitstheorie und Statistik gegeben werden, sondern nur auf die wesentlichen, für die Auswertung erforderlichen Themen hingewiesen werden. Für zusammenhängende Darstellungen dieser Themen wird auf die Fachliteratur bzw. Vorlesungsunterlagen verwiesen[147][148][149]

Im Allgemeinen werden bei der Erfassung *statistischer Daten* die Merkmale einer Grundgesamtheit erhoben, wobei es nicht auf die Reihenfolge der Erhebung ankommt.

Bei der Behandlung der statistischen Daten unterscheidet *Plate*[147] (1993) drei Stufen:

- Beschreibende Statistik
- Angewandte Wahrscheinlichkeitslehre
- Beurteilende Statistik

Bei der beschreibenden Statistik werden Daten ausgewertet, ihre statistische Information herausgearbeitet und als statistische Parameter dargestellt. Bei der angewandten Wahrscheinlichkeitslehre wird davon ausgegangen, dass der Prozess, durch den die Zufallsdaten entstehen, durch ein mathematisches Modell beschrieben werden kann.

Diese Modelle sind Regeln, nach welchen jedem Ergebnis eines Experiments ein Zahlenwert zugeordnet wird. Sie sind jedoch keine *deterministischen Modelle*, bei denen jeder Ursache eine eindeutige Wirkung zugeordnet wird, sondern es handelt sich um Modelle, bei denen die Wahrscheinlichkeitsverteilungen der Daten angegeben werden können, aber nicht der Ausgang eines einzelnen Experiments[150].

Die Angewandte Wahrscheinlichkeitslehre kann als eine jener Theorien angesehen werden, die versuchen, mit Unschärfen und Schwankungen umzugehen.

---

[147] vgl. Plate, Erich J.: Statistik und angewandte Wahrscheinlichkeitslehre für Bauingenieure. Ernst & Sohn, Wiesbaden, 1993

[148] Oberguggenberger, M.: Vorlesungsunterlagen Wahrscheinlichkeitstheorie und Statistik SS 1999. Universität Innsbruck, 1999

[149] Oberguggenberger, M.: Vorlesungsunterlagen Höhere Analysis II WS 1998/99. Universität Innsbruck, 1998

[150] Plate, Erich J.: Statistik und angewandte Wahrscheinlichkeitslehre für Bauingenieure. Ernst & Sohn, Wiesbaden, 1993, S.6

Weiters wird auf die *Theorie der unscharfen Mengen* hingewiesen; damit können Zustände gerade im Bauingenieurwesen besonders gut beschrieben werden[151].

Die *beurteilende Statistik* hat einerseits zum Ziel, die Übereinstimmung der aus der beschreibenden Statistik gewonnenen Informationen mit vorgefassten Modellvorstellungen zu überprüfen, andererseits gehört aber auch die Abschätzung der Güte von statistischen Kenngrößen dazu. Bei der Analyse des Einarbeitungseffektes haben wir es mit zeitlich veränderlichen Daten zu tun; Überlegungen zur Auswertung derartiger Daten werden in der Zeitreihenanalyse zusammengefasst.

Die Abbildung 46 gibt einen Überblick über die Anwendung der Statistik und der Zeitreihenanalyse bei der Auswertung des Einarbeitungseffektes.

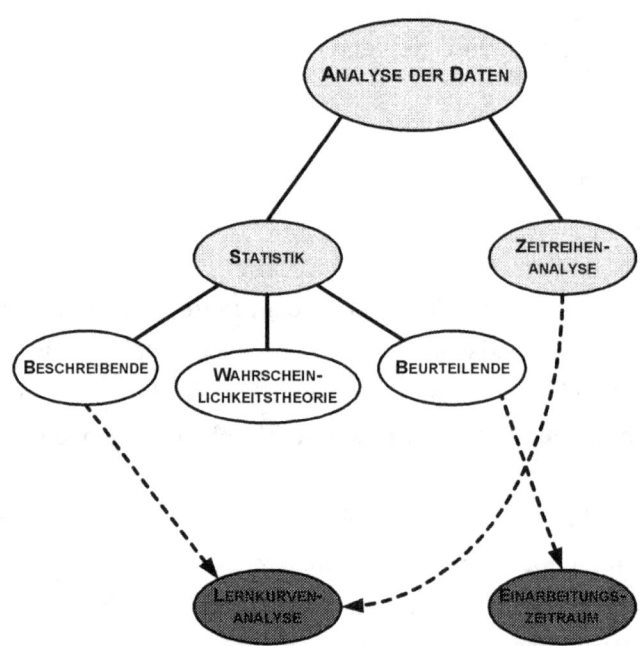

Abbildung 46 Anwendung der Statistik zur Auswertung des Einarbeitungseffektes

Die Abbildung 47 soll die Vorgehensweise bei der statistischen Auswertung von Daten verdeutlichen. Die beschreibende Statistik genügt nicht, um tiefere Aussagen treffen zu können. Dazu benötigt man die mathematischen Verteilungsmodelle. Erst die Kombination bringt aussagekräftige Ergebnisse.

---

[151] vgl. Klir, G. J.: Fuzzy Sets, Uncertainty and Information. Prentice-Hall International, London, 1988

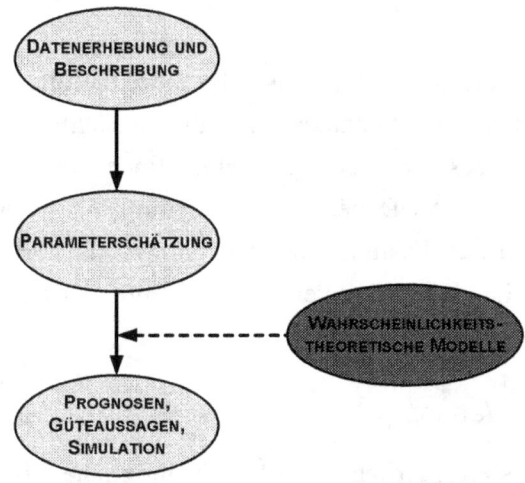

Abbildung 47 Grundsätzliches zur Methodik in der Statistik

6.4.2 Beschreibende Statistik eindimensionaler Daten

Allgemein

Die statistische Struktur einer Stichprobe wird durch die *Häufigkeitsverteilung* ausgedrückt[152]. Diese Verteilung wird analytisch durch Kenngrößen oder statistische Parameter beschrieben.

Die Situation lässt sich wie folgt beschreiben:
Die Zufallsgröße X gehört einer bestimmten Klasse von Verteilungen an wie z.B. $N(\mu, \sigma^2)$. Die Zugehörigkeit zu einer gegebenen Verteilungsklasse ist eine Annahme, kann aber getestet werden.

Aufgabenstellung

Aus eines Stichprobe $X_1, X_2,..., X_n$ sollen nun die unbekannten Kenngrößen geschätzt werden. Die wichtigsten Kenngrößen sind hinlänglich bekannt:

- Mittelwert
- Standardabweichung und Varianz
- Häufigkeitsverteilung und Verteilungsfunktion einer Stichprobe
- Momente einer Stichprobe

---

[152] Es ist zu beachten, dass angenommen wird, dass die Reihenfolge der Ermittlung der Daten ohne Einfluss auf die Ergebnisse ist.

Mittelwert

Der *Mittelwert* hat in der Statistik nicht nur als Strukturkenngröße eine fundamentale Bedeutung, sondern auch als gewichtete Schätzung für die tatsächliche Größe eines Einzelwertes[153][154]. Bei der Auswertung des Einarbeitungseffektes findet die Mittelwertbildung vor allem Anwendung bei der Auswertung der Dauer der Einarbeitungsphase. Aufgabe dabei ist z.B. die Schätzung der mittleren Vortriebsleistung und der Varianz. Der Mittelwert einer Stichprobe stellt eine gute Schätzung für den Mittelwert der Gesamtheit dar; dies ist die bestmögliche Schätzung für den Mittelwert.

Standardabweichung und Varianz

Neben dem Mittelwert ist es erforderlich, ein Maß für mögliche Abweichungen des einzelnen Beobachtungswertes vom tatsächlichen Wert, also ein Maß für den Streubereich zu finden. Darüber geben die *Standardabweichung* s und die *Varianz* s^2 Auskunft[154]. Die Standardabweichung gilt als geeignetes Maß für die Fehlergrenzen der Messung und wird auch als wahrscheinlicher Fehler bezeichnet. Um den relativen Fehler in geeigneter Form darzustellen, wird der *Variationskoeffizient* c_{VX} oder v der Messgröße[154] als Quotient aus Standardabweichung und Mittelwert definiert. Die Standardabweichung bzw. die Varianz ist bei Aussagen über die Bandbreite des Einarbeitungseffektes von Bedeutung.

Häufigkeit und Häufigkeitsverteilung

Die *absolute Häufigkeit* gibt die Anzahl der Fälle an, in der x_j bzw. in der die Klasse j aufgetreten ist und die relative Häufigkeit gibt den Anteil des Auftretens von x_j bzw. der Klasse j an. Eine über Mittelwert und Streuung hinausgehende Analyse der Struktur der Daten geht von der Häufigkeitssumme aus. Diese ist definiert als die Verteilung der Anzahl m von Stichprobenwerten $x_i \leq X$, die einen bestimmten Wert X unterschreiten. Sie lässt sich leicht aus der Häufigkeitsverteilung bilden.

Definition der Momente einer Stichprobe

Eine Verallgemeinerung der Definitionen für Mittelwert und Varianz führt auf zusätzliche Kenngrößen höherer Ordnung – die *Momente*[155]. Mit diesen Momenten ist es möglich, weitere Größen zu bilden, die Auskunft über die Schiefe (= *Schiefekoeffizient*[156]) oder für die

---

[153] Plate, Erich J.: Statistik und angewandte Wahrscheinlichkeitslehre für Bauingenieure. Ernst & Sohn, Wiesbaden, 1993, S. 8

[154] vgl. dazu auch Plate, oder Vorlesungsunterlagen Höhere Analysis II WS 1998/99

[155] vgl. dazu auch Plate, oder Vorlesungsunterlagen Höhere Analysis II WS 1998/99

[156] Der Schiefekoeffizient ergibt sich unter Verwendung des dritten Zentralmomentes bezogen auf ein vielfaches der Varianz

Konzentration der Häufigkeitsverteilung um den höchsten Wert geben (= *Kurtosis*[157]). Das zweite Zentralmoment entspricht der Varianz. Die *Zentralmomente* dienen der Untersuchung der Struktur der Verteilung und spielen bei der Untersuchung des Einarbeitungseffektes eine untergeordnete Rolle.

Lageparameter

Anhand der Häufigkeitsverteilung lassen sich weitere Werte zur Beschreibung der Verteilung der Stichprobe ermitteln:

- Maximal- und Minimalwert
- Zentral- oder Medianwert
- q % Quantilwerte
- Viertelwerte
- Modalwert

Der *Zentralwert* oder auch *Medianwert* bezeichnet jenen Punkt, bei dem 50 % aller Beobachtungswerte größer sind und 50 % aller Beobachtungswerte kleiner sind; bei symmetrischen und eingipfeligen Verteilungen ist der Wert identisch mit dem Mittelwert. Bei eingipfeligen, linksschiefen Verteilungen liegt der Wert links vom Mittelwert.

Die *Quantilwerte* geben ähnliche Aussagen für q %. Die Kurve der Häufigkeitsverteilung hat ihr Maximum bei einem Wert x, der als *Modalwert* bezeichnet wird. Liegt der Schwerpunkt rechts vom Modalwert und ist die Häufigkeitsverteilung eingipfelig, so spricht man von einer linksschiefen Verteilung und vice versa.

Diese Aussagen über die Häufigkeitsverteilung der Stichprobe sind bei der Auswertung des Einarbeitungseffektes von untergeordneter Bedeutung, sie stellen aber bei der Untersuchung der Unschärfen ein wichtiges Instrument dar.

6.4.3 Beschreibende Statistik zweidimensionaler Daten

Allgemein

In diesem Kapitel soll kurz dargestellt werden, wie die zuvor angestellten Überlegungen auf Paare von Zufallszahlen ausgedehnt werden können; es wird untersucht, ob überhaupt eine Beziehung zwischen den Wertepaaren besteht.
Handelt es sich dabei um eine Beziehung der Form (40), so spricht man von *Regression*.

---

[157] Die Kurtosis ergibt sich unter Verwendung des vierten Zentralmomentes bezogen auf ein vielfaches der Varianz

$$y_i = g(x_i) + z(x_i) \qquad (40)$$

Dabei gilt g(x$_i$) als Anteil von y$_i$, der deterministisch aus x$_i$ berechnet werden kann und z(x$_i$) als jener Anteil, der zufällig streut. Selbstverständlich sind auch die zuvor gemachten Aussagen über Häufigkeitsverteilungen für den zweidimensionalen Fall erweiterbar.

Aufgabenstellung

Es ist nun ein wesentliches Ziel der Statistik zweidimensionaler Stichproben, eine unbekannte Funktion g(x) aus einer Stichprobe x$_i$, y$_i$ zu ermitteln. Die hierzu verwendeten Methoden werden unter dem Begriff *Regressionsanalyse* zusammengefasst.

Kovarianz und Korrelation

Dabei werden die Produkte der Abweichungen vom jeweiligen Mittelwert $(x_i - \bar{x})(y_i - \bar{y})$ betrachtet. Im Fall der *Unkorreliertheit* sollten sich diese Produkte in Summe aufheben. Daraus kann die *empirische Kovarianz* s$_{xy}$ gebildet werden. Ist s$_{xy}$ = 0, so heißen X, Y unkorreliert.

Lineare Regression – Stufe 0

Die lineare Regression setzt voraus, dass eine lineare Beziehung zwischen den zu schätzenden Parametern besteht. Die am häufigsten verwendete Form ist die folgende Gerade (41).

$$y = a + b \cdot x \qquad (41)$$

Die Bestimmung der Parameter der *Regressionsfunktion* erfolgt in der Art und Weise, dass die Anpassung der Funktion an die Daten so gut wie möglich wird. Als Kriterium für die Güte der Anpassung wird die Methode der kleinsten Quadrate verwendet, das heißt, die Summe der Quadratsumme der Abweichungen zwischen geschätzter Funktion und tatsächlichem Wert wird zum Minimum[158].

Lineare Regression - Stufe 1

Es handelt sich dabei um einen nicht parametrischen, stochastischen Ansatz; das heißt: Es existiert keine Annahme über den Verteilungstyp. Wesentliche Merkmale sind:

- X ist eine deterministische Variable
- Y ist eine Zufallsgröße
- Wird X = x festgehalten, so ist Y(x) eine Zufallsgröße mit Erwartungswert $a + b \cdot x$
- Zu verschiedenen X-Werten x_1, x_2 sind die Y(x_1) und Y(x_2) unabhängig

Wir fassen (x_i, y_i), $i = 1,...,n$ als Stichprobe vom Umfang n auf; die aus der Methode der kleinsten Quadrate gewonnenen Formeln sind dann Schätzer $\hat{a}$ und $\hat{b}$ für a und b. Ebenso ist dann $\hat{y} = \hat{a} + \hat{b}x$ eine Schätzung des wahren Wertes $y = a + b \cdot x$. Die Differenz Messwert minus Schätzwert heißt *Residuum*. Die Quadratsumme der Residuen wird mit SS_E bezeichnet. Es lassen sich Erwartungswert und Varianz der Schätzer berechnen. Für Konfidenzintervalle und Test etc. brauchen wir Annahmen über die Verteilung.

Lineare Regression - Stufe 2

Zusätzlich zu den Annahmen von Stufe 1 ist $Y(x)$ bei festem x normalverteilt. Diese Annahme muss auf Plausibilität geprüft werden. Dazu kann man zum Beispiel am Ende überprüfen, ob die Residuen näherungsweise normalverteilt sind. Konfidenzintervalle können dann bestimmt und Tests für die Größen a und b durchgeführt werden.

Nichtlineare Regression

Die Regressionsanalyse muss auf keinen Fall auf lineare Beziehungen beschränkt bleiben. Die Methode der kleinsten Quadrate lässt sich auch auf nicht lineare Funktionen anwenden. Im Unterschied zur linearen Regression ist der Korrelationskoeffizient ohne Bedeutung, da er nicht die Abweichungen von der tatsächlichen Kurve in Beziehung setzt[159].

Eine sehr häufig verwendete Funktion kann aber durch Logarithmieren in eine lineare Beziehung überführt werden:

$$y = a \cdot x^b \qquad (42)$$

$$\log(y) = \log(a) + b \cdot \log(x) \qquad (43)$$

Bei dieser Funktion handelt es sich um die klassische Lernkurve – das log-lineare Modell. Für das für den Einarbeitungseffekt vorgeschlagene Modell ist zur Bestimmung der Parameter die nichtlineare Regression erforderlich, da die Parameter nicht linearisierbar sind.

Ein quadratischer oder kubischer Polynomterm kann mit linearer Regression ermittelt werden, da die Parameter linear in das Modell eingehen.

6.4.4 Bewertende Statistik

---

[158] vgl. dazu auch Plate, oder Vorlesungsunterlagen Höhere Analysis II WS 1998/99

[159] Plate, Erich J.: Statistik und angewandte Wahrscheinlichkeitslehre für Bauingenieure. Ernst & Sohn, Wiesbaden, 1993, S. 33

Allgemein

Die bewertende Statistik hat zum Ziel, Aussagen über die Güte der Anpassung und der Aussagekraft der Schätzungen zu machen. Dazu werden folgende Größen bzw. Themenbereiche erörtert:

- Konfidenzgrenzen – Konfidenzintervall
- Prognosen – Prognoseintervall
- Überprüfung der Modellannahmen
- Testen von Hypothesen

Für das Testen von Hypothesen wird auf das Kapitel 6.4.6 verwiesen.

Konfidenzintervall

Dabei ist zu unterscheiden, ob das *Konfidenzintervall* für die Regressionsparameter oder für die Regression gebildet werden soll. Das Konfidenzintervall für die Koeffizienten sagt aus, dass mit 95 % Sicherheit der Parameter in diesem Intervall liegt.
Die *Konfidenzgrenzen* für die Regression geben einen *Konfidenzbereich* für die Funktion, also für den Erwartungswert $y(x)=E(Y(x))$ an.

Prognose eines Einzelwertes

Dabei wird ein *Prognoseintervall* gesucht, das mit durchschnittlicher Treffsicherheit wie z.B. 95 % die nächste Realisierung enthält.

Wie bereits mehrfach erwähnt, wird auch hier von der Annahme ausgegangen, dass $y(x)$ normal verteilt ist.

Überprüfung der Modellannahmen

Die wesentlichen Begriffe sind:

- Signifikanz der Koeffizienten
- Das Bestimmtheitsmaß R^2
- Residuenanalyse

Die *Signifikanz der Koeffizienten* kann mittels statistischem Testen überprüft werden; z.B. wird überprüft, ob bei einer Regressionsgeraden der Anstieg $b \neq 0$ ist.

Die Grundlage für das *Bestimmtheitsmaß* R² ist die Varianzanalyse (ANOVA):

$$\underbrace{\sum_{i=1}^{n}(y_i - \overline{y})^2}_{S_{yy}} = \underbrace{\sum_{i=1}^{n}(\hat{y}_i - \overline{y})^2}_{SS_R} + \underbrace{\sum_{i=1}^{n}(y_i - \hat{y}_i)^2}_{SS_E} \quad (44)$$

wobei gilt:
S_{yy}..........*Gesamtvariabilität*
SS_R.........Durch Regression beschriebene Variabilität
SS_E.........Durch Regression unerklärte Restvariabilität
$\overline{y}$...........Mittelwert

Das Bestimmtheitsmaß ist der Anteil der Variabilität, der durch die Regression erklärt wird:

$$R^2 = \frac{SS_R}{S_{yy}} \quad (45)$$

Ist R² klein, so ist das ein Indiz für eine schlechte Modellwahl. Der *Korrelationskoeffizient* ρ erhält mit $\hat{\rho} = \sqrt{R^2}$ einen guten Schätzer. Kleines ρ heißt schlechte Modellanpassung.

Bei der Untersuchung der Residuen $e_i = y_i - \hat{y}_i$ können folgende Fragen geklärt werden:

- Sind sie bei Auftragen gegen x_i eine zufällige Punktwolke - Unabhängigkeit?
- Sind sie annähernd normalverteilt bei Betrachtung als Histogramm?

Sind diese Untersuchungen erfolgreich abgeschlossen, so ist das gewählte Modell akzeptabel, andernfalls ist ein neues Modell zu wählen.

6.4.5 Zeitreihenanalyse

Allgemein

Bei den zuvor getätigten Aussagen wurde immer davon ausgegangen, dass das Ergebnis eines Experimentes die Realisierung einer ein- oder mehrdimensionalen Zufallsvariablen ist. Nun soll die Erweiterung des Konzeptes eines Zufallsexperimentes auf solche Prozesse erfolgen, die Zeitfunktionen sind – stochastische Prozesse.

Aufgabenstellung

Die Aufgabe ist es, aus dem bisherigen Verlauf einer Zeitfunktion auf ihren tatsächlichen Verlauf zu schließen und damit den zugrundeliegenden Prozess zu modellieren. Eine Zeitreihe (vom Umfang eins) ist eine einzelne Realisierung des Prozesses.

Definitionen und Grundbegriffe für stochastische Prozesse

Ziel ist es, statistische Konzepte auf zufällige Zeitfunktionen zu übertragen. Bezeichnet wird eine derartige Form mit dem Symbol $x_j(t)$, wobei $x_j(t)$ das j-te Ergebnis eines Experimentes ist. Eine diskrete Zeitfunktion wird durch die Bezeichnung x_{ji} beschrieben. Analog zu probabilistischen Daten bilden mehrere (m) Ergebnisse eines durchgeführten Experiments $x_1(t)$, $x_2(t)$,..., $x_j(t)$ mit j = 1,....,m eine Stichprobe vom Umfang m aus der Gesamtheit x(t) aller (N') möglichen Zeitfunktionen.

Wie bei der probabilistischen Statistik ist es das Anliegen, die Struktur der Gesamtheit zu identifizieren und aus den Daten der Stichprobe die beste Schätzung der Parameter der Gesamtheit zu erhalten. Im Unterschied zur Stichprobenanalyse bei probabilistischen Daten muss aber auch die Zeitstruktur der Funktion x(t) berücksichtigt werden.

Eine Stichprobe von m stochastischen Zeitfunktionen $x_j(t)$ eines Experiments heißt eine Zeitreihe vom Umfang m. Betrachtet man zum Beispiel die Funktion $x_j(t)$ als das Ergebnis der Vortriebsleistungen bei einem TBM Vortrieb tageweise aufgetragen, so kann man feststellen, dass zu jedem Zeitpunkt nur ein Messwert gemessen werden kann.

Das Hauptproblem ist also, dass man nur eine Realisierung der Zeitreihe kennt.

Ziel

Ziel ist es, den Prozess in einen systematischen Anteil - glatte Komponente g(t) - und einen Zufallsanteil r(t), der ein *stationärer Prozess* sein soll, zu zerlegen.

Stationarität liegt vor, wenn $E(r(t)) = \mu = 0$ und $V(r(t)) = \sigma^2$ ist und überdies die gemeinsame Verteilung des Prozesses zu verschiedenen Zeitpunkten invariant unter Translation ist. Ist ein Prozess stationär, so können Teile der Zeitreihe als Realisierung betrachtet werden und man hat dann eine Stichprobe zur Verfügung. Es kann zum Beispiel zur Bestimmung des Erwartungswertes über die Zeitreihe gemittelt werden. Der systematische Anteil wird weiter zerlegt in einen Trend m(t) und eine periodische (saisonale) Komponente s(t). Der stationäre Zufallsanteil wird weiter modelliert durch einen typisierten Prozess a(t) mit bekanntem Bildungsgesetz und einer Restschwankung z(t).

Das Modell einer Zeitreihe ist also (46):

$$x(t) = \underbrace{m(t) + s(t)}_{\substack{g(t) \\ \text{"glatt"}}} + \underbrace{a(t) + z(t)}_{\substack{r(t) \\ \text{"zufällig"}}} \qquad (46)$$

Vorgehensweise

Die Vorgehensweise erfolgt in zwei Schritten:

- Bestimmung von g(t)
- Bestimmung von r(t) = x(t)-g(t) und Analyse des Restgliedes

Zur Lösung der ersten Teilaufgabe, der Ermittlung von g(t) stehen 3 Methoden zur Verfügung:

- Regressionsanalyse
- Differenzieren
- Gleitende Durchschnitte

Die Regression verlangt die Kenntnis der funktionalen Form und wird für die gegenständliche Aufgabenstellung zum Einsatz kommen. Die gleitenden Mittelwerte werden bei der Aufgabenstellung, wie bereits in Kapitel 5.4 beschrieben, als *Filter* oder auch als *Mittel zur Glättung* eingesetzt. Falls ein periodischer Anteil vorhanden ist, ist zunächst der Trendanteil von x(t) zu eliminieren und anschließend der periodische Anteil zu ermitteln. Dazu stehen wieder die zuvor genannten Hilfsmittel zur Verfügung:

- Regressionsanalyse
- Differenzieren mit Differenzen der Periodenlänge d
- Gleitende Durchschnitte der Gliederzahl d

Bei den Untersuchungen zum Einarbeitungseffekt konnte keine *Periodizität* festgestellt werden, daher soll darauf nicht weiter eingegangen werden.

Neben der Untersuchung auf Periodizität ist die *Sprung- und Knickanalyse* von Bedeutung; diese hat eine besondere Aufgabe bei der Analyse des Einarbeitungseffektes, da dadurch das Ende der Einarbeitungsphase analysiert werden kann. Dazu wird hier auf Kapitel 6.5 verwiesen.

Bei der Bestimmung von r(t) soll die zufällige, stationäre Komponente r(t) bestimmt werden als klassifizierter Prozess a(t) plus Reststörung z(t).

Dazu benötigt man geeignete Modelle für den Prozess $r(t) = a(t) + z(t)$ bzw. $r_i = a_i + z_i$.

Die wesentlichen Vertreter dabei sind[160]:

- Moving-Average-Prozesse wie z.B. MA(1) $r_n = z_n + \beta\, z_{n-1}$
- Autoregressive-Prozesse wie z.B. AR(1) $r_n = \alpha\, r_{n-1} + z_n$
- Autoregressive-Moving-Average-Prozesse wie z.B. ARMA(1) $r_n = \alpha_1 r_{n-1} + z_n + \beta_1 z_{n-1}$
- Integrierte-Autoregressive-Moving-Average-Prozesse

Die Aufgabe dabei ist, die Prozesse zu identifizieren und anzupassen.

6.4.6 Statistische Testverfahren

Allgemein

Bei statistischen Testverfahren soll eine Hypothese über einen Parameter einer Zufallsgröße auf ihre Berechtigung überprüft werden. Als Beispiele dazu sind zu nennen: Testen einer Zeitreihe auf Trend und Test, ob eine Verteilungsfunktion auf eine Stichprobe passt. Dabei können sehr häufig nur die Gegenhypothesen, nämlich dass ein gewisser Wert nicht zur Gesamtheit gehört, mit einiger Sicherheit getestet werden. Um grundsätzliches Verständnis für die statistischen Testverfahren zu erlangen, soll als Beispiel ein Test für den Mittelwert erklärt werden. Anschließend wird ein Test auf Trend beschrieben, der bei der Ermittlung des Einarbeitungseffektes eine bedeutende Rolle spielt und mit dem komplizierte Tests für das Change-Point-Problem umgangen werden können.

Test für den Mittelwert μ einer Zufallsgröße

Es soll überprüft werden, ob der Erwartungswert μ einer normalverteilten Zufallsgröße X mit bekannter Standardabweichung σ einen gegebenen Wert μ_0 hat oder nicht. Das wird folgendermaßen formuliert:

- Nullhypothese κ_0: $\quad \mu = \mu_0$
- Alternativhypothese κ_1: $\mu \neq \mu_0$

Die Nullhypothese soll gegen die Alternativhypothese getestet werden. Die Vorgehensweise ist ähnlich wie bei einer Konfidenzschätzung. Es wird ein Signifikanzniveau festgelegt – z.B. 95 %

---

[160] Plate, Erich J.: Statistik und angewandte Wahrscheinlichkeitslehre für Bauingenieure. Ernst & Sohn, Wiesbaden, 1993, S. 609 ff.

- und es erfolgt eine Stichprobe vom Umfang n.

Daraus kann das Konfidenzintervall für das Stichpobenmittel $\overline{x}$ errechnet werden. In 95 % aller Fälle liegt der tatsächliche Wert µ in diesem Intervall. Damit kann nun über die Hypothese κ_0 entschieden werden:

- Ist μ_0 außerhalb des Konfidenzintervalls, so wird die Nullhypothese verworfen. Wir können mit einer Irrtumswahrscheinlichkeit von 5 % sagen, dass $\mu \neq \mu_0$ ist.
- Ist μ_0 im Konfidenzintervall enthalten, so wird die Nullhypothese nicht verworfen. Sie ist mit der Stichprobe verträglich.

Im ersten Fall sagt man auch, dass ì von μ_0 signifikant (substantiell und nicht zufällig) abweicht. Häufig wird der Test auch umgedreht; man berechnet das 95 % Konfidenzintervall für μ_0 und überprüft ob $\overline{x}$ enthalten ist. Eine andere Variante zu diesem Test ist der P-Wert oder die Signifikanz von $\overline{X}$; das ist jenes Signifikanzzahl, bei der κ_0 unter Auftreten von $\overline{x}$ gerade noch akzeptiert werden würde.

Test auf Trend einer Zeitreihe

Für zahlreiche Situationen wurden Testgrößen entwickelt, die entsprechende Verteilungen besitzen. Es wird dazu auf die Literatur verwiesen.

Die hier angeführten Testgrößen stellen jene Auswahl dar, die im vorliegenden Fall zur Anwendung kommen:

- F-Test
- T-Test
- Kendall-Tau
- Korrelation nach Spearman

Sowohl beim F-Test als auch beim T-Test lässt ein hoher Wert auf Trend schließen: wenn die Signifikanzzahl niedrig ist, kann man ebenfalls einen signifikanten Trend feststellen.

Die Abbildung 48 und die Tabelle 4 zeigen als Beispiel das Ergebnis einer linearen Regression. Beide Testwerte, T und die Signifikanz, lassen den Schluss zu, das ein Trend vorliegt.

	Koeffizienten	T	Signifikanz
Konstante: a	16,621	4,671	0,001
Variable t: b	1,475	3,530	0,004

Tabelle 4 Ergebnis für T- Wert und Signifikanz

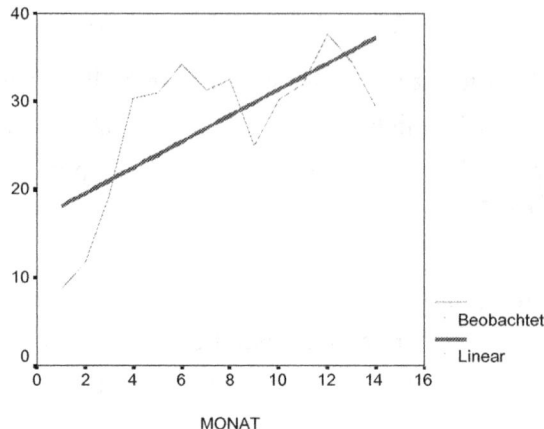

Abbildung 48 Lineare Regression durch durchschnittliche Monatsleistungen

In Tabelle 5 sind die Auswertungen von *Kendall-Tau* und *Spearman-Rho* dargestellt. Ein hoher Korrelationskoeffizient zwischen Gesamt und Monat lassen den Schluss auf Trend zu.

			GESAMT	MONAT
Kendall-Tau-b	GESAMT	Korrelationskoeffizient	1,000	,473
		Sig. (2-seitig)	,	,019
		N	14	14
	MONAT	Korrelationskoeffizient	,473	1,000
		Sig. (2-seitig)	,019	,
		N	14	14
Spearman-Rho	GESAMT	Korrelationskoeffizient	1,000	,574
		Sig. (2-seitig)	,	,032
		N	14	14
	MONAT	Korrelationskoeffizient	,574	1,000
		Sig. (2-seitig)	,032	,
		N	14	14

Tabelle 5 Ergebnisse des Kendall Tau Tests und des Spearman Rho Tests

Bei den beiden anderen Testgrößen handelt es sich um sogenannte nicht parametrische Tests, also um Tests, die nicht von Verteilungen (Normalverteilungen, T-Verteilungen etc.) ausgehen. Ein hoher Korrelationskoeffizient lässt auf Signifikanz schließen.

6.4.7 Verwendete Software

Die zuvor beschriebenen statistischen Methoden erfordern mit zunehmender Datenanzahl einen großen Rechenaufwand. Aus diesem Grund ist es notwendig, auf ein leistungsstarkes Softwarepaket zurückgreifen zu können, das die Auswertung und Bearbeitung der Daten erleichtert.

Im vorliegenden Fall wurden die meisten Auswertungen mit dem Softwarepaket SPSS Version 8.0 und Version 9.0 durchgeführt. Bei der Anführung von Abkürzungen werden die von SPSS verwendeten Abkürzungen verwendet, die sich teilweise von den in der Literatur üblichen Abkürzungen unterscheiden.

6.5 Die Ermittlung der Dauer der Einarbeitungsphase –ein Knickproblem

6.5.1 Allgemein

Bei der Ermittlung der Dauer der Einarbeitungsphase handelt es sich um die Frage, ab wann sich das Verhalten der Daten derart ändert, dass ein Wechsel des Modells zulässig ist, also wann sich das Verhalten von einem vorhandenen Trend auf keinen oder einen anderen Trend ändert.

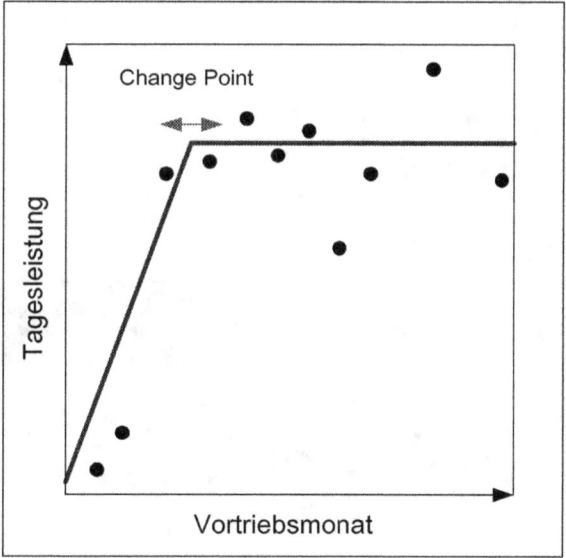

Abbildung 49 Wechsel des Modells beim Change-Point

Diese Fragestellung wird in der statistischen Fachliteratur unter dem Titel Change-Point-Problem behandelt und es existieren dazu einige Testgrößen zur Bestimmung des *Wechselpunktes*. Dabei ist es durchaus möglich, die Fragestellung etwas umzuformulieren und nach einem Sprung zu suchen; wann findet der Sprung des Mittelwertes der Vortriebsleistung auf einen anderen (höheren) Wert statt. Die Abbildung 49 verdeutlicht die Aufgabenstellung bei der Feststellung eines Knickes oder eines sogenannten Change-Point.

6.5.2 Vorgehensweise 1

Zur Bestimmung des Change-Point wird eine intuitive Vorgehensweise dargestellt. Es wird die Frage gestellt, ab wann anhand des Datenmaterials kein Trend mehr festgestellt werden kann.

Die Abbildung 50 zeigt die gewählte Vorgangsweise zur Ermittlung des Change-Point. Dabei wird eine lineare Regressionsgerade durch die Daten gelegt und anschließend die Signifikanz des linearen Anteils getestet. Dazu werden die im vorigen Kapitel beschriebenen Tests verwendet. Es obliegt dem Bearbeiter, ab welchem Wert der Testgröße die Hypothese kein Trend liegt vor verworfen wird. Es lässt sich ein Bereich ermitteln, ab welchem des Modell gewechselt werden kann; das heißt, wann von einem linearen Trend auf einen konstanten Wert umgestiegen werden kann. Bei der gegenständlichen Auswertung wurde ab einer Signifikanzzahl von 0,3 – 0,4 die Hypothese der Trendfreiheit angenommen und damit auf ein Ende der Einarbeitungsphase geschlossen.

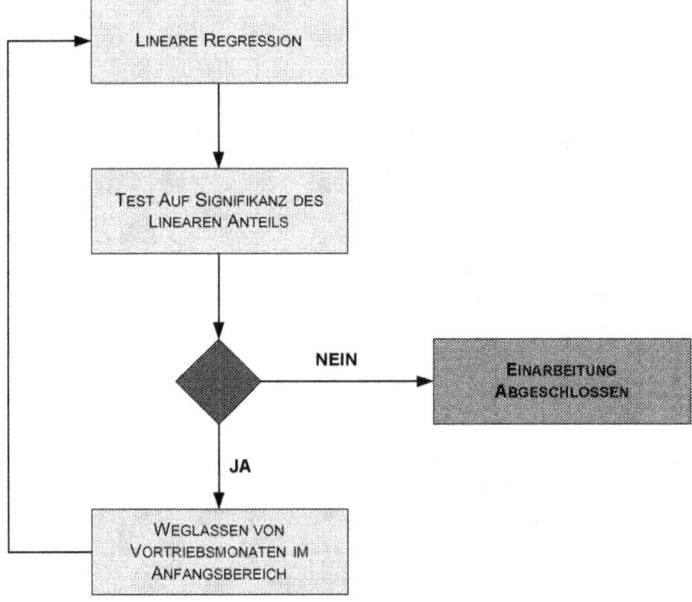

Abbildung 50 Flussdiagramm zur Bestimmung des Change-Point

6.5.3 Vorgehensweise nach Petitt

Als weitere Möglichkeit zur Bestimmung der Dauer der Einarbeitungsphase wird die Testgröße zur Bestimmung eines Change-Point nach *Petitt*[161] vorgeschlagen. Dabei wird mit folgenden Hypothesen untersucht, ob ein Sprung von einem Mittelwert auf einen anderen vorliegt:

$H_0 : \mu_1 = ... = \mu_m$

H_1 : für ein bestimmtes j $(1 \leq j < m)$, $\mu_1 = ... = \mu_j \neq \mu_{j+1} = ... = \mu_m$

Dabei ist μ_n der Mittelwert der Zufallsgröße x_n, die die Varianz 1 besitzt, mit (n = 1,...,m). Diese Zufallsgrößen werden als unabhängig vorausgesetzt.

Den Test für das Problem des Change-Point beim Einarbeitungseffekt anzuwenden, ist zulässig, da man erkennen kann, dass das Problem des wechselnden Anstieges der Regressionsgerade auch als Sprung der Mittelwerte gesehen werden kann. Dies verdeutlicht die Abbildung 44 auf Seite .Dazu wird die folgende Testgröße gebildet:

$$\max_{1 \leq k \leq m} (k \frac{S_m}{m} - S_k) \qquad (47) \qquad \text{wobei gilt:} \quad S_n = x_1 + ... + x_n$$

Die Abbildung 51 zeigt exemplarisch einen möglichen Verlauf der Testgröße nach Petitt, ausgewertet für Tagesvortriebsleistungen einer TBM. Die rote Linie stellt den selben Wert, angewendet auf ein gleitendes Mittel der Länge 17 derselben Vortriebsleistungen dar.

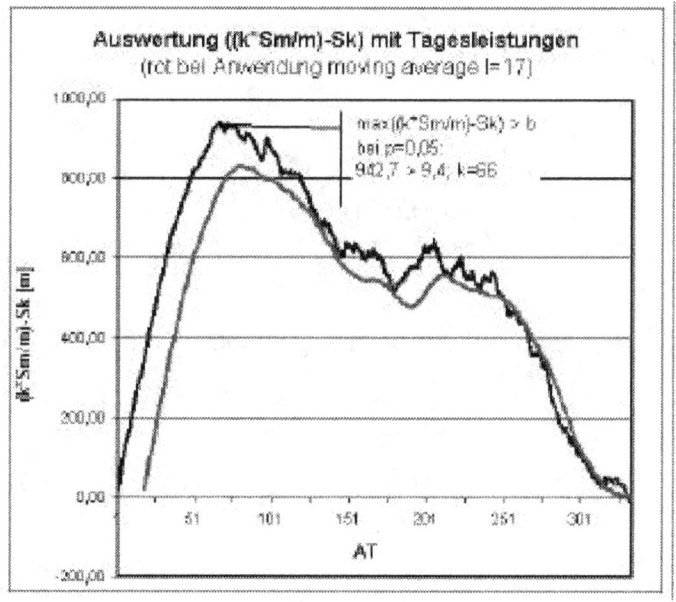

Abbildung 51 Verlauf der Testgröße nach Petitt über die Anzahl der Arbeitstage

Siegmund[162] gibt eine Abschätzung für die Signifikanzniveaus der Testgröße an:

---

[161] James, B.; James, K.L.; Siegmund, D.: Tests for a Change Point, Biometrika (1987), 74, 1, S 71 - 83
[162] James, B.; James, K.L.; Siegmund, D.: Tests for a Change Point, Biometrika (1987), 74, 1, S 71 - 83

$$pr\left\{\max_{1\leq n\leq m}\left(\frac{nS_m}{m}-S_n\right)\geq b\right\}\cong\exp\{-2m^{-1}(b+\rho)^2\} \quad (48)$$

wobei gilt: $\rho\approx 0{,}583$

Daraus folgt für ein Signifikanzniveau von 0,05:

$$pr\left\{\max_{1\leq n\leq m}\left(\frac{nS_m}{m}-S_n\right)\geq b\right\}\cong\exp\{-2m^{-1}(b+0{,}583)^2\}=0{,}05 \quad (49)$$

$$\exp\{-2m^{-1}(b+0{,}583)^2\}=0{,}05 \quad (50)$$

$$\{-2m^{-1}(b+0{,}583)^2\}=\ln(0{,}05) \quad (51)$$

$$b^2+2(0{,}583)b+[(0{,}583)^2+\frac{m}{2}\ln(0{,}05)]=0 \quad (52)$$

Die positive Lösung[163] der quadratischen Gleichung ergibt:

$$b_1(m)=(-0{,}583)+\sqrt{(0{,}583)^2-[(0{,}583^2)+\frac{m}{2}\cdot\ln(0{,}05)]} \quad (53)$$

Die Abbildung 52 zeigt die Auswertung der Größe b bis m = 120. Ist die Testgröße größer als b, so wird H_0 verworfen und es existiert ein Wechsel von einem Mittelwert auf den anderen an

---

[163] da b≥0 sein muss

der Stelle j, wo die Testgröße ein Maximum wird.

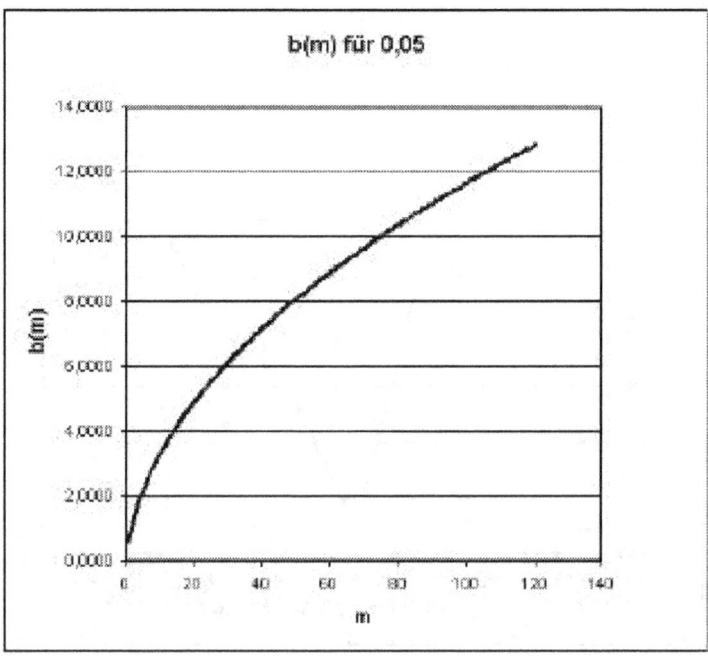

Abbildung 52 Auswertung der Testgröße b

6.5.4 Vorgehensweise nach Huskova

In Ihrer Arbeit untersucht *Huskova*[164] den Wechsel im Anstieg einer Regressionsgeraden für den allgemeinen linearen Fall.

Für das vorliegende Problem vereinfacht sich die Lösung auf das Durchführen zweier linearer Regressionen; eine Regression durch die Daten $x_1,...,x_j$ und die andere durch $x_{j+1},...,x_m$. Dabei wird der Punkt j verschoben.

Huskova zeigt, dass der Knick in jenem Punkt j liegt, bei dem die Summe der beiden Residuen R² aus den beiden Regressionen minimal wird.

$$(R_1^2 + R_2^2) \Rightarrow \min$$

Die Abbildung 53 zeigt ein Beispiel des Verlaufes der Summe der Residuen für $40 \leq j \leq 90$. Das Minimum ist deutlich bei 65 At zu erkennen. Dieser Punkt kann als Change-Point für den

---

[164] Huskova, M: Estimation of a change in linear models. Statistics and Probability Letters (1996), 26, S. 13- 24

Wechsel des Trends der Regression angesehen werden.

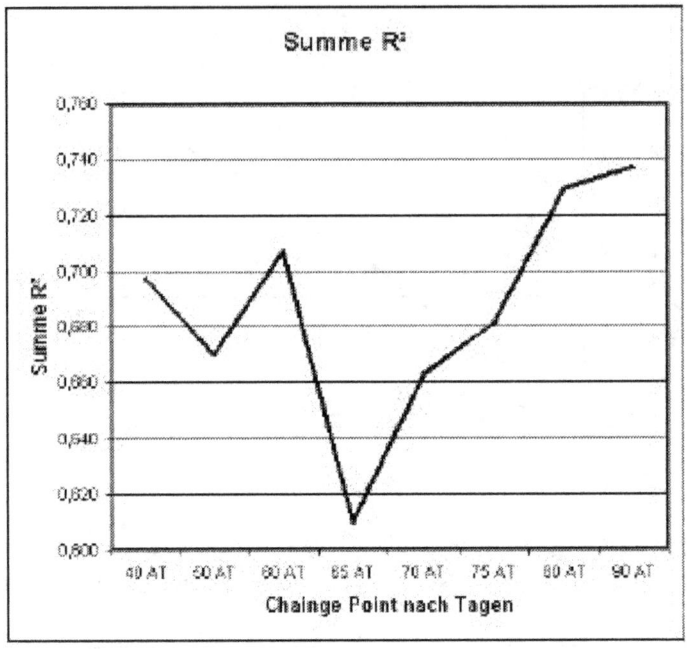

Abbildung 53 Beispiel für den Verlauf der Summe der Residuen fü $40 \leq j \leq 90$

7 Baustellenauswertungen

7.1 Grundlagen

Für die Auswertung des Einarbeitungseffektes wurden Daten folgender Baustellen verwendet:

- Evinos-Mornos (Griechenland): Vortriebe Ginevra, Katrin, Natalia und Salima
- Lesotho-Highlands (Lesotho): Mohale Tunnel / Vortrieb Katse (teilweise)
- Plave II (Slowenien)
- Doblar II (Slowenien)
- Sondierstollen Achrain (Österreich)

Die Daten der folgenden Baustellen wurden analysiert und zur Auswertung des Einarbeitungseffektes aber nicht berücksichtigt:

- Druckstollen Amsteg (Schweiz)
- Sylvenstein (Deutschland)

Grundlage für die Baustellenauswertungen sind die Bohrberichte und darauf aufbauend die Zusammenfassungen der Bohrberichte. Sämtliche in der Arbeit verwendeten Vortriebsdaten stammen aus tageweise zusammengefassten Bohrberichten. Die Aufzeichnung der Bohrberichte erfolgte größtenteils manuell; eine automatische Betriebsdatenerfassung wurde nur in zwei Fällen – Plave II und Doblar II - eingesetzt. Die Bohrberichte der in dieser Arbeit untersuchten Baustellen sind ähnlich aufgebaut und unterscheiden sich nur im Detaillierungsgrad der Ausfallzeiten. Im Anhang ist der Aufbau eines Bohrberichtes dargestellt.

Zur Auswertung kommen nur Tage, an denen tatsächlich vorgetrieben wurde. Einzelne Stillstandstage wurden aus dem Datenmaterial entfernt, da sie die Bandbreite der Schwankungen erhöhen. Die Stillstandstage geben durchaus auch einen Rückschluss auf das Lernen, da diese häufiger zu Beginn der Vortriebe auftreten; durch deren Ausschluss aus dem Datenmaterial werden die Größenordnungen des Lernens geringfügig verringert, die ermittelten Parameter beruhen dann aber auf vergleichbaren Daten. Bei längeren Stillstandsperioden werden zwei Fälle unterschieden; bei einem Stillstand zu Beginn wird die Auswertung erst ab dem tatsächlichen Beginn – dem Anstieg der Summenlinie – begonnen und bei einem Stillstand mitten im Vortrieb erfolgt eine Auswertung getrennt in zwei Teilen – in einen Teil Einarbeitung bis zum Stillstand und in einen Wiedereinarbeitung nach dem Stillstand.

7.2 Vorgehensweise

7.2.1 Allgemein

Zur Auswertung des Einarbeitungseffektes stehen zwei Modelle zur Verfügung: die Lernkurve und die Dauer der Einarbeitungsphase. In der Abbildung 54 ist die Vorgehensweise zusammenfassend dargestellt.

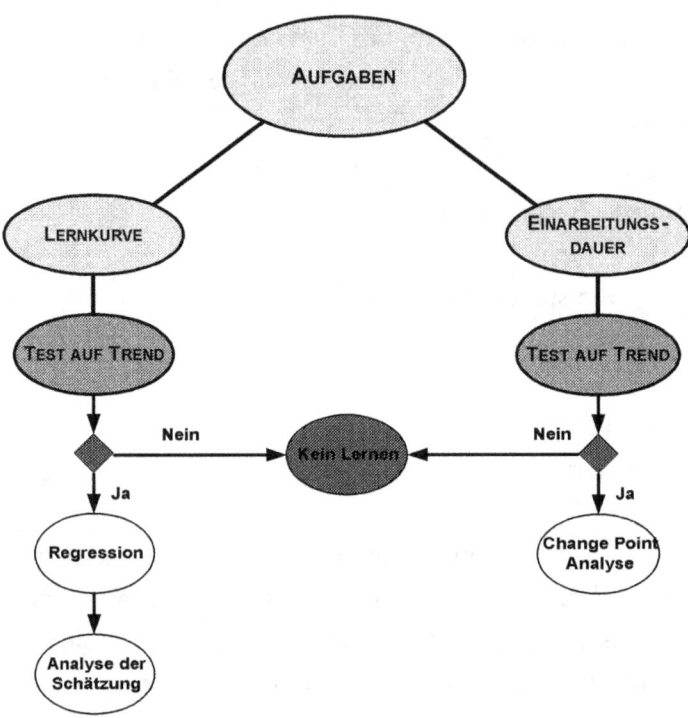

Abbildung 54 Übersicht über die Vorgehensweise

7.2.2 Analyse des Leistungsverhaltens – Test auf Trend

Um die tiefere Struktur des Datenmaterials zu ergründen und Informationen über das Leistungsverhalten zu erfahren, werden unterschiedliche statistische Auswertungen durchgeführt.

Untersuchung auf Trend

Bevor die Auswertung mit Hilfe der Lernkurven durchgeführt werden kann, muss grundsätzlich festgestellt werden, ob ein Trend besteht, das heißt, ob die Annahme eines Leistungszu-wachses gerechtfertigt ist. Diese Überprüfung wird mit Hilfe eines Tests auf Trend, wie in Kapitel 6 beschrieben, an den täglichen Vortriebsleistungen durchgeführt. Kann ein Trend nachgewiesen werden, ist es zulässig, wenn nicht andere Gründe diesen Leistungszuwachs erklären, diesen Leistungszuwachs als Einarbeitungseffekt zu erklären.

Untersuchungen an den Ausfallzeiten

Nach Feststellung eines Leistungszuwachses wird weiter untersucht, welche Tätigkeiten dafür ausschlaggebend sind. Dazu werden deskriptive Datenanalysen[165] durchgeführt. Diese werden sowohl am gesamten Datenmaterial als auch, um Unterschiede im Verhalten zu Beginn und am Ende herausfinden zu können, an einer Reihe von 50 Tagen am Anfang und einer Reihe von 50 Tagen am Ende der Baustelle durchgeführt.

7.2.3 Auswertung als Lernkurve

Kann ein Lernvorgang festgestellt werden, kann die Abschätzung des Einarbeitungseffektes sowohl mit Hilfe der Anpassung einer Lernkurve als auch durch die Bestimmung der Dauer der Einarbeitungsphase erfolgen.

Gewählte Datenaufbereitung

Zur Glättung der Daten wird die Summenbildung verwendet. Die Einarbeitungsphase lässt sich in dieser Darstellung als Kurve erkennen, die in den linearen Anstieg einschwenkt.

Gewählte Lernkurve

Als Lernkurve wird die Funktion in der Form von Gleichung (54) verwendet. Die Anpassung der Kurve erfolgt mit Hilfe der Regressionsanalyse.

$$S(t) = a \cdot t + b' \cdot e^{-c \cdot t} - b' \qquad (54)$$

wobei gilt:
L(t)................Tagesleistung
S(t)................Summenlinie
a....................Dauerleistung
b....................Größe der Einarbeitungsverluste
c....................Lernfähigkeit
$b' = \dfrac{b}{c}$..........aus Randbedingung S(0) = 0

7.2.4 Auswertung der Dauer der Einarbeitungsphase

---

[165] Neben den Häufigkeiten werden folgende Größen ausgewertet: Stichprobengröße, Mittelwert, Standardabweichung, Varianz und Kurtosis und Schiefe mit den Standardfehlern.

Ermittlung der Dauer der Einarbeitungsphase

Die Ermittlung der Dauer der Einarbeitungsphase wird als Knickproblem dargestellt. Zur Feststellung des Knicks werden drei Methoden wie in Kapitel 6.5 beschrieben gewählt. Diese werden an den verschiedenen Datensätzen angewendet und die Ergebnisse interpretiert. Zur Darstellung der Auswirkungen des Einarbeitungseffektes erfolgt eine Auswertung der Verlusttage und eine Auswertung des prozentuellen Leistungsverlaufes.

Auswertung der Verlusttage

Bei der Auswertung der Verlusttage wird eine mittlere Vortriebsleistung ohne Einarbeitungseffekte ermittelt und daraus die schnellstmögliche Bauzeit berechnet. Die Differenz zur tatsächlichen Bauzeit exklusive Stillstände ergibt die Verlusttage, die ein Maß für die Größe des Einarbeitungseffektes darstellen.

Auswertung des prozentuellen Leistungsverlaufes

Für die Bestimmung der Prozentsätze wird ebenfalls eine mittlere Vortriebsleistung ohne Berücksichtigung der Einarbeitungseffekte ermittelt. Ausgehend von dieser Leistung erfolgt ein prozentueller Vergleich mit den Monatsmittelwerten der Leistung während der Einarbeitungsphase.

7.3 Untersuchung auf Trend

7.3.1 Allgemein

Der erste Schritt zur Untersuchung des Einarbeitungseffektes ist die Begründung der Annahme, dass ein Trend anhand der Daten zu erkennen ist. Diese Untersuchung wird mit Hilfe eines Tests auf Trend vorgenommen.

Wie die Auswertungsergebnisse der linearen Regression in Tabelle 6 zeigen, ist der Trend signifikant.

7.3.2 Evinos 1 (Salima)

Koeffizienten[a]

Modell		Nicht standardisierte Koeffizienten		Standardisierte Koeffizienten	T	Signifikanz
		B	Standardfehler	Beta		
1	(Konstante)	18,525	1,127		16,436	,000
	TAG	5,796E-02	,006	,479	9,937	,000

a. Abhängige Variable: SALIMA

Tabelle 6 Auswertung der linearen Regression für den Vortrieb Salima

7.3.3 Evinos 2 (Ginevra)

Bei diesem Vortrieb tritt der Fall auf, dass ein längerer Stillstand nach Abschluss oder während der Einarbeitungsphase eintrat. Für die Auswertung des Einarbeitungseffektes wird der Vortrieb in die folgenden zwei Abschnitte geteilt:

- Vortrieb bis zum Verbruch
- Vortrieb nach dem Verbruch

Wie aus Tabelle 7 ersichtlich kann kein Trend festgestellt werden. Dies ist auf die Vortriebsleistungen vor dem Stillstand zurückzuführen. Werden diese ausgeklammert – das ist durchaus zulässig, da es sich bei den letzten Vortriebsleistungen nicht um einen Regelbetrieb handelt – so kann der Trend als signifikant bezeichnet werden.

Koeffizienten[a]

Modell		Nicht standardisierte Koeffizienten		Standardisierte Koeffizienten	T	Signifikanz
		B	Standardfehler	Beta		
1	(Konstante)	14,661	2,269		6,462	,000
	TAG	5,974E-02	,032	,167	1,851	,067

a. Abhängige Variable: GINEVRA1

Tabelle 7 Auswertung der linearen Regression des Vortriebes (erster Teil) Ginevra

Beim zweiten Teil des Vortriebes kann der Trend als signifikant bezeichnet werden, wie aus Tabelle 8 hervorgeht.

Koeffizienten[a]

Modell		Nicht standardisierte Koeffizienten		Standardisierte Koeffizienten	T	Signifikanz
		B	Standardfehler	Beta		
1	(Konstante)	23,136	1,488		15,543	,000
	TAG	5,386E-02	,020	,232	2,669	,009

a. Abhängige Variable: GINEVRA2

Tabelle 8 Auswertung der linearen Regression des Vortriebes (2. Teil) Ginevra

7.3.4   Slovenien Plave II

Die Ergebnisse der Auswertung der linearen Regression in Tabelle 9 zeigen, dass der lineare Anteil signifikant erscheint.

Koeffizienten[a]

Modell		Nicht standardisierte Koeffizienten		Standardisierte Koeffizienten	T	Signifikanz
		B	Standardfehler	Beta		
1	(Konstante)	2,076	1,018		2,040	,042
	TAG	,148	,007	,806	21,927	,000

a. Abhängige Variable: SLOVENIA

Tabelle 9 Auswertung der linearen Regression für den Vortrieb Plave II

7.3.5   Lesotho

Die Ergebnisse der Auswertung der linearen Regression Tabelle 10 zeigen, dass der lineare Anteil signifikant erscheint.

Koeffizienten[a]

Modell		Nicht standardisierte Koeffizienten		Standardisierte Koeffizienten	T	Signifikanz
		B	Standardfehler	Beta		
1	(Konstante)	9,270	1,736		5,339	,000
	TAG	,156	,034	,443	4,557	,000

a. Abhängige Variable: LESOTHO1

Tabelle 10 Auswertung der linearen Regression für Vortrieb Lesotho bis Stillstand

7.3.6   Evinos 3 (Natalia)

Die Ergebnisse der Auswertung der linearen Regression in Tabelle 11 zeigen, dass der lineare Anteil signifikant erscheint.

Koeffizienten[a]

Modell		Nicht standardisierte Koeffizienten		Standardisierte Koeffizienten	T	Signifikanz
		B	Standardfehler	Beta		
1	(Konstante)	6,923	,782		8,855	,000
	TAG	5,581E-02	,005	,569	11,529	,000

a. Abhängige Variable: NATALIA

Tabelle 11 Auswertung der linearen Regression für den Vortrieb Natalia

7.3.7   Evinos 4 (Katrin)

Der lineare Anteil der Regressionsgeraden ist nicht mehr signifikant, wie in Tabelle 12 dargestellt.

Die Ursache dafür kann unter anderem durch schlechter werdende geologische Verhältnisse und Überarbeitung des Stützmittelkonzeptes gefunden werden. Dadurch sinkt die Vortriebsleistung bei offenen Maschinen und der Einarbeitungseffekt kann nicht mehr eindeutig als Trend festgestellt werden.

Um trotzdem einen Trend festzustellen, wurde ein Test auf Trend am stark reduzierten Datenmaterial durchgeführt.

Das Ergebnis ist in Tabelle 13 dargestellt. Hier kann eindeutig ein Trend festgestellt werden.

Koeffizienten[a]

Modell		Nicht standardisierte Koeffizienten		Standardisierte Koeffizienten	T	Signifikanz
		B	Standardfehler	Beta		
1	(Konstante)	17,777	1,429		12,440	,000
	TAG	1,394E-02	,009	,092	1,514	,131

a. Abhängige Variable: KATRIN

Tabelle 12 Auswertung der linearen Regression für den Vortrieb Katrin

Koeffizienten[a]

Modell		Nicht standardisierte Koeffizienten		Standardisierte Koeffizienten	T	Signifikanz
		B	Standardfehler	Beta		
1	(Konstante)	14,648	2,124		6,897	,000
	TAG	,147	,041	,359	3,590	,001

a. Abhängige Variable: KAT_1_1

Tabelle 13 Auswertung der linearen Regression für die ersten 90 Tage Vortrieb Katrin

7.3.8 Zusammenfassung und Schlussfolgerung

In diesem Kapitel wurde für alle fünf Vortriebe, die zur Untersuchung des Einarbeitungseffektes herangezogen wurden, ein Test auf Trend durchgeführt. Das Ergebnis ist, dass bei allen Vortrieben ein Trend festgestellt werden kann.

Dieser Trend kann auf das Lernen zurückgeführt werden und in weiterer Folge können die Vortriebe für detailliertere Untersuchungen zu Modellierung des Lernens herangezogen werden. Es ist also zulässig, an diesem Datenmaterial eine Modellierung des Lernverhaltens vorzunehmen.

7.4 Untersuchungen an den Stillstandszeiten

7.4.1 Allgemein

In einer ersten Analyse des Lernverhaltens wird untersucht, in welchen Bereichen das Lernen stattfindet und wie es sich vollzieht; es soll unter anderem geklärt werden, ob die Häufigkeiten des Auftretens abnimmt oder die Leistung durch die Wiederholungen zunimmt. Um diese Fragestellung ausreichend beurteilen zu können, ist es erforderlich, detaillierte statistische Untersuchungen durchzuführen. Im Rahmen dieser Arbeit werden Auswertungen an den Daten dreier Baustellen ausgeführt.

7.4.2 Evinos 1 (Salima)

Die Bohrberichte sind in 22 Tätigkeits- bzw. Ausfallsursachen mit entsprechenden Dauern gegliedert. Das Verhalten über die Bauzeit jeder einzelnen Kategorie wird ausgewertet.

1. Bohrzeit
2. Regripping und Tübbingeinbau
3. TBM-Wartung
4. Bohrkopfinspektion
5. Förderband Reinigung etc.
6. Ausfall Druckluft-, Wasser- oder Stromversorgung
7. Schutterzug Verspätung
8. Schutterzug Entgleisung
9. Pea-Gravel Einbau
10. Vermessungsarbeiten, Laser und ZED Positionierung
11. Hydrogeologische Probleme
12. Ausfall TBM Elektrik
13. Ausfall TBM Hydraulik
14. Ausfall TBM Mechanik
15. Ausfall Nachläufer Elektrik
16. Ausfall Nachläufer Hydraulik
17. Ausfall Nachläufer Mechanik
18. Verlängerung 10 kV Kabel
19. Druckluft und Wasser
20. Belüftung
21. Besondere Stillstände
22. Sonstiges

Test auf Trend

In Tabelle 14 sind die Ergebnisse der Tests auf Trend zusammengefasst. Dabei wurde als Kriterium die Signifikanz des *F-Wertes* verwendet. Bis zu einer Signifikanz von 0,05 wird ein Trend als signifikant angenommen. Bei einer Signifikanz von 0,051 – 0,250 wird den Daten ein Trend unterstellt. Ab einer Signifikanzzahl von 0,251 wird kein Trend angenommen.

Nr.	Tätigkeit / Stillstandsursache	Trend signifikant 0,000 – 0,050	Trend 0,051 – 0,250	Kein Trend > 0,250
1	Bohrzeit	abnehmend		
2	Regripping und Tübbingeinbau	abnehmend		
3	TBM Wartung			0,367
4	Bohrkopfinspektion			0,916
5	Reinigung Förderband etc.	abnehmend		
6	Ausfall Druckluft, Wasser od. Strom			0,292
7	Verspätung Schutterzug	abnehmend		
8	Entgleisung Schutterzug	zunehmend		
9	Pea-Gravel Einbau	abnehmend		
10	Vermessungsarbeiten			0,787
11	Hydrogeologische Probleme		gleichbleibend	
12	Ausfall TBM Elektrik			0,486
13	Ausfall TBM Hydraulik			0,347
14	Ausfall TBM Mechanik			0,294
15	Ausfall Nachläufer Elektrik			0,593
16	Ausfall Nachläufer Hydraulik			0,263
17	Ausfall Nachläufer Mechanik			0,327
18	Verlängerung 10 kV Kabel	abnehmend		
19	Druckluft und Wasser	abnehmend		
20	Belüftung	abnehmend		
21	Besondere Stillstände			0,654
22	Sonstiges	abnehmend		

Legende	
(dunkel)	zunehmend
(mittel)	abnehmend
(hell)	gleichbleibend

Tabelle 14 Ergebnisse des Tests auf Trend

Bis auf die Kategorie „Entgleisung Schutterzug" sind alle angenommenen Trends abnehmend – die Dauern für die Tätigkeiten nehmen ab.

Der Trend der Kategorie „Hydrogeologische Probleme" wird nicht interpretiert, da diese Kategorie den Randbedingungen für das Lernen und der möglichen Vortriebsleistung zuzuordnen ist.

Der zunehmende Trend bei der Kategorie „Entgleisung Schutterzug" kann dadurch erklärt werden, dass mit zunehmender Länge des bereits aufgefahrenen Tunnels die Auswirkungen einer Entgleisung des Schutterzuges längere Verzögerungen mit sich bringen - durch längere Anfahrt zur Unfallstelle, durch längere Dauer, bis Entgleisung überhaupt festgestellt werden kann. Bei den Kategorien, bei denen ein Trend erkannt werden kann, handelt es sich, bis auf die Kategorie Sonstiges", um regelmäßig auftretende und daher eher konstant bleibende Tätigkeiten. Es ist denkbar, dass diese abnehmenden Dauern durch Lernen erklärt werden können. Die restlichen 11 Kategorien weisen keinen ausgeprägten Trend auf. Dies kann dadurch erklärt werden, dass sich einerseits der Umfang der Tätigkeiten in diesen Kategorien ständig ändert oder konstant bleibt, und andererseits das Auftreten dieser Kategorien unregelmäßig ist.

Häufigkeiten

Nr.	Tätigkeit / Stillstandsursache	Gesamt N1	Ersten 50 N2	Letzten 50 N3
1	Bohrzeit	332	50	50
2	Regripping und Tübbingeinbau	317	44	50
3	TBM Wartung	311	49	49
4	Bohrkopfinspektion	127	16	35
5	Reinigung Förderband etc.	231	46	37
6	Ausfall Druckluft, Wasser od. Strom	45	3	8
7	Verspätung Schutterzug	278	40	49
8	Entgleisung Schutterzug	97	9	24
9	Pea-Gravel Einbau	82	43	11
10	Vermessungsarbeiten	98	33	7
11	Hydrogeologische Probleme	68	1	1
12	Ausfall TBM Elektrik	50	20	4
13	Ausfall TBM Hydraulik	61	10	8
14	Ausfall TBM Mechanik	48	4	4
15	Ausfall Nachläufer Elektrik	20	6	7
16	Ausfall Nachläufer Hydraulik	23	2	2
17	Ausfall Nachläufer Mechanik	74	14	13
18	Verlängerung 10 kV Kabel	20	2	5
19	Druckluft und Wasser	32	16	0
20	Belüftung	11	4	5
21	Besondere Stillstände	11	0	5
22	Sonstiges	296	49	50

Legende

zunehmend	gleichbleibend	abnehmend

Tabelle 15 Auswertung der Häufigkeiten der jeweiligen Tätigkeit und der jeweiligen Ausfallsursache

Die Tabelle 15 zeigt die Auswertung der Häufigkeiten für folgende Zeiträume:

- Für die gesamte Vortriebsdauer
- Für die ersten 50 Tage
- Für die letzten 50 Tage

Dabei sind folgende Erkenntnisse zu gewinnen:

- Bei 10 Tätigkeiten erfolgt eine Zunahme der Häufigkeiten zwischen den ersten und den letzten 50 Tagen
- Bei 5 Tätigkeiten verhalten sich die Häufigkeiten gleichbleibend
- Bei 7 Tätigkeiten erfolgt eine Abnahme der Häufigkeiten

Mittelwerte, Median

Nr.	Tätigkeit / Stillstandsursache	Gesamt Mittel	Gesamt Median	Ersten 50 Mittel	Ersten 50 Median	Letzten 50 Mittel	Letzten 50 Median
1	Bohrzeit	7,91	8,23	4,30	4,41	8,95	9,15
2	Regripping und Tübbingeinbau	2,34	2,25	2,40	2,00	1,51	1,50
3	TBM Wartung	4,40	4,00	4,12	4,00	4,08	4,00
4	Bohrkopfinspektion	2,50	1,50	1,81	2,00	2,59	1,75
5	Reinigung Förderband etc.	2,19	1,50	3,34	2,63	0,68	0,50
6	Ausfall Druckluft, Wasser od. Strom	1,75	0,75	0,83	1,00	2,69	0,88
7	Verspätung Schutterzug	2,48	2,25	4,20	4,00	2,90	2,50
8	Entgleisung Schutterzug	1,54	1,00	0,84	0,75	2,78	2,13
9	Pea-Gravel Einbau	1,53	1,50	1,88	2,00	0,43	0,50
10	Vermessungsarbeiten	1,43	1,00	1,41	1,00	0,93	0,50
11	Hydrogeologische Probleme	5,40	4,00	0,50	0,50	0,50	0,50
12	Ausfall TBM Elektrik	1,61	1,50	1,95	1,75	3,44	3,13
13	Ausfall TBM Hydraulik	1,45	1,00	1,80	1,75	1,09	0,50
14	Ausfall TBM Mechanik	1,86	1,00	1,19	1,00	0,81	0,50
15	Ausfall Nachläufer Elektrik	1,45	1,25	1,71	1,75	1,46	1,00
16	Ausfall Nachläufer Hydraulik	0,83	0,75	0,75	0,75	0,50	0,50
17	Ausfall Nachläufer Mechanik	1,43	0,75	1,41	1,38	2,00	0,75
18	Verlängerung 10 kV Kabel	1,17	1,00	2,38	2,38	1,10	1,00
19	Druckluft und Wasser	1,30	1,00	1,59	1,50	0,00	0,00
20	Belüftung	0,59	0,50	1,25	1,13	0,48	0,50
21	Besondere Stillstände	5,23	2,00	0,00	0,00	2,05	2,00
22	Sonstiges	0,74	0,50	1,35	0,79	0,58	0,58

Legende: zun. | gleichbl. | abn.

Tabelle 16 Auswertung von Mittelwert und Median

Die Tabelle 16 zeigt die Auswertung der Mittelwerte und Mediane für folgende Zeiträume:

- Für die gesamte Vortriebsdauer
- Für die ersten 50 Tage
- Für die letzten 50 Tage

Dabei sind folgende Erkenntnisse zu gewinnen:

- Bei 3 Tätigkeiten ergibt sich eine Zunahme der Mittelwerte und Mediane der Dauern
- Bei 3 Tätigkeiten ist eine Zunahme der Mittelwerte und eine Abnahme der Mediane
- Bei 2 Tätigkeiten bleiben die Dauern unverändert
- Bei 14 Tätigkeiten sind Mittelwerte und Mediane abnehmend

Schiefe und Kurtosis

Nr.	Tätigkeit / Stillstandsursache	Gesamt Schiefe	Kurtosis
1	Bohrzeit	-0,223	-0,594
2	Regripping und Tübbingeinbau	2,023	12,028
3	TBM Wartung	2,928	18,998
4	Bohrkopfinspektion	4,064	21,228
5	Reinigung Förderband etc.	1,965	5,457
6	Ausfall Druckluft, Wasser od. Strom	3,017	10,713
7	Verspätung Schutterzug	1,255	1,968
8	Entgleisung Schutterzug	2,213	6,737
9	Pea-Gravel Einbau	0,289	-0,282
10	Vermessungsarbeiten	8,456	78,707
11	Hydrogeologische Probleme	1,448	2,089
12	Ausfall TBM Elektrik	2,008	5,350
13	Ausfall TBM Hydraulik	2,524	7,556
14	Ausfall TBM Mechanik	2,643	6,921
15	Ausfall Nachläufer Elektrik	0,469	-1,306
16	Ausfall Nachläufer Hydraulik	1,397	1,558
17	Ausfall Nachläufer Mechanik	2,913	9,185
18	Verlängerung 10 kV Kabel	1,609	2,789
19	Druckluft und Wasser	0,583	-0,913
20	Belüftung	2,109	6,773
21	Besondere Stillstände	1,270	0,303
22	Sonstiges	5,698	41,549

Legende
neg. Kurtosis
rechtsschief

Tabelle 17 Auswertung einzelner Tätigkeiten bzw. Ausfallszeiten von Schiefe und Kurtosis

In Tabelle 17 ist die Auswertung von Schiefe und Kurtosis über die gesamte Bauzeit dargestellt. Grundsätzlich kann gesagt werden, dass bis auf Vorgang 1 ausschließlich mehr oder weniger stark ausgeprägte linksschiefe Verteilungen vorliegen[166] [167] [168].

Die Auswertung der Kurtosis[169] zeigt, dass sich die Verteilungen bis auf vier Ausnahmen stark um den Modalwert gruppieren. Bei Tätigkeiten mit einem Schiefekoeffizienten <1 wurde die Standardabweichung untersucht.

Dabei kann Folgendes festgestellt werden:

- Vorgang 9 (Einbau Pea-Gravel): die Schiefe bleibt > null
- Vorgang 15 (Ausfall Nachläufer Elektrik): die Schiefe kann einen negativen Wert annehmen, d.h. es kann keine genaue Aussage darüber gemacht werden ob links- oder rechtsschief
- Vorgang 19 (Druckluft und Wasser): die Schiefe bleibt > null

Die Tabelle 18 zeigt die Gesamtübersicht der deskriptiven Statistik. Grundsätzlich sind bis auf die Bohrzeit alle Vorgänge als linksschiefe Verteilungen einzustufen.

Ein abnehmender Trend wird durch folgende Kombinationen erreicht:

- Zunehmende Häufigkeiten und abnehmende Mittelwerte und Mediane
- Abnehmende Häufigkeiten und zunehmende Mittelwerte und Mediane
- Abnehmende Häufigkeiten und abnehmende Mittelwerte und Mediane

Wie die Gesamtübersicht zeigt, wäre ein Zerlegen der Gesamtlernkurve in Einzellernkurven falsch und würde die tatsächlichen Verhältnisse nicht widerspiegeln. Eine tiefergehende Analyse des Lernens ist kaum möglich, da immer Kombinationen aus Fehlervermeidung und zunehmend schneller werdender Fehlerbehebung zu einer Leistungssteigerung führen.

---

[166] Eine linksschiefe Verteilung liegt dann vor, wenn gilt: Schiefe > 0
[167] Eine Verteilung wird als linksschief bezeichnet, wenn der Schwerpunkt rechts vom Modalwert liegt.
[168] Im vorliegenden Fall beschreibt eine linksschiefe Verteilung jene Situation, dass niedrige Werte häufiger auftreten als hohe Werte.
[169] Ein Maß dafür, wie sich die Beobachtungen um einen zentralen Punkt gruppieren.

Gesamtübersicht

Nr.	Tätigkeit / Stillstandsursache	Trend	Häufigkeiten	Mittelwert	Median	Schiefe	Kurtosis
1	Bohrzeit						
2	Regripping und Tübbingeinbau						
3	TBM Wartung						
4	Bohrkopfinspektion						
5	Reinigung Förderband etc.						
6	Ausfall Druckluft, Wasser od. Strom						
7	Verspätung Schutterzug						
8	Entgleisung Schutterzug						
9	Pea-Gravel Einbau						
10	Vermessungsarbeiten						
11	Hydrogeologische Probleme						
12	Ausfall TBM Elektrik						
13	Ausfall TBM Hydraulik						
14	Ausfall TBM Mechanik						
15	Ausfall Nachläufer Elektrik						
16	Ausfall Nachläufer Hydraulik						
17	Ausfall Nachläufer Mechanik						
18	Verlängerung 10 kV Kabel						
19	Druckluft und Wasser						
20	Belüftung						
21	Besondere Stillstände						
22	Sonstiges						

Legende
zunehmend
abnehmend
gleichbleibend
rechtsschief
linksschief
negative Kurtosis
positive Kurtosis

Tabelle 18 Gesamtübersicht der Auswertungen DS-TBM Salima

7.4.3 Plave II

Dieselben Auswertungen wie beim Vortrieb Evinos werden auch am Vortrieb Plave II durchgeführt. Die Tabelle 19 zeigt die Gesamtübersicht der deskriptiven Statistik, die Einzelauswertungen sind im Anhang zu finden. Bis auf die Bohrzeit sind alle Vorgänge als linksschiefe Verteilungen einzustufen. Ein abnehmender Trend wird durch folgende Kombinationen erreicht:

- Zunehmende Häufigkeiten und abnehmende Mittelwerte und Mediane
- Abnehmende Häufigkeiten und abnehmende Mittelwerte und Mediane

Auch diese Gesamtübersicht zeigt, dass ein Zusammensetzen der Gesamtlernkurve aus Einzellernkurven falsch wäre, schon allein aus dem Grund, dass die Tätigkeiten, bei denen ein Trend festgestellt werden kann, von Projekt zu Projekt unterschiedlich sind.

Folgende Struktur ist eindeutig zu erkennen: Zunehmende Bohrzeiten durch abnehmende Ausfallsdauern, die durch Veränderung der Häufigkeit des Auftretens bzw. durch Veränderung der Dauern hervorgerufen werden.

Nr.	Tätigkeit / Stillstandsursache	Trend	Häufigkeiten	Mittelwert	Median	Schiefe	Kurtosis
1	Bohrzeit						
2	Wartung TBM						
3	Regripping						
4	Ausfall TBM Elektrik						
5	Ausfall TBM Hydraulik						
6	Ausfall TBM Mechanik						
7	Ausfall Nachläufer Elektrik						
8	Ausfall Nachläufer Hydraulik						
9	Ausfall Nachläufer Mechanik						
10	Tübbingeinbau						
11	Pea-Gravel						
12	Verspätung Schutterzug						
13	Entgleisung Schutterzug						
14	Vermessung						
15	Hydrogeologie						
16	Aussertourliches Regripping						
17	Aussertourliche Bohrkopfinspektion						
18	Aussertourliche Reinigung						
19	Druckluft, Wasser, Strom						
20	Verlängerung 16 kV						
21	Verlängerung Lutte						
22	Sonstiges						

Legende	
	zunehmend
	abnehmend
	gleichbleibend
	rechtsschief
	linksschief
	negative Kurtosis
	positive Kurtosis

Tabelle 19 Gesamtübersicht der Auswertungen DS-TBM Slovenien

7.4.4 Evinos 3 (Natalia)

Die zuvor betrachteten Daten stammen von Vortrieben mit DS-TBM. Um eventuelle Unterschiede erkennen zu können, wurde für die folgende Auswertung eine o-TBM gewählt.

Die Tabelle 20 zeigt die Gesamtübersicht der deskriptiven Statistik. Im Unterschied zu den beiden vorher behandelten Vortrieben ist die Verteilung der Bohrdauern linksschief. Die neu dazugekommene Tätigkeit „Stützmitteleinbau" besitzt eine rechtsschiefe Verteilung der Dauern.

Ein abnehmender Trend wird durch folgende Kombinationen erreicht:

- Zunehmende Häufigkeiten und abnehmende Mittelwerte und Mediane
- Abnehmende Häufigkeiten und abnehmende Mittelwerte und Mediane

Auch hier gilt das zuvor Gesagte, dass eine Untergliederung in Einzellernkurven nicht zulässig erscheint. Folgende Struktur ist eindeutig zu erkennen: Zunehmende Bohrzeiten durch abnehmende Ausfallsdauern, die durch Veränderung der Häufigkeit des Auftretens bzw. durch Veränderung der Dauern hervorgerufen werden.

Nr.	Tätigkeit / Stillstandsursache	Trend	Häufigkeiten	Mittelwert	Median	Schiefe	Kurtosis
1	Bohrzeit						
2	Regripping						
3	Stützmitteleinbau						
4	TBM Wartung						
5	Bohrkopfinspektion						
6	Reinigung Förderband etc.						
7	Ausfall Druckluft, Wasser od. Strom						
8	Verspätung Schutterzug						
9	Entgleisung Schutterzug						
10	Vermessungsarbeiten						
11	Hydrogeologische Probleme						
12	Ausfall TBM Elektrik						
13	Ausfall TBM Hydraulik						
14	Ausfall TBM Mechanik						
15	Ausfall Nachläufer Elektrik						
16	Ausfall Nachläufer Hydraulik						
17	Ausfall Nachläufer Mechanik						
18	Verlängerung 10 kV Kabel						
19	Druckluft und Wasser						
20	Belüftung						
21	Besondere Stillstände						
22	Sonstiges						

Legende	
	zunehmend
	abnehmend
	gleichbleibend
	rechtsschief
	linksschief
	negative Kurtosis
	positive Kurtosis

Tabelle 20 Gesamtübersicht der Auswertungen TBM Natalia

7.4.5 Zusammenfassung

Die deskriptive statistische Auswertung der Tätigkeits- bzw. Stillstandsdauern ergibt folgende grundsätzliche Erkenntnisse:

- Es sind eindeutig zunehmende Bohrdauern festzustellen
- Die Stillstandsdauern besitzen häufig abnehmende Trends
- Die Trends werden sowohl durch Veränderung der Häufigkeiten des Auftretens als auch durch eine Veränderung der Dauern hervorgerufen

Der Vergleich der Kennwerte am Anfang und am Ende des Vortriebes lässt erkennen, dass es immer zu Änderungen kommt. Diese werden zum einen durch äußere Umstände und Randbedingungen hervorgerufen, und zum anderen können diese als Folge von betrieblichen Umstrukturierungen gedeutet werden.

Die bisher gemachten Erkenntnisse stimmen mit den zu Beginn gemachten Aussagen überein und rechtfertigen die Annahme, dass die Produktivitätsgewinne durch Lernen hervorgerufen werden. Die Auswertung von Lernkurven für die Ausfallzeiten führt zu keinem Erfolg, da nicht eindeutig festgestellt werden kann, welcher Vorgang dem Lernen unterworfen ist und wie das Lernen erfolgt – nehmen die Häufigkeiten des Auftretens einer Tätigkeit ab oder die Dauern zur Verrichtung derselben Tätigkeit -.

7.5 Lernkurven

7.5.1 Allgemein

Die zuvor durchgeführten, statistischen Auswertungen erlauben es, bei den untersuchten Projekten einen Lernvorgang anzunehmen und damit auch weiterführende Auswertungen vorzunehmen. Die Untersuchung der Stillstandsdauern bestätigt die Überlegung, den Lernvorgang bei mechanischen Tunnelvortrieben als gesamte Auswirkung anhand der Summenlinie der Vortriebsleistungen auszuwerten.

In der Veröffentlichung von Schneider und Wachter (2000)[170] wurden bereits vorzeitig Ergebnisse dieser Arbeit auszugsweise veröffentlicht. Dabei wurden die Auswertungen an Daten durchgeführt, bei denen die Stillstandstage enthalten sind. Dadurch ergeben sich unterschiedliche Parameter der Regressionsanalysen. Im Zuge der weiteren Bearbeitung des Themas stellte sich heraus, dass die Stillstandstage ganz aus dem Datenmaterial zu entfernen sind, da nicht genau zugeordnet werden kann, ob diese durch den Einarbeitungseffekt hervorgerufen wurden oder durch sonstige Ursachen entstanden sind. Für Prognosen ist die Anzahl der Stillstandstage getrennt zu erfassen.

---

[170] Schneider, E., Wachter, R.: Produktivitätssteigerung bei mechanischen Tunnelvortrieben: Aktuelle Erkenntnisse über das Phänomen des Einarbeitungseffektes. Proceedings Österreichischer Tunneltag 2000, Verlag Glück Auf, Essen, 2000, S. 129 - 137

7.5.2 Evinos 1 (Salima)

Die Auswertung für die Tagesleistungen der DS-TBM Salima wird sowohl anhand der ungeglätteten Werte als auch anhand der Summenlinie durchgeführt, um einen Vergleich der Auswertungsqualität ziehen zu erhalten. Die Abbildung 55 Vergleich Summenlinie der Tagesleistungen mit ausgewerteter Funktion zeigt den Vergleich der Summenlinie der Tagesleistungen mit der ausgewerteten Funktion, die durch Regression angepasst wurde.

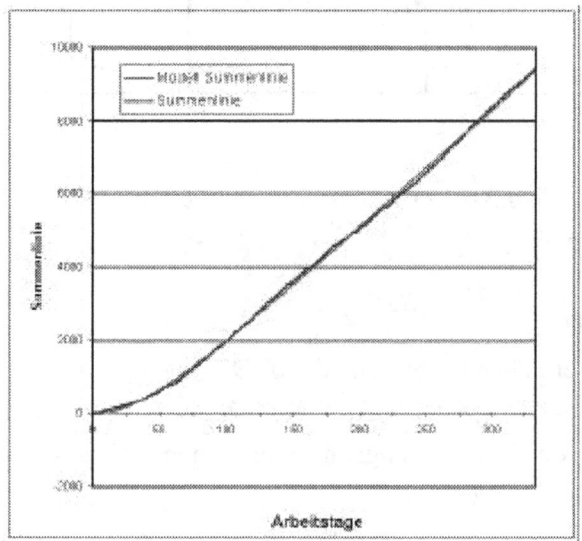

Abbildung 55 Vergleich Summenlinie der Tagesleistungen mit ausgewerteter Funktion

Die Abbildung 56 zeigt die Auswertung der Regressionsfunktion durch die Tagesleistungen. Der Unterschied der Anpassungsqualität ist augenscheinlich; das Modell der Summenlinie passt sich eindeutig besser an die Summenlinie der Daten an.

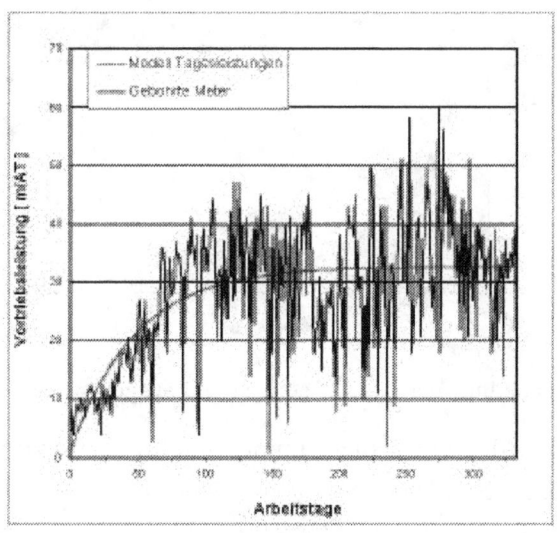

Abbildung 56 Vergleich der Tagesleistungen mit der ausgewerteten Funktion

Die Tabelle 21 zeigt das Ergebnis der beiden Auswertungen; es sind geringfügige Unterschiede in den Parametern zu erkennen. Das Bestimmtheitsmaß[171] R^2 bestätigt, dass das vorgeschlagene Modell der Auswertung der Summenlinie zweckmäßig ist, da die Anpassungsgüte des Modells an die Summenlinie qualitativ besser ist.

Typ	Summenlinie				Tagesleistungen			
	a	b	c	R^2	a	b	c	R^2
DS 1 Salima	32,1	34,5	0,0258	0,9993	32,8	31,9	0,0208	0,3740

Tabelle 21 Auswertungsergebnisse der Regressionen durch die Tagesleistungen und die Summenlinie der Tagesleistungen

7.5.3 Evinos 2 (Ginevra)

Bei diesem Vortrieb trat ein längerer Stillstand auf. Daher wurden zwei Auswertungen durchgeführt. Zum einen die Auswertung der Einarbeitungsphase zu Beginn des Vortriebes und zum anderen die Auswertung der Einarbeitungsphase nach dem Stillstand. Das Ergebnis zeigt eine deutlich schnellere Wiedereinarbeitung.

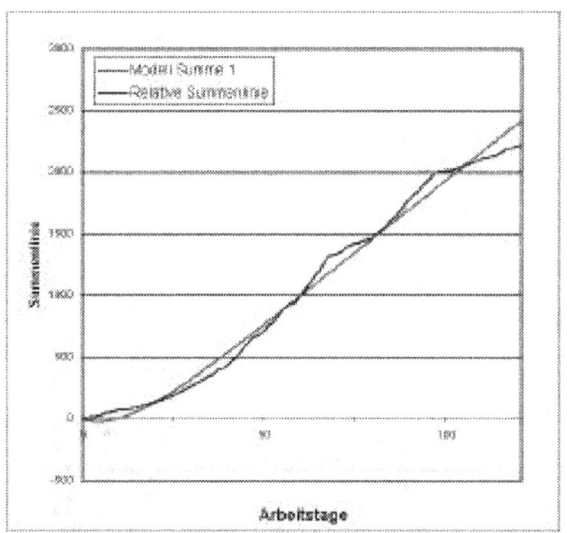

Abbildung 57 Vergleich Summenlinie der Tagesleistungen mit ausgewerteter Funktion

Die Abbildung 57 zeigt das Modell für die Summenlinie in der Einarbeitungsphase zu Beginn

---

[171] Das Bestimmtheitsmaß R^2 ist ein Maß für die Güte der Anpassung eines linearen Modells. Das R-Quadrat gibt den Anteil der Variation der abhängigen Variablen an, der durch das Regressionsmodell erklärt wird. Der Wert liegt zwischen 0 und 1. Kleine Werte zeigen an, dass das Modell nicht gut zu den Daten passt [Hilfefunktion von SPSS].

des Vortriebes.

Der Vergleich mit Abbildung 58 zeigt wieder deutlich eine bessere qualitative Anpassung des Modells an die Daten.

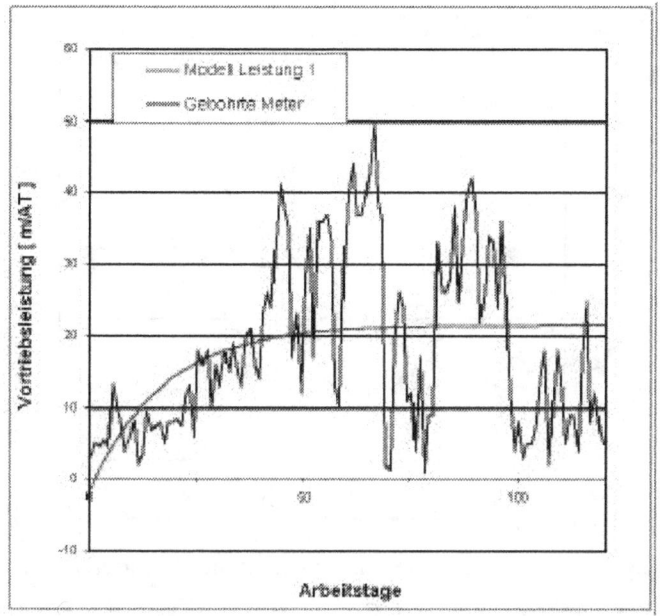

Abbildung 58 Vergleich der Tagesleistungen mit der ausgewerteten Funktion

In Tabelle 22 sind die Auswertungsergebnisse zusammengefasst; auch hier wird bestätigt, dass die Auswertung anhand der Summenlinie ein qualitativ besseres Ergebnis bringt.

Typ	Summenlinie				Tagesleistungen			
	a	b	c	R^2	a	b	c	R^2
DS 4 (Einarbeitung)	23,6	33,9	0,0767	0,9906	21,6	24,2	0,0590	0,1789
DS 4 (Wiedereinarb.)	27,9	21,6	0,1284	0,9989	28,0	21,0	0,1122	0,1634

Tabelle 22 Auswertungsergebnisse für Einarbeitungs- und Wiedereinarbeitungsphase

7.5.4 Slovenien

Die Abbildung 59 zeigt den Vergleich der Summenlinie der Tagesleistungen mit der ausgewerteten Funktion.

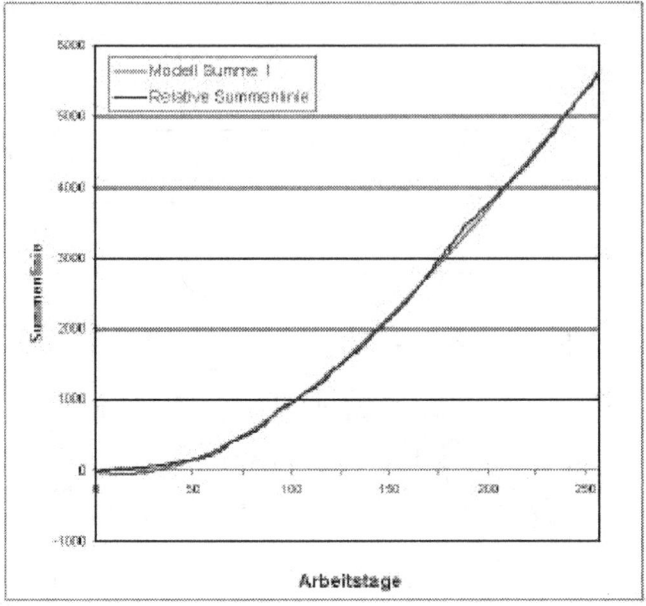

Abbildung 59 Vergleich Summenlinie der Tagesleistungen mit ausgewerteter Funktion

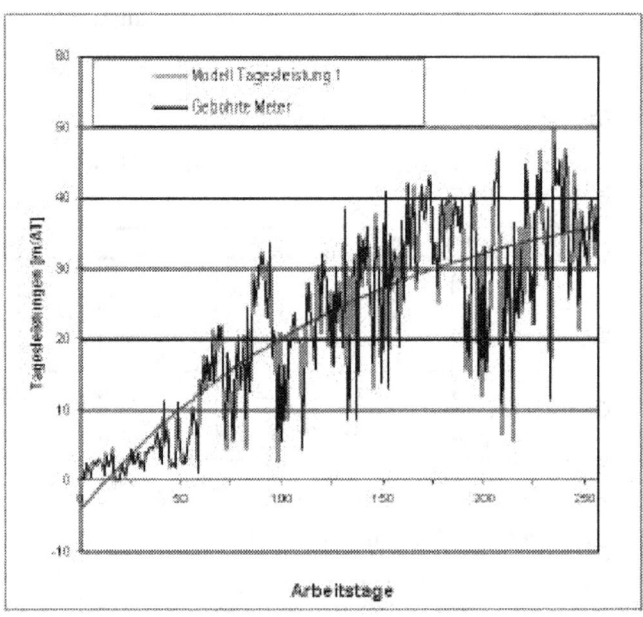

Abbildung 60 Vergleich der Tagesleistungen mit der ausgewerteten Funktion

Die Abbildung 60 zeigt den Vergleich der Tagesleistungen mit der ausgewerteten Funktion. Bei diesem Vortrieb ist eine sehr lange Einarbeitungsphase zu erkennen, die durch einige Stillstände, die zu Beginn des Vortriebes eingetreten sind, hervorgerufen wurden. Es ist anzumerken, dass alle Stillstände aus dem Datenmaterial entfernt wurden[172].

Die Tabelle 23 enthält die ausgewerteten Parameter; deutlich ist wieder die qualitativ bessere Anpassung des Modells an die Summenlinie zu erkennen. Um die Unregelmäßigkeiten zu Beginn des Vortriebes auszuklammern, wurde eine Analyse ab dem Tag 154 durchgeführt. Es konnten deutlich günstigere Ergebnisse des Einarbeitungsparameters c ermittelt werden

	Summenlinie				Tagesleistungen			
Typ	a	b	c	R²	a	b	c	R²
DS 2 Plave	42,1	47,3	0,0079	0,9927	43,9	47,9	0,0070	0,6763
DS 2 Plave ab 154	34,5	18,6	0,0167	0,9992				

Tabelle 23 Auswertungsergebnisse der Regressionen durch die Tagesleistungen und die Summenlinie der Tagesleistungen

7.5.5 Lesotho

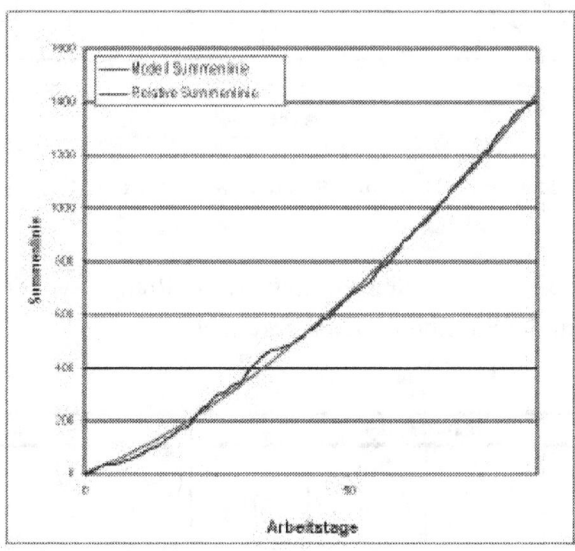

Abbildung 61 Vergleich Summenlinie der Tagesleistungen mit ausgewerteter Funktion

Die Abbildung 61 zeigt den Vergleich der Summenlinie der Tagesleistungen mit der aus-

---

[172] Anmerkung: Bei einer früheren Auswertung (siehe Schneider, Wachter, 2000) wurden die Stillstandstage nicht entfernt, was dazu führte, dass an die Daten bei diesem Vortrieb keine herkömmliche Lernkurve angepasst werden konnte. Es war nur möglich eine kubische, Funktion anzupassen.

gewerteten Funktion.

Die Abbildung 62 zeigt den Vergleich der Tagesleistungen mit der ausgewerteten Funktion. Die Daten beziehen sich auf den Zeitraum von Baubeginn bis zu einem längeren Stillstand, der durch einen Bruch des Bohrkopfes verursacht wurde. Es wurden sämtliche Stillstandstage bis zu diesem länger dauernden Stillstand aus dem Datenmaterial gestrichen.

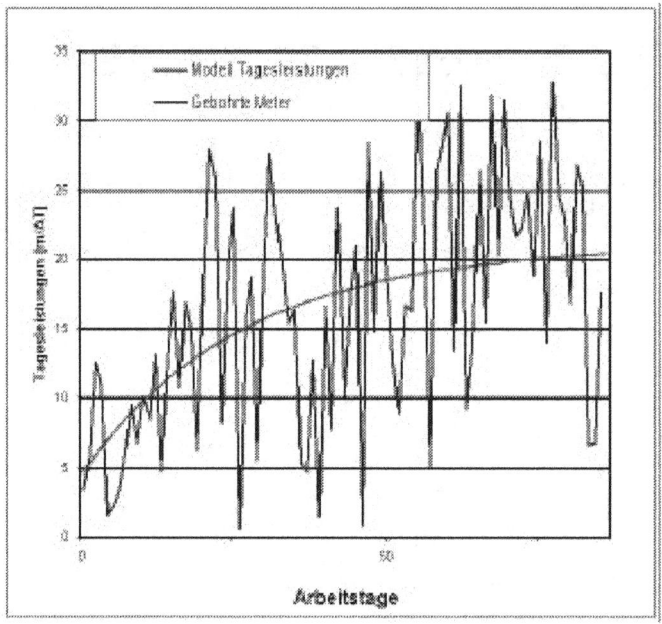

Abbildung 62 Vergleich der Tagesleistungen mit der ausgewerteten Funktion

Die Tabelle 24 enthält die ausgewerteten Parameter; deutlich ist wieder die qualitativ bessere Anpassung des Modells an die Summenlinie zu erkennen.

Typ	Summenlinie				Tagesleistungen			
	a	b	c	R^2	a	b	c	R^2
DS 3 Lesotho	35,0	27,8	0,0104	0,9983	21,1	16,9	0,0371	0,2328

Tabelle 24 Auswertungsergebnisse der Regressionen durch die Tagesleistungen und die Summenlinie der Tagesleistungen

7.5.6 Evinos 3 (Natalia)

Die Abbildung 63 zeigt den Vergleich der Summenlinie der Tagesleistungen mit der ausgewerteten Funktion.

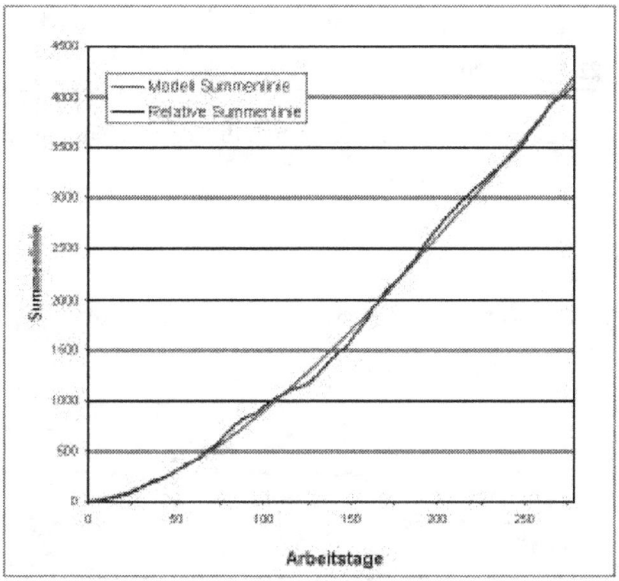

Abbildung 63 Vergleich Summenlinie der Tagesleistungen mit ausgewerteter Funktion

Die Abbildung 64 zeigt den Vergleich der Tagesleistungen mit der ausgewerteten Funktion.

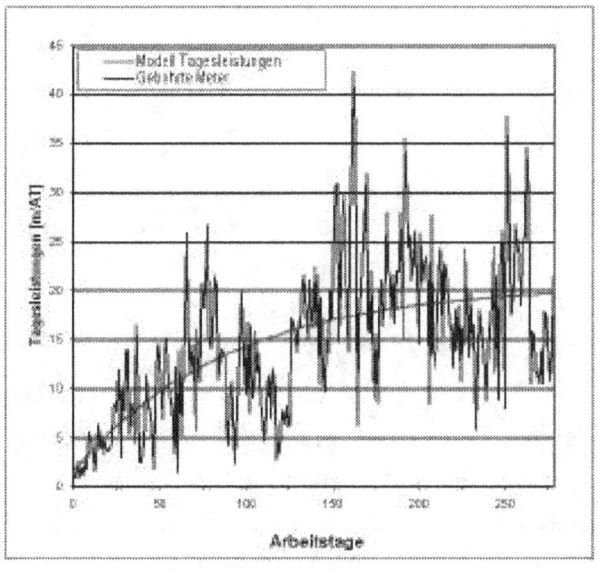

Abbildung 64 Vergleich der Tagesleistungen mit der ausgewerteten Funktion

Die Tabelle 25 enthält die ausgewerteten Parameter; deutlich ist wieder die qualitativ bessere Anpassung des Modells an die Summenlinie zu erkennen.

	Summenlinie				Tagesleistungen			
Typ	a	b	c	R^2	a	b	c	R^2
O-TBM1	22,9	20,8	0,0086	0,9982	20,5	19,2	0,0113	0,3868

Tabelle 25 Auswertungsergebnisse der Regressionen durch die Tagesleistungen und die Summenlinie der Tagesleistungen

7.5.7 Evinos 4 (Katrin)

Die Abbildung 65 zeigt den Vergleich der Summenlinie der Tagesleistungen mit der ausgewerteten Funktion.

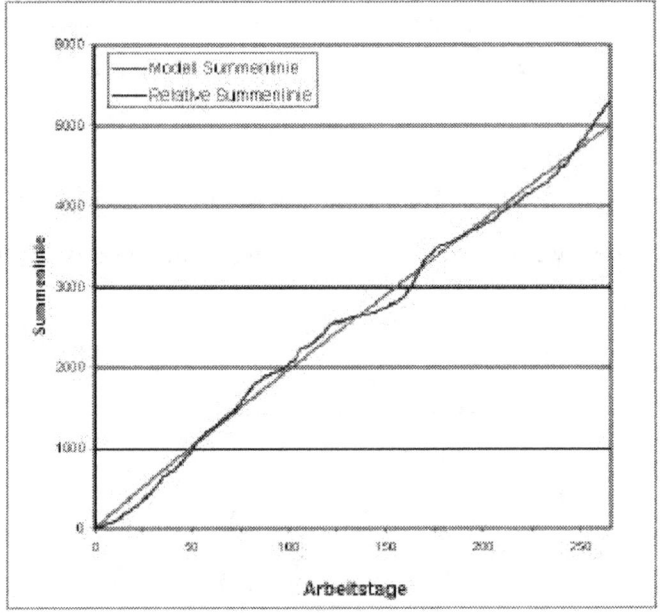

Abbildung 65 Vergleich Summenlinie der Tagesleistungen mit ausgewerteter Funktion

Die Abbildung 66 zeigt den Vergleich der Tagesleistungen mit der ausgewerteten Funktion.
Das Ergebnis bei der Anpassung an die Summenlinie zeigt ein sehr ungünstiges Verhalten des Modells, das vor allem durch die diversen, in der Summenlinie als Ausbuchtungen zu erkennenden Leistungseinbrüche hervorgerufen wird. Es wird dadurch ein untypisches, sehr rasches Lernen vorgetäuscht.

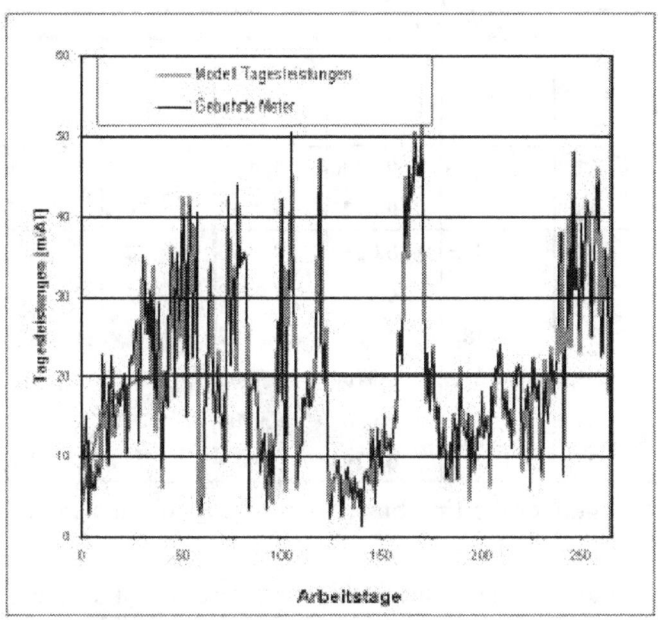

Abbildung 66 Vergleich der Tagesleistungen mit der ausgewerteten Funktion

Die Tabelle 26 enthält die ausgewerteten Parameter; deutlich ist wieder die qualitativ bessere Anpassung des Modells an die Summenlinie zu erkennen. Die Aussagekraft muss aber in diesem Fall auf Grund des negativen Parameters b hinterfragt werden.

Typ	Summenlinie				Tagesleistungen			
	a	b	c	R²	a	b	c	R²
O-TBM2	18,0	-2,8	0,0122	0,9945	20,4	17,9	0,1097	0,0340

Tabelle 26 Auswertungsergebnisse der Regressionen durch die Tagesleistungen und die Summenlinie der Tagesleistungen

7.5.8 Zusammenfassung

Gesamtübersicht

Die Tabelle 27 enthält eine Gesamtübersicht über die Auswertungsergebnisse der Regressionsanalysen.

	Summenlinie				Tagesleistungen			
Typ	a	b	c	R²	a	b	c	R²
O-TBM 1	22,9	20,8	0,0086	0,9982	20,5	19,2	0,0113	0,3868
O-TBM 2	18,0	-2,8	0,0122	0,9945	20,4	17,9	0,1097	0,0340
DS 1	32,1	34,5	0,0258	0,9993	32,8	31,9	0,0208	0,3740
DS 2 Plave	42,1	47,3	0,0079	0,9927	43,9	47,9	0,0070	0,6763
DS 2 Plave ab 154	34,5	18,6	0,0167	0,9992				
DS 3 Lesotho	35,0	27,8	0,0104	0,9983	21,1	16,9	0,0371	0,2328
DS 4 (Einarbeitung)	23,6	33,9	0,0767	0,9906	21,6	24,2	0,0590	0,1789
DS 4 (Wiedereinarb.)	27,9	21,6	0,1284	0,9989	28,0	21,0	0,1122	0,1634

Tabelle 27 Gesamtübersicht über die Ergebnisse der Regressionsanalysen

Bei den Vortrieben mit einer offenen TBM ist ein geringerer Lernkurvenparameter a offensichtlich, der als Dauerleistung zu interpretieren ist. Ein niedriger Parameter c (im Bereich von 0,008) weist auf ein langsames Lernen und damit eine lange Einarbeitungsphase hin. Ein hoher Parameter c (im Bereich von 0,08) weist auf eine hohe Lernfähigkeit hin und steht für eine kurze Einarbeitungsphase. Die Einarbeitungsverluste b zu Beginn des Vortriebes sind bei den meisten Vortrieben größer als die Dauerleistung a. Das führt zu negativen Anfangswerten des Modells.

Auswertungen an Daten mit Stillstandstagen

Typ	a	b	c
O-TBM 1	21,1	21,9	0,0096
O-TBM 2	17,7	11,3	0,0690
DS 1	27,9	23,7	0,0129
DS 4 (Einarbeitung)	23,1	27,1	0,0354
DS 4 (Wiedereinarb.)	24,4	25,0	0,2312

Tabelle 28 Auswertung mit Stillstandstagen

Die Tabelle 28 zeigt die Auswertungsergebnisse an den Daten mit Stillstandstagen[173].

---

[173] Schneider, E.; Wachter, R.: Leistungssteigerung bei mechanischen Tunnelvortrieben: Neueste Erkenntnisse über das Phänomen des Einarbeitungseffektes. Österreichischer Tunneltag 2000, Österreichisches Nationalkomitee der ITA, Verlag Glück Auf GmbH, Essen, 2000, S. 129 - 127

Bei dieser Auswertung konnten an zwei Vortrieben keine sinnvollen Ergebnisse erzielt werden. Die Werte für den Parameter c liegen im Bereich von 0,01 und 0,2 – also etwas günstiger als in der vorigen Auswertung. Der Parameter a nimmt vor allem bei den DS-TBM niedrigere Werte an. Dadurch verschiebt sich die Lernfähigkeit c in einen etwas günstigeren Bereich als bei der Auswertung ohne Stillstandstage; es muss ja eine geringere Dauerleistung erzielt werden.

In Abbildung 67 sind die Lernkurvenparameter für 4 Vortriebe mit einer DS-TBM zusammenfassend dargestellt

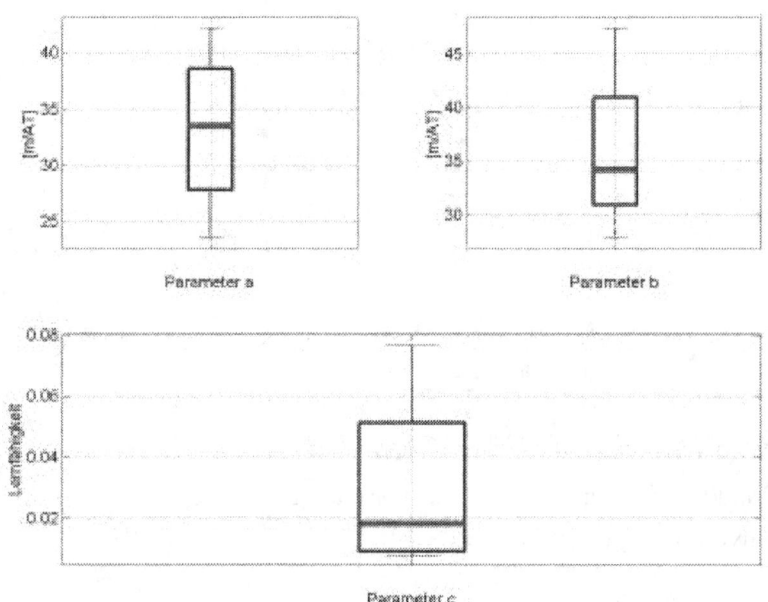

Abbildung 67 Gesamtübersicht der Lernkurvenparameter der 4 DS-TBM Vortriebe

Probleme bei der Modellierung

Es gibt kein Modell, das keine Schwachstellen und Unzulänglichkeiten aufweist. Das vorher beschriebene Problem mit den negativen Anfangswerten des Modells kann insofern etwas abgeschwächt werden, als bei der Betrachtung des 95 % Konfidenzintervalls der Lernkurvenparameter dieser in den positiven Bereich ragt und somit diese Unzulänglichkeit als Modellunschärfe zu interpretieren ist, wie aus Abbildung 68 ersichtlich.

Die 95 % Konfidenzgrenzen für die Regressionskurve geben ein weiteres Bild über die Aussage der Lernkurve und grenzen den Bereich ab, in dem 95 % aller Fälle zu liegen kommen. Da die Konfidenzgrenzen nicht wie bei einer linearen Regression ermittelt werden können, ist eine besondere Vorgehensweise erforderlich.

Der hier eingeschlagene Weg ergibt wahrscheinlich nicht die beste Schätzung für das Konfidenzintervall der nichtlinearen Regression. Die Ermittlung der Konfidenzgrenzen basiert auf der Annahme einer Normalverteilung für jeden einzelnen Messwert der Stichprobe.

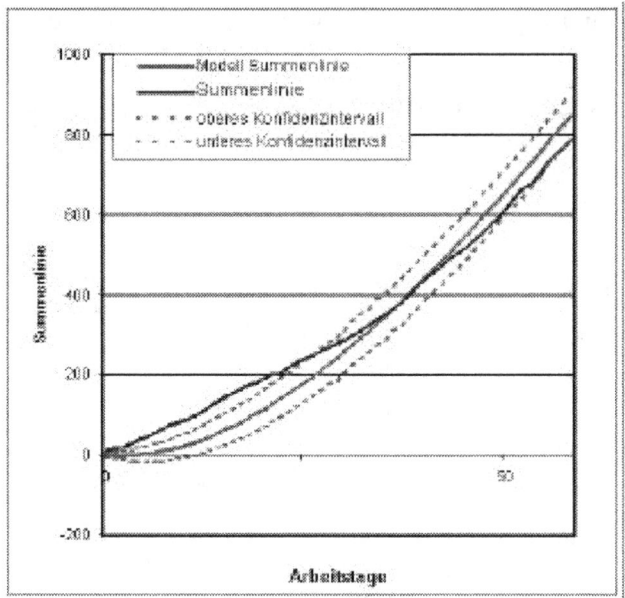

Abbildung 68 Konfidenzgrenzen der Lernkurvenparameter bis Arbeitstag 60

Die Varianz des einzelnen Punktes kann aus der Gesamtvarianz geschätzt werden und daraus das 95 % Intervall der Normalverteilung ermittelt werden.

$$\hat{\sigma}^2 = \frac{SS_E}{n-2}$$

Durch Bilden der Quadratwurzel kann daraus $\hat{\sigma}$ ermittelt werden. Zur Ermittlung des Konfidenzbereiches wurde folgende Vorgehensweise in Anlehnung an die Vorgehensweise bei der Ermittlung von Konfidenzintervallen[174] gewählt:

- Festlegen der Konfidenzzahl mit 95 %
- Bestimmen von $\gamma = 1,960$

---

[174] Anmerkung: Es handelt sich in diesem Fall um die Bestimmung eines Konfidenzintervalls bei einer nichtlinearen Regression, die bei Zeitreihen angewendet wurde. Es gilt die Annahme, dass die Regressionsfunktion bei jedem t den Mittelwert angibt und eine Normalverteilung vorliegt.

- Ermittlung des Parameters $\alpha = \gamma \frac{\sigma}{\sqrt{n}}$; Dabei wird für $\sigma = \hat{\sigma}$ verwendet und n = 1 gesetzt, da ja zu jedem Zeitpunkt nur eine Messung vorliegt
- Der Konfidenzbereich ergibt sich dann zu:

$$KONF = \{\hat{x}(t) - \alpha \leq x(t) \leq \hat{x}(t) + \alpha\}$$

wobei gilt:

$\hat{x}(t)$ .... Funktionswert der Regressionskurve an der Stelle t

x(t) .... Tatsächlich gemessener Wert

Eine weitere Schwachstelle bei dieser Art der Modellierung stellt die ungenügende Aussagekraft dar. Man kann zwar mittels der Lernkurve eine Baudauer ermitteln und einen Verlauf des Vortriebes darstellen, diese Werte sind aber von untergeordneter Bedeutung.

Wesentliche Fragen wie die Dauer der Einarbeitungsphase und die auftretenden Verluste können nicht direkt beantwortet werden.

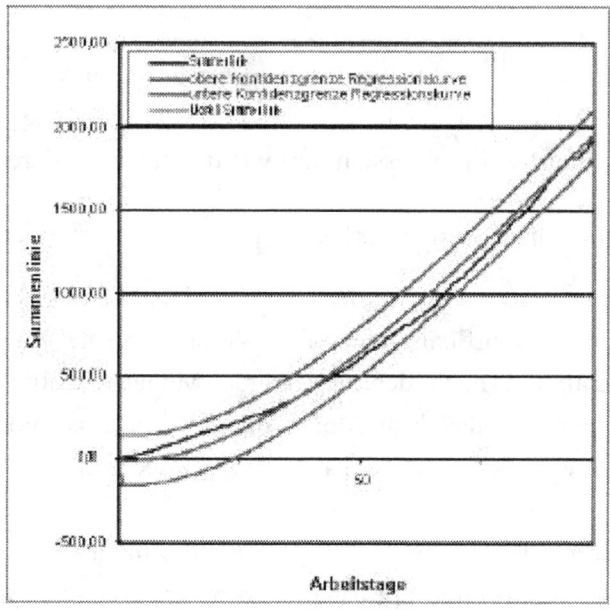

Abbildung 69 Konfidenzbereich der Regressionskurve bis Arbeitstag 100

7.6 Dauer der Einarbeitungsphase

7.6.1 Allgemein

Die Ermittlung der Dauer der Einarbeitungsphase wird, wie bereits in Kapitel 6.5 ausführlich dargestellt, auf ein Change-Point Problem zurückgeführt. Die Auswertungen werden an den Tagesleistungen durchgeführt; Stillstandstage werden nicht berücksichtigt. Die Betrachtungsweise des Datenmaterials spielt bei der Analyse eine bedeutende Rolle und ist auch für die Wahl der Methode zur Bestimmung des Change-Point ausschlaggebend.

Das Verfahren nach Petitt benötigt eine große Menge an Daten, um ein aussagekräftiges Ergebnis zu erzielen[175]. Auch das Verfahren nach Huskova benötigt eine große Anzahl an Datensätzen für eine sinnvolle Anwendung.

Das sequentielle Verfahren spricht auch bei einer geringen Anzahl an Datensätzen an. Folglich sind für die Auswertungen bei den ersten beiden Verfahren die Tagesleistungen und bei dem letztgenannten Verfahren die monatlichen Mittelwerte der Vortriebsleistungen und die Tagesleistungen zu verwenden.

7.6.2 Evinos 1 (Salima)

Allgemein

Da dieser Vortrieb den ausgeprägtesten Einarbeitungsverlauf aller Vortriebe aufweist, soll anhand der Daten zusätzlich noch untersucht werden, ob das sequentielle Verfahren angewendet auf die Tagesleistungen ähnliche Ergebnisse liefert wie die beiden anderen Verfahren.

Sequentielles Verfahren mit Monatsmittelwerten

Das sequentielle Verfahren wird auf die mittlere Vortriebsleistung eines Monats angewendet. In Abbildung 70 werden die Signifikanzzahlen des F-Tests dargestellt. Die Monatsangaben beziehen sich auf den Zeitraum nach dem erwähnten Monat. Deutlich ist ein Sprung der Signifikanzzahl vom zweiten auf das dritte Monat zu erkennen. Das Ende der Dauer der Einarbeitungsphase kann mit drei bis vier Monaten angenommen werden.

Dieses Ergebnis wird durch den T-Test bestätigt. Auch die nichtparametrischen Korrelationskoeffizienten nach Kendall-Tau-b und Spearman-Rho bringen dasselbe Ergebnis für die Dauer der Einarbeitungsphase.

---

[175] James, B.; James, K.L.; Siegmund, D.: Tests for a Change Point. Biometrika (1987), 74, 1, S 71 - 83

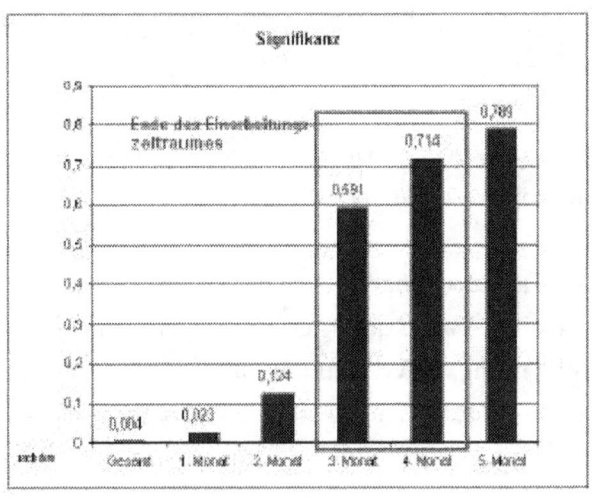

Abbildung 70 Signifikanzzahlen des F-Tests

Sequentielles Verfahren mit Tagesleistungen

Werden die Tagesleistungen an Stelle der Monatsmittelwerte der Tagesleistungen verwendet, so werden zum einen die Anzahl der Datensätze erhöht und zum anderen durch die hohe Anzahl und die großen Schwankungen der Tagesleistungen die Aussagen des Trendtests nicht mehr so prägnant, wie das bei Verwendung der monatlichen Mittelwerte der Fall ist.

In Abbildung 71 ist das Ergebnis der Auswertungen des F-Tests dargestellt. Die Dauer der Einarbeitungsphase ist nach 75 bis 90 Tagen abgeschlossen.

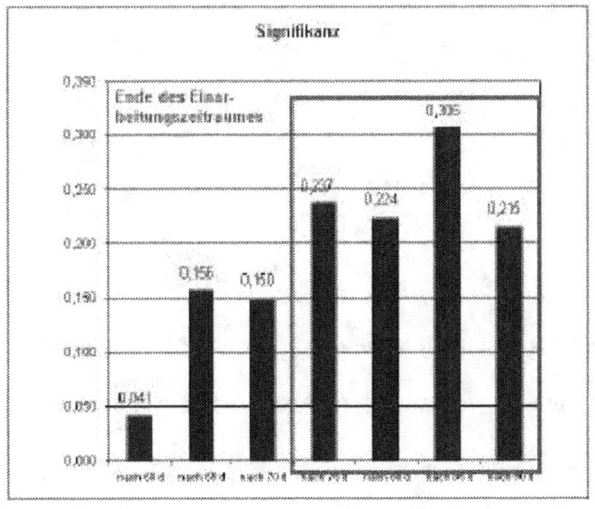

Abbildung 71 Signifikanzzahlen des F-Tests bei Verwendung von Tagesleistungen

Dieses Ergebnis zeigt, dass es annähernd mit der zuvor gemachten Aussage, dass die Dauer der

Einarbeitungsphase zwischen drei und vier Monaten beträgt, korrespondiert. Es kann die Aussage aber nicht präzisiert werden.

Um zu erkennen, welche Messgröße zur Anwendung dieses Tests die besten Ergebnisse bringt, wurde die Teststatistik für mehrere Fälle untersucht:

- Monatsmittelwerte der Tagesleistungen
- Differenzen der Monatsmittelwerte der Tagesleistungen - führt zu keinem brauchbaren Ergebnis, da die Testgröße negative Werte annimmt[176]
- Tagesleitungen unter Anwendung eines gleitenden Mittels
- Tagesleistungen

Die Abbildung 72 zeigt die Auswertung der Testgröße $[(k\ S_m/m)-S_k]$. Das gesuchte Maximum liegt bei 3 Monaten. Die Null-Hypothese besagt: „Es liegt kein Sprung im Mittelwert vor"; sie muss verworfen werden, wenn die Testgröße größer als der Wert b[177] für das Signifikanzniveau 0,05 ist[178].

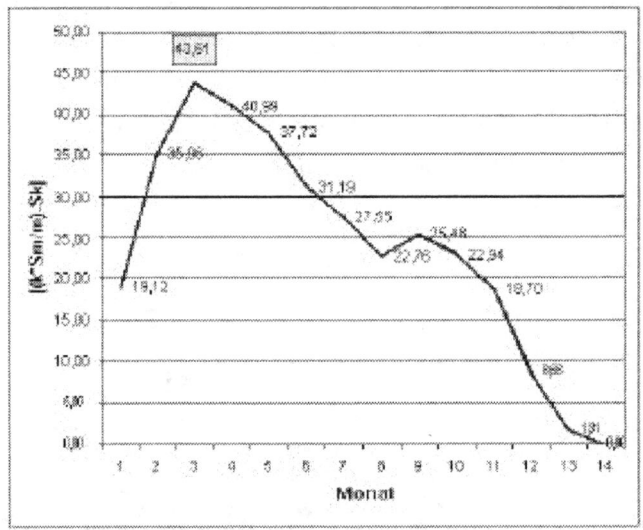

Abbildung 72 Auswertung der Teststatistik angewendet auf die Monatsmittelwerte der Tagesleistungen

Die Abbildung 73 zeigt die Auswertung der Teststatistik, angewendet auf die Tagesleistungen

---

[176] Der Artikel von *James, James und Siegmund* (1987) gibt keine Auskünfte, ob der Betrag der Testgröße heranzuziehen ist oder nicht. Negative Werte für b sind nicht zugelassen. Es muss daher angenommen werden, dass der Betrag zu bilden ist. In diesem Fall wäre eine Auswertung möglich.
[177] Siehe dazu Anhang Kapitel 10.3
[178] Siehe dazu auch Kapitel 6

und auf ein gleitendes Mittel der Länge 17. Deutlich ist eine Verschiebung des gleitenden Mittels zu den ursprünglichen Daten zu erkennen.

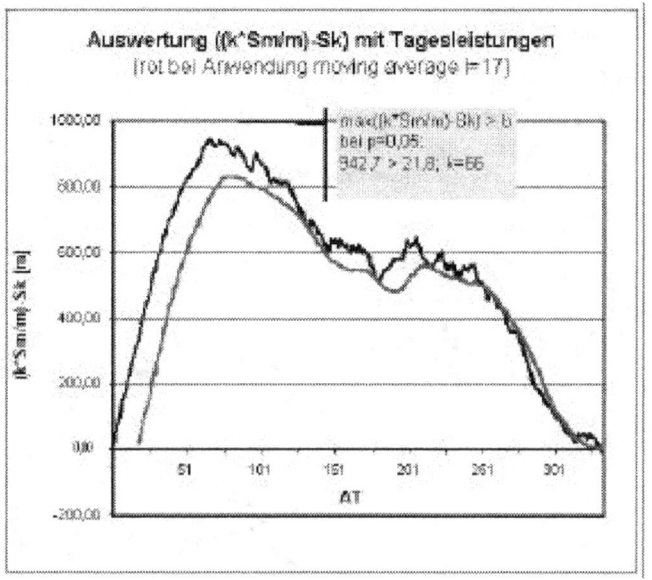

Abbildung 73 Auswertung der Teststatistik angewendet auf die Tagesleistungen

Das Maximum der Teststatistik liegt bei k = 66 AT. Die Testgröße ist größer als der Wert b - das heißt, die Nullhypothese ist zu verwerfen. Es liegt eine Änderung des Mittelwertes vor.

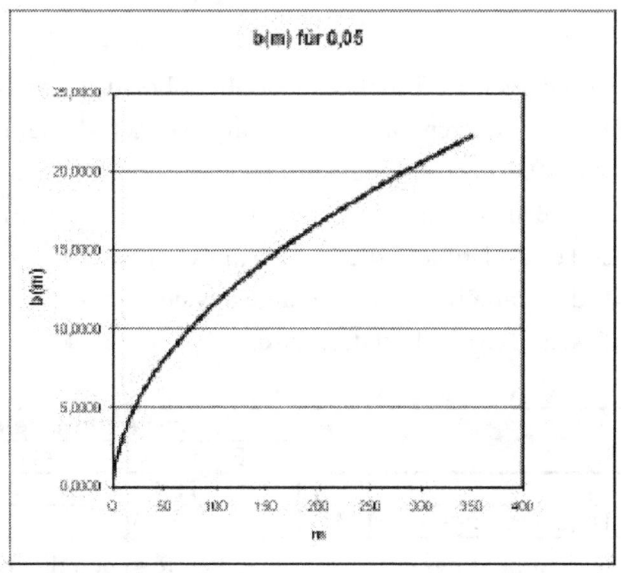

Abbildung 74 Vergleichsgröße in Abhängigkeit von m für eine Wahrscheinlichkeit 0,05

Die Abbildung 74 zeigt die Auswertung für die Abschätzung der Messgröße b bei einer Signifikanz von 0,05 und in Abhängigkeit von der Anzahl der Messwerte m.

Huskova

Die Abbildung 75 zeigt die Auswertung der Summe der Residuen in Abhängigkeit zum Change-Point. Der Change-Point kann nach Huskova (1996) dort angenommen werden, wo die Summe ein Minimum erreicht. In diesem Fall ergibt sich der Change-Point nach 65 AT.

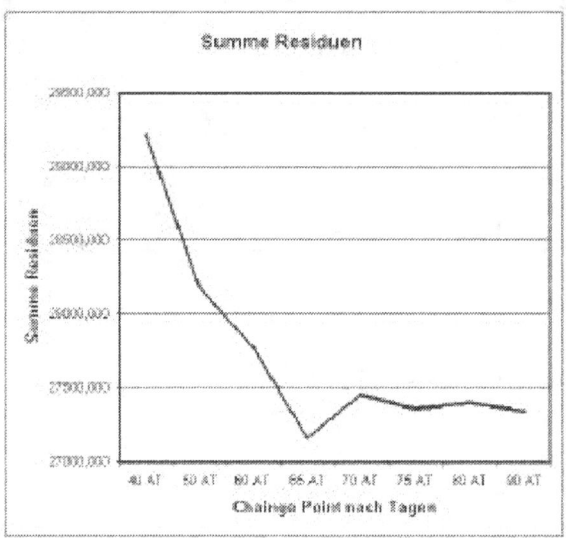

Abbildung 75 Auswertung der Summe der Residuen in Abhängigkeit zum Change-Point

Vergleich

Der Vergleich der drei Methoden in Tabelle 29 ergibt folgendes Ergebnis. Das sequentielle Verfahren wird bevorzugt bei wenigen Datensätzen angewendet, da bei steigender Anzahl der Datensätze das Festlegen des Change-Point erschwert wird. Die beiden anderen Verfahren werden begünstigt bei einer großen Anzahl von Datensätzen angewendet. Ein Ergebnis kann aber auch bei Anwendung der Teststatistik auf die Monatsmittelwerte der Tagesleistung erzielt werden. Das Ergebnis zeigt, dass die üblicherweise angegebene Dauer für die Einarbeitungsphase von ca. 3 Monaten bei diesem Beispiel bestätigt wird.

Anwendung auf		Einarbeitungszeitraum nach		
		Eigen	Petitt	Huskova
Tagesleistungen	[AT]	75,00	66,00	65,00
Monatsmittelwerte der Tagesleistungen	[Mo]	3,00	3,00	

Tabelle 29 Vergleich der Einarbeitungszeiträume - Die Werte geben die Mindestdauer der Einarbeitungsphase an

7.6.3 Evinos 2 (Ginevra)

Allgemein

Bei diesem Vortrieb erfolgte bei Tunnelmeter 2.240 ein länger andauernder Stillstand. Daher wird die Auswertung der Dauer der Einarbeitungsphase getrennt für die Phase vor dem Stillstand und die Phase nach dem Stillstand vorgenommen.

Sequentielles Verfahren

Bei der Auswertung der Monatsmittelwerte der Tagesleistungen kann kein sinnvolles Ergebnis erzielt werden, da die beiden Monate vor dem Stillstand auch schon sehr schwache Leistungen aufweisen. Es entsteht bereits nach dem Weglassen des ersten Monats ein negativer Trend. Aus diesem Grund ist es erforderlich, die Tagesleistungen zu verwenden und den Bereich der schlechten Vortriebleistungen vor dem Stillstand aus der Betrachtung herauszunehmen, um den Einfluss der beiden letzten Monate zu reduzieren. Es werden die Tage bis zum 100sten Vortriebstag ausgewertet. Ein Weglassen der letzten beiden Vortriebsmonate bei der monatweise Auswertung bringt kein brauchbares Ergebnis, da zur Auswertung zu wenig Daten vorliegen.

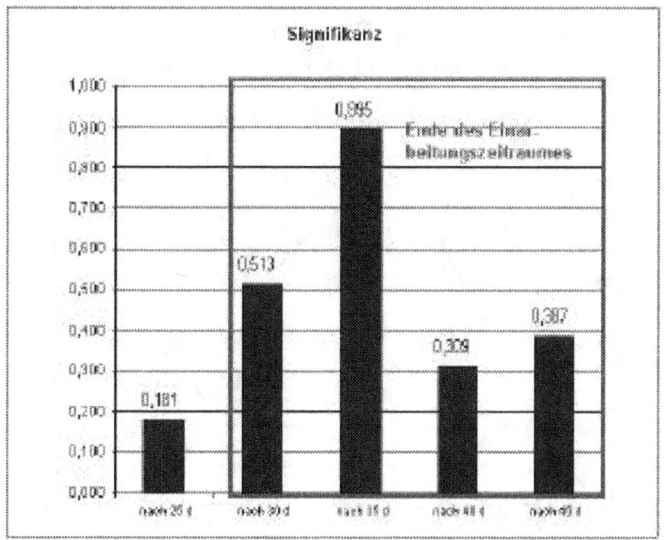

Abbildung 76 Signifikanzzahlen des F-Tests bei Verwendung von Tagesleistungen

Nach diesen Auswertungen ist der Vortrieb nach ungefähr 30 bis 35 Tagen eingearbeitet.
In Abbildung 77 ist die Auswertung des F-Tests für den Zeitraum der Wiedereinarbeitung dargestellt. Das Ergebnis zeigt, dass der Vortrieb nach ca. 15 AT wiedereingearbeitet ist.

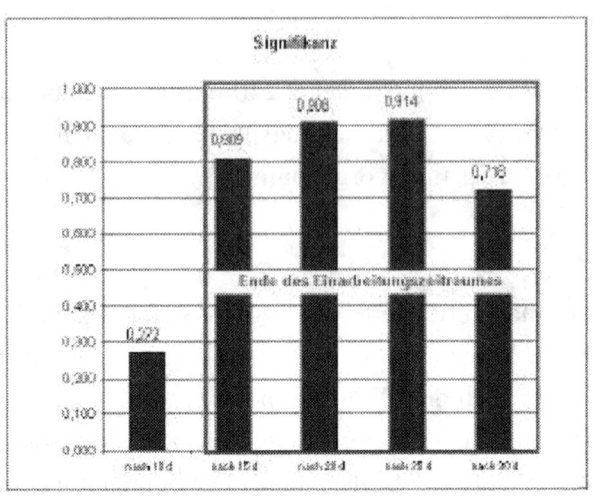

Abbildung 77 Signifikanzzahlen des F-Tests bei Anwendung von Tagesleistungen im Zeitraum der Wiedereinarbeitung nach längerem Stillstand

Petitt

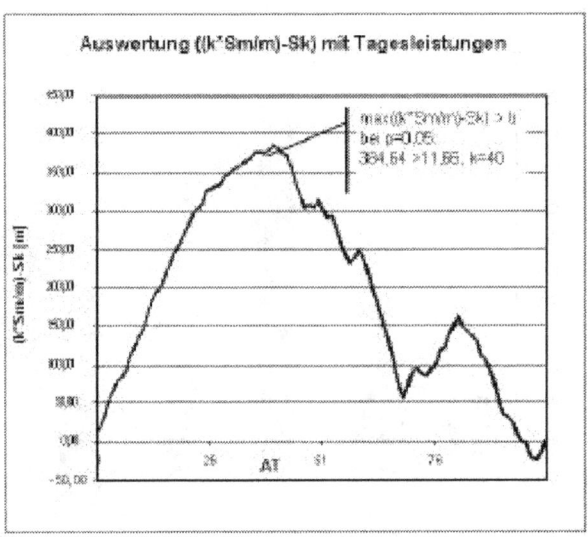

Abbildung 78 Auswertung der Teststatistik angewendet auf die Tagesleistung für den Zeitraum vor dem Stillstand

Die Auswertung des Tests erfolgt an den Tagesleistungen. Die Ergebnisse der Teststatistik sind in der Abbildung 78 für den Fall der Einarbeitung vor dem Stillstand und in Abbildung 79 für den Fall der Wiedereinarbeitung nach dem Stillstand dargestellt. Das Ergebnis für die Dauer der Einarbeitungsphase beträgt 40 AT. Für die Dauer der Wiedereinarbeitung liegt das Maximum der Teststatistik bei 65 AT. Bei näherer Betrachtung ist bereits vorher ein lokales Maximum zu erkennen, das bei 19 AT bzw. 27 AT liegt – ein weitaus plausibleres Ergebnis.

Der Wert b wird bei allen vier Maxima der Teststatistik überschritten; die Nullhypothese kann verworfen werden und es liegt eine Änderung des Mittelwertes vor.

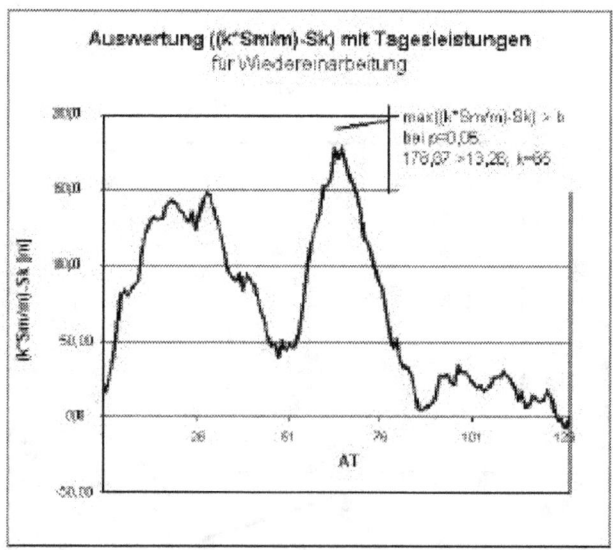

Abbildung 79 Auswertung der Teststatistik angewendet auf die Tagesleistungen für den Zeitraum nach dem Stillstand

Huskova

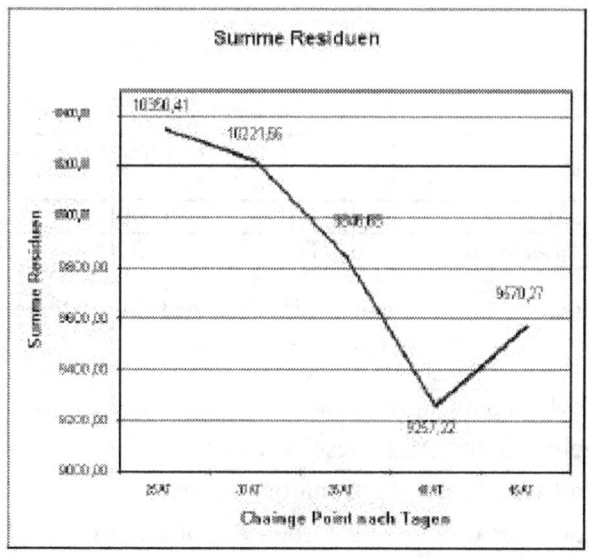

Abbildung 80 Auswertung der Summe der Residuen in Abhängigkeit zum Change-Point für den Zeitraum vor dem Stillstand

Die Abbildung 80 zeigt die Auswertung der Summe der Residuen für den Zeitraum vor dem Stillstand und die Abbildung 81 zeigt die Summe der Residuen für den Zeitraum nach dem Stillstand. Die Darstellung ist in Abhängigkeit zum Change-Point gewählt. Es ergeben sich eine Dauer der Einarbeitungsphase von 40 AT und eine Wiedereinarbeitungsphase von 25 AT.

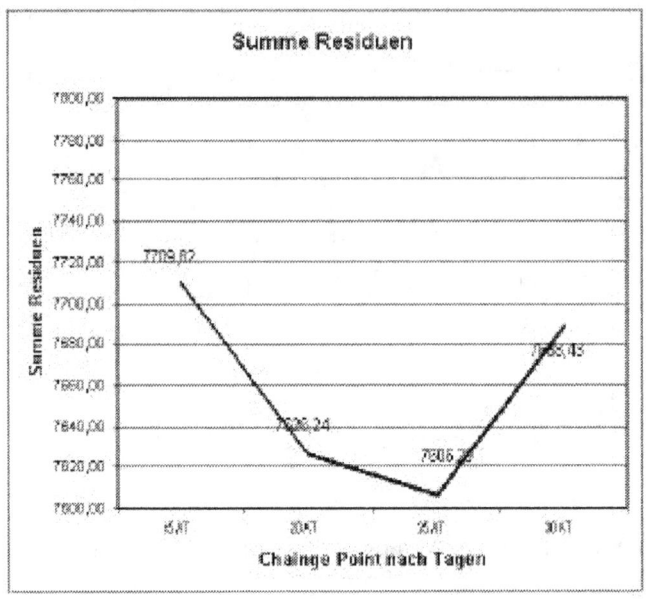

Abbildung 81 Auswertung der Summe der Residuen in Abhängigkeit zum Change-Point für den Zeitraum nach dem Stillstand

Vergleich

Anwendung auf		Einarbeitungszeitraum nach		
		Eigen	Petitt	Huskova
Tagesleistungen Einarbeitung	[AT]	30,00	40,00	40,00
Tagesleistungen Wiedereinarbeitung	[AT]	15,00	27,00	25,00

Tabelle 30 Vergleich der Einarbeitungszeiträume - die Werte geben die Mindestdauer der Einarbeitungsphase an

Die Tabelle 31 fasst die Ergebnisse der Auswertung zusammen. Die beiden Verfahren von Huskova und Petitt ergeben annähernd dieselben Dauern für die Einarbeitungsphasen. Auf Grund des Stillstandes fällt die Dauer der Einarbeitungsphase etwas geringer aus, da sich der Stillstand gerade zum Ende der üblichen Einarbeitungsphase ereignet hat. Die niedrigen Vortriebsleistungen vor Eintritt des Stillstandes erschweren die Auswertungen. Die Dauer für die Wiedereinarbeitung ist wie erwartet deutlich kürzer.

7.6.4 Slowenien (Plave II)

Allgemein

Der Vortrieb weist eine sehr lange, ausgeprägte Einarbeitungsphase auf, die unter anderem mit den geologischen Schwierigkeiten zu Beginn des Vortriebes zusammenhängt. Darum ist hier zu überlegen, ab welchem Monat oder ab welcher Vortriebsstation der tatsächliche Vortriebsbeginn angenommen werden kann. Bei der Auswertung der Dauer der Einarbeitungsphase wurde das noch nicht berücksichtigt.

Sequentielles Verfahren

Die Abbildung 82 zeigt die Signifikanzzahlen des F-Tests bei Verwendung der Monatsmittelwerte. Es ist deutlich ein schleppender Einarbeitungsverlauf zu erkennen, der nicht nur mit dem Einarbeitungseffekt in Zusammenhang steht; die geringen Vortriebsleistungen zu

Beginn des Vortriebes können auch auf die Durchörterung einer Lockergesteinsstrecke zurückgeführt werden. Dieser Umstand ist wie bereits zuvor erwähnt vor allem bei der Ermittlung von Verlusttagen und den prozentuellen Leistungssätzen in der Einarbeitungsphase von Interesse.

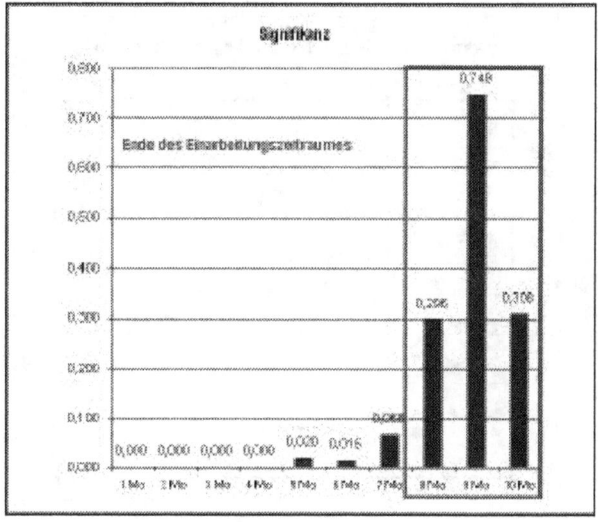

Abbildung 82 Signifikanzzahlen des F-Tests bei Verwendung von Monatsmittelwerten

Die Abbildung 83 zeigt die Signifikanzzahlen des F-Tests bei Anwendung auf die Tagesleistungen. Es ist ersichtlich, dass der Wechsel etwas früher anzunehmen ist als bei Anwendung auf die mittleren Monatsleistungen.

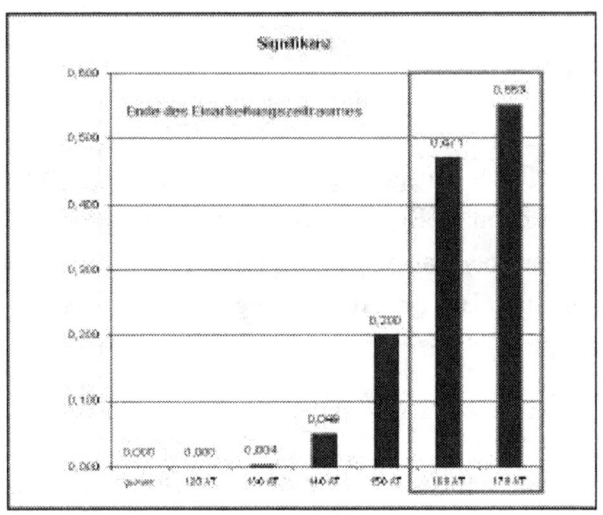

Abbildung 83 Signifikanzzahlen des F-Tests bei Verwendung von Tagesleistungen

Petitt

Die Abbildung 84 zeigt die Teststatistik angewendet auf die Tagesleistungen. Das Ergebnis des Tests ist ein Ende der Einarbeitungsphase nach 116 AT.

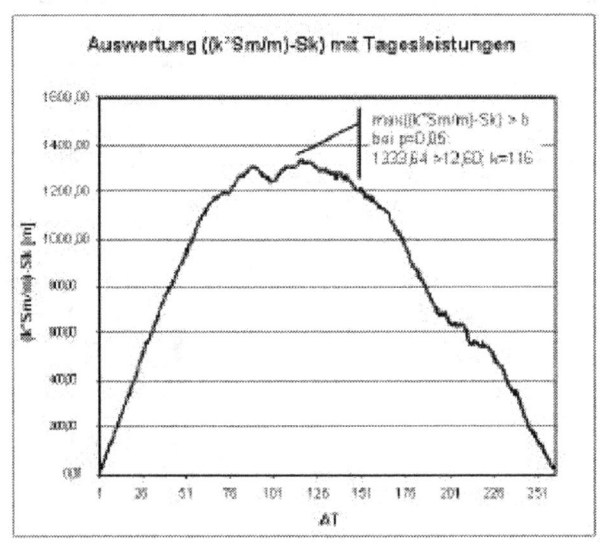

Abbildung 84 Auswertung der Teststatistik angewendet auf die Tagesleistung

Huskova

In der Abbildung 85 ist die Auswertung der Residuen in Abhängigkeit zum angenommenen Change-Point dargestellt. In dieser Auswertung ergibt sich der Change-Point nach 190 AT.

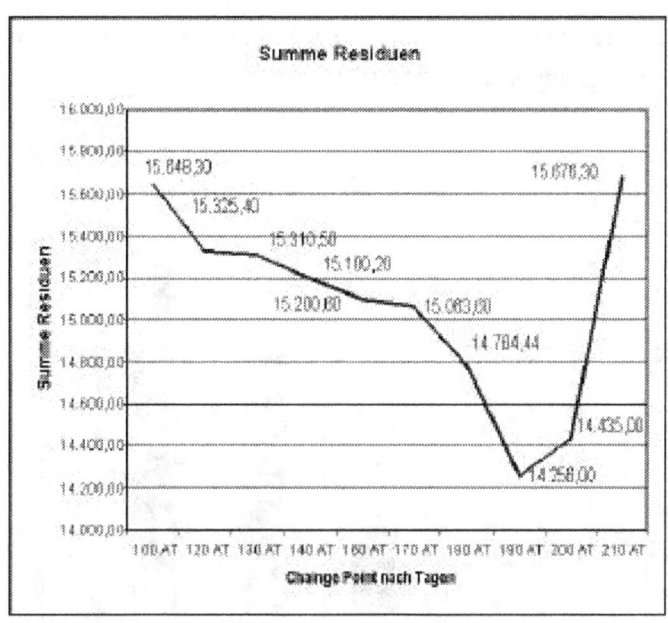

Abbildung 85 Auswertung der Summe der Residuen in Abhängigkeit zum Change-Point

Vergleich

Anwendung auf		Einarbeitungszeitraum nach		
		Eigen	Petitt	Huskova
Tagesleistungen Einarbeitung	[AT]	160,00	116,00	190,00
Monatsmittelwerte der Tagesleistungen	[Mo]	9,00	-	-

Tabelle 31 Vergleich der Einarbeitungszeiträume

Die Tabelle 31 zeigt einen Vergleich der Ergebnisse der drei verschiedenen Verfahren. Interessanterweise liegen die Ergebnisse weit auseinander. Ursachen für diese starke Streuung der Ergebnisse können nicht angegeben werden.

7.6.5 Lesotho

Allgemein

Bei diesem Vortrieb erfolgte bei Tunnelmeter 1.404,00 ein längerer Stillstand, weswegen die Auswertung des Einarbeitungseffektes nur bis zu dieser Station erfolgen konnte.

Sequentielles Verfahren

Die Abbildung 86 zeigt die Auswertung der Signifikanz des F-Tests für den Vortrieb. In diesem Fall ergibt sich eine ausgeprägte, kurze Einarbeitungsphase von 40 AT. Dies lässt sich dadurch begründen, dass die Unterbrechung des Vortriebes in der Einarbeitungsphase erfolgte.

Dadurch werden die zu erzielende Leistung und folglich die Dauer, bis der Vortrieb auf diese Leistung eingearbeitet ist, geringer.

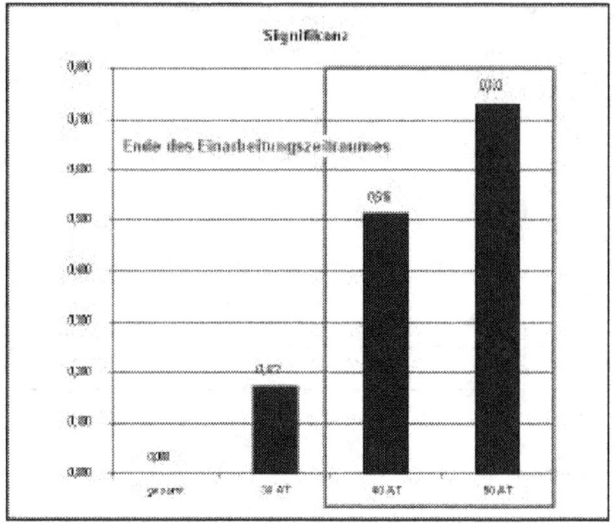

Abbildung 86 Signifikanzzahlen des F-Tests bei Verwendung von Tagesleistungen

Petitt

Die Abbildung 87 zeigt die Auswertung der Teststatistik mit dem Ergebnis für die Dauer der Einarbeitungsphase von 48 AT. Für die Kürze der Einarbeitungsphase gilt das zuvor Gesagte.

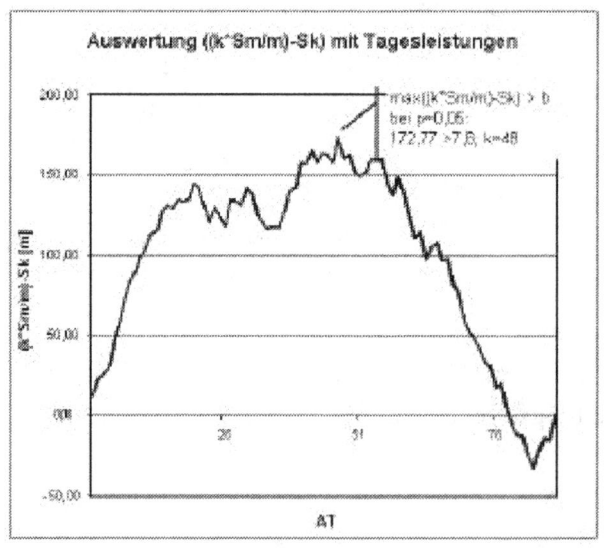

Abbildung 87 Auswertung der Teststatistik angewendet auf die Tagesleistung

Huskova

Die Abbildung 88 zeigt die Auswertung der Summe der Residuen in Abhängigkeit vom Change-Point. In diesem Fall können keine brauchbaren Ergebnisse ermittelt werden. Es besteht der Grund zur Annahme, dass eine zu geringe Anzahl von Daten aus der eingearbeiteten Phase vorliegen.

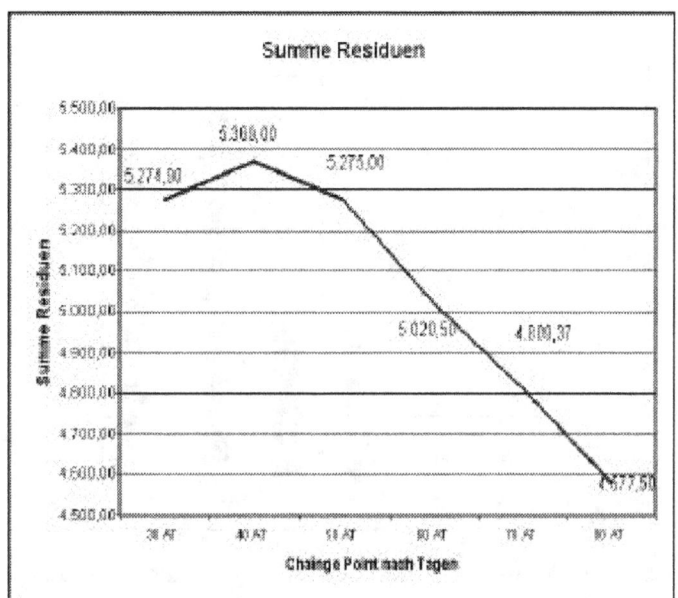

Abbildung 88 Auswertung der Summe der Residuen in Abhängigkeit zum Change-Point

Vergleich

Anwendung auf		Einarbeitungszeitraum nach		
		Eigen	Petitt	Huskova
Tagesleistungen Einarbeitung	[AT]	40,00	48,00	-

Tabelle 32 Vergleich der Einarbeitungszeiträume

Die Tabelle 32 zeigt den Vergleich der Einarbeitungszeiträume. Die Ergebnisse liegen dicht beieinander; bemerkenswert ist, dass die Auswertung nach Huskova kein Ergebnis bringt.

7.6.6 Evinos 3 (Natalia)

Allgemein

Bei diesem Vortrieb handelt es sich um einen Vortrieb mit einer offenen TBM, bei dem keine ausgeprägten Schwierigkeiten aufgetreten sind.

Sequentielles Verfahren

Die Abbildung 89 und die Abbildung 90 zeigen die Auswertungen der Signifikanzzahlen des F-Tests angewendet auf die Mittelwerte der Tagesleistungen pro Monat und auf die Tagesleistungen. Die Dauer der Einarbeitungsphase beträgt 3 Mo im einen und 120 AT im anderen Fall.

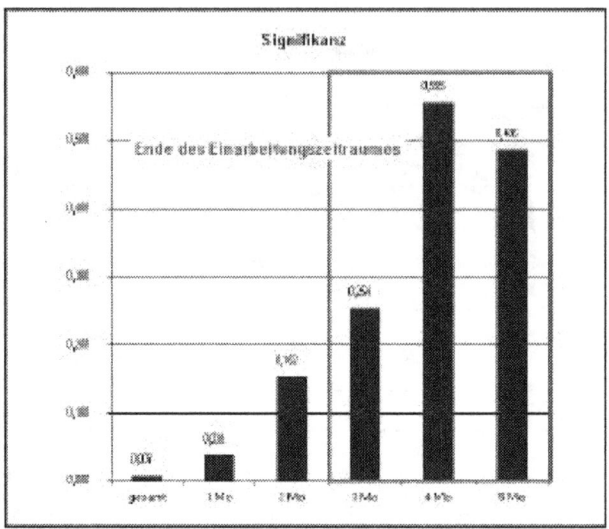

Abbildung 89 Signifikanzzahlen des F-Tests bei Mittelwerten der Monatsleistungen

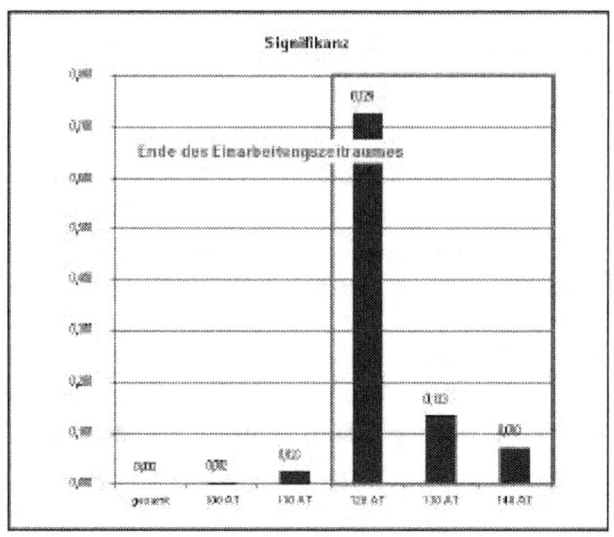

Abbildung 90 Signifikanzzahlen des F-Tests bei Verwendung von Tagesleistungen

Petitt

Die Abbildung 91 zeigt die Teststatistik angewendet auf die Tagesleistungen. Die daraus resultierende Dauer der Einarbeitungsphase beträgt 126 AT.

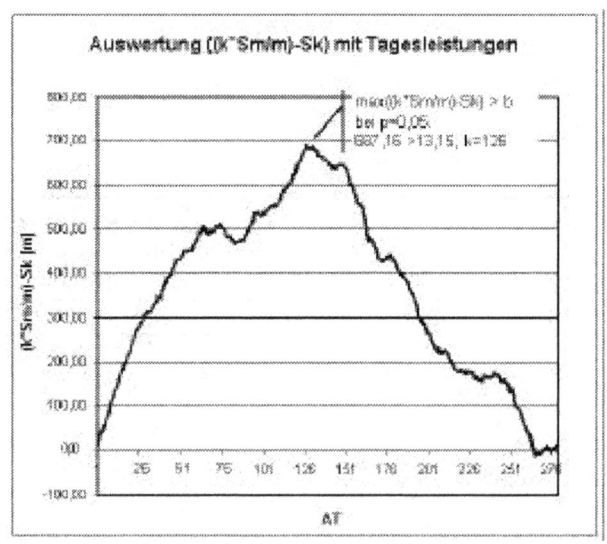

Abbildung 91 Auswertung der Teststatistik angewendet auf die Tagesleistung

Huskova

Die Abbildung 92 zeigt die Auswertung der Summe der Residuen in Abhängigkeit vom Change-Point. Daraus lässt sich die Dauer der Einarbeitungsphase mit 130 AT festlegen.

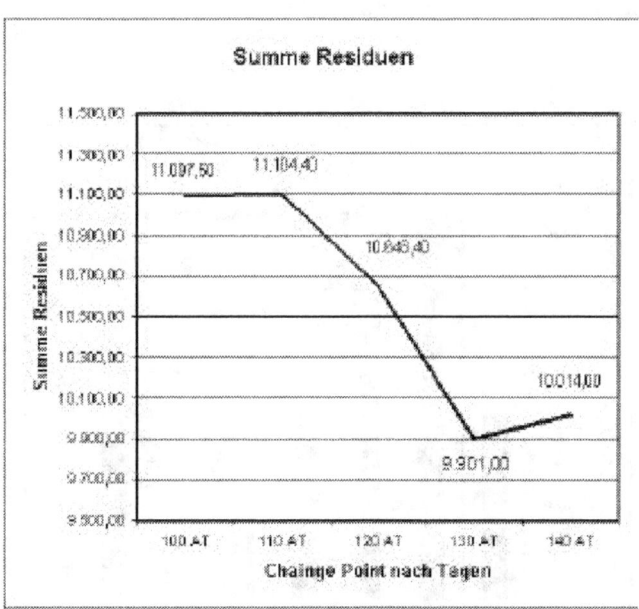

Abbildung 92 Auswertung der Summe der Residuen in Abhängigkeit zum Change-Point

Vergleich

Die Tabelle 33 zeigt den Vergleich der Einarbeitungszeiträume. Die Ergebnisse liegen zwischen 120 AT und 130 AT.

Anwendung auf		Einarbeitungszeitraum nach		
		Eigen	Petitt	Huskova
Tagesleistungen Einarbeitung	[AT]	120,00	126,00	130,00
Monatsmittelwerte der Tagesleistungen	[Mo]	3,00	-	-

Tabelle 33 Vergleich der Einarbeitungszeiträume

7.6.7 Evinos 4 (Katrin)

Allgemein

Die Auswertung dieses Vortriebs stellt sich als problematisch dar. Wie bereits in der Untersuchung auf Trend festgestellt, ist die Ursache dafür eine Vermischung aus Einarbeitungseffekt und schlechter werdender geologischer Verhältnisse; es soll dennoch hier eine Auswertung des Einarbeitungsverlaufes vorgenommen werden. Die Ergebnisse sind unklar und bedürfen einer sehr genauen Interpretation des Bearbeiters. Es ist daher unbedingt erforderlich, das Wissen aus den bereits durchgeführten Auswertungen einzusetzen.

Sequentielles Verfahren

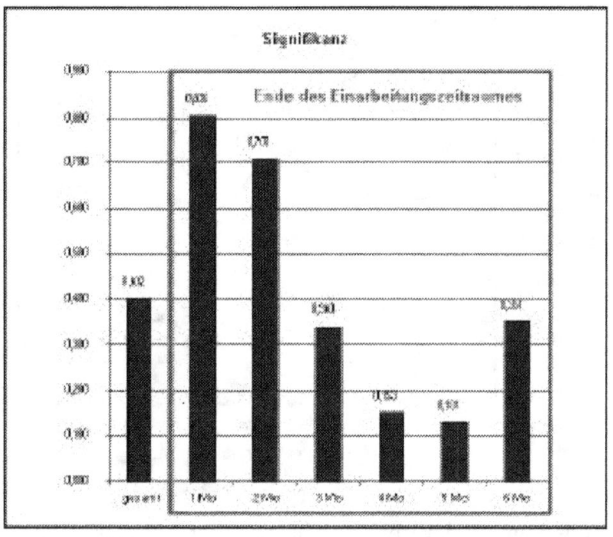

Abbildung 93 Signifikanzzahlen des F-Tests bei Mittelwerten der Monatsleistungen

Bereits beim sequentiellen Verfahren in Abbildung 93 und Abbildung 94 ist ersichtlich, dass der Einfluss der schlechteren Gebirgsverhältnisse, der sich unter anderem durch niedrigere Vortriebsleistungen bemerkbar macht, die Analyse des Lernens erheblich erschwert.

Es wird frühzeitig auf eine annähernd trendfreie Gerade geschlossen, die auf das Ende der Einarbeitungszeit schließen lässt. Dies gilt sowohl für die Auswertung bei den Monatsmittelwerten als auch für die Auswertung der Tagesleistungen.

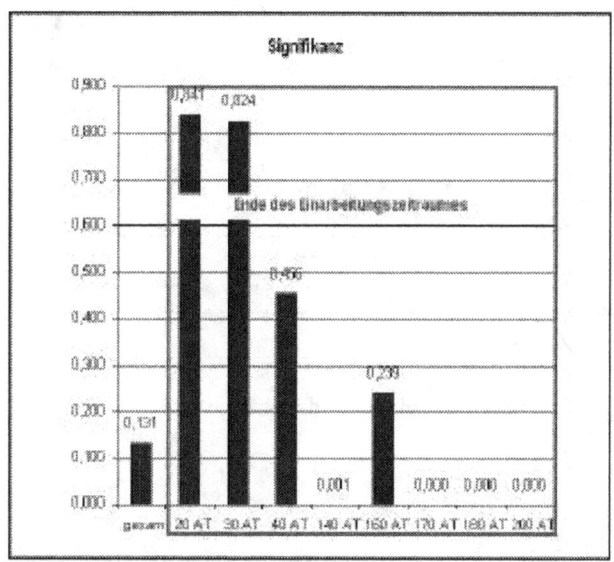

Abbildung 94 Signifikanzzahlen des F-Tests bei Verwendung der Tagesleistungen

Die Signifikanzzahlen lassen die Vermutung zu, dass der Vortrieb bereits nach einem Monat eingearbeitet ist, wobei die Erkenntnisse aus den zuvor durchgeführten Auswertungen eine längere Einarbeitungsphase vermuten lassen. Die Untersuchung des Anstieges der Regressionsgeraden zeigt, dass nach vier bis fünf Monaten ein signifikanter Trend besteht, der Anstieg jedoch äußerst gering ist und im Bereich von 10^{-2} liegt. Das ergibt eine realistischere Dauer der Einarbeitungsphase von fünf Monaten und bei der Auswertung der Tagesleistungen eine Einarbeitungsphase von 160 AT.

Petitt

Die Teststatistik nach Petitt in Abbildung 95 bestätigt die zuvor gemachte Aussage. Hier ergibt sich das Einarbeitungsende nach 159 AT. Durch die niedrigen Vortriebsleistungen, die durch schlechtere Vortriebsklassen hervorgerufen wurde, ist eine genaue Aussage bezüglich der Dauer der Einarbeitungsphase nur schwer möglich und bedarf der Abschätzung des Bearbeiters.

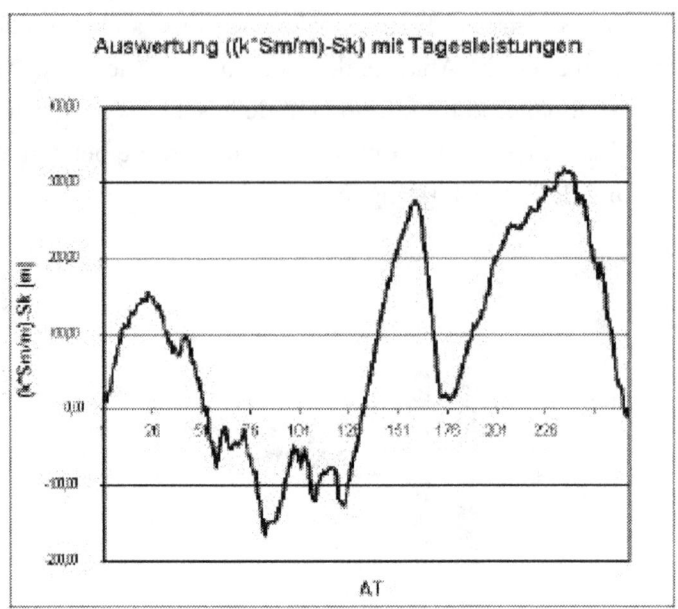

Abbildung 95 Auswertung der Teststatistik angewendet auf die Tagesleistung

Huskova

Auch die Suche nach dem Minimum der beiden Residuen in Abbildung 96 zeigt ein ähnliches Bild wie zuvor. Ein Minimum ergibt sich erst nach 180 AT.

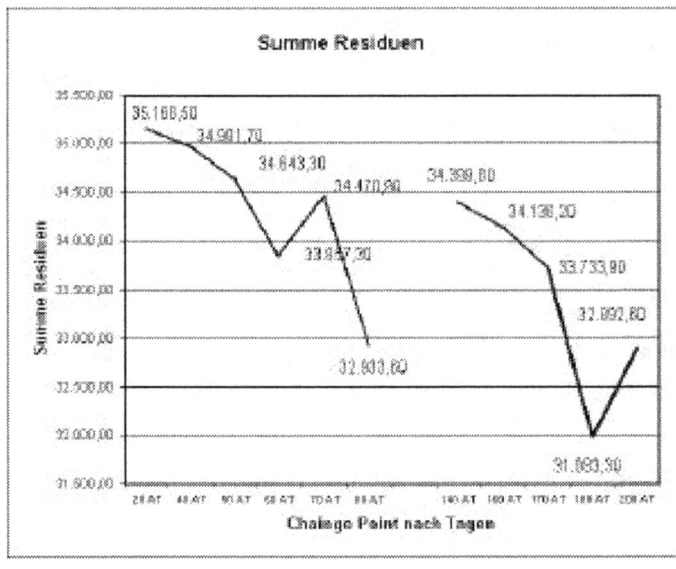

Abbildung 96 Auswertung der Summe der Residuen in Abhängigkeit zum Change-Point

Vergleich

Die Tabelle 34 gibt eine Gesamtübersicht über die Ergebnisse der Auswertungen. Das Ergebnis nach der Methode von Huskova gibt im Vergleich zu den anderen Ergebnissen eine sehr lange Einarbeitungsphase.

Anwendung auf		Einarbeitungszeitraum nach		
		Eigen	Petitt	Huskova
Tagesleistungen Einarbeitung	[AT]	160,00	159,00	180,00
Monatsmittelwerte der Tagesleistungen	[Mo]	5,00	-	-

Tabelle 34 Vergleich der Einarbeitungszeiträume

7.6.8 Zusammenfassung und Schlussfolgerungen

Vortrieb	Anwendung auf		Einarbeitungszeitraum nach		
			Eigen	Petitt	Huskova
Salima	Tagesleistungen	[AT]	75,00	66,00	65,00
	Monatsmittelwerte der Tagesleistungen	[Mo]	3,00	3,00	
Ginevra	Tagesleistungen Einarbeitung	[AT]	30,00	40,00	40,00
	Tagesleistungen Wiedereinarbeitung	[AT]	15,00	27,00	25,00
Plave	Tagesleistungen Einarbeitung	[AT]	160,00	116,00	190,00
	Monatsmittelwerte der Tagesleistungen	[Mo]	9,00		
Lesotho	Tagesleistungen Einarbeitung	[AT]	40,00	48,00	
	Monatsmittelwerte der Tagesleistungen	[Mo]			
Natalia	Tagesleistungen Einarbeitung	[AT]	120,00	126,00	130,00
	Monatsmittelwerte der Tagesleistungen	[Mo]	3,00		
Katrin	Tagesleistungen Einarbeitung	[AT]	160,00	159,00	180,00
	Monatsmittelwerte der Tagesleistungen	[Mo]	5,00		

Tabelle 35 Zusammenfassung der Auswertungsergebnisse für die Dauern der Einarbeitungsphase

Der Vergleich der Einarbeitungszeiträume in Tabelle 35 und Abbildung 97 ergibt große Unterschiede der Einarbeitungszeiträume von Baustelle zu Baustelle.

Die angewendeten Methoden ergeben annähernd gleiche Größenordnungen für die Dauern der Einarbeitungsphase. Bei einem Vortrieb konnte ein Wiedereinarbeitungsvorgang beobachtet werden, der eine deutlich geringere Einarbeitungsphase aufweist. Unbefriedigend sind diese Methoden, weil die Ergebnisse für die Dauer der Einarbeitungsphase einen scharfen Wert annehmen und die gesamte Situation dadurch verschleiert wird. Dabei handelt es sich bei der Ermittlung eines Change-Point um ein typisch unscharfes Problem.

Im folgenden Kapitel wird versucht, eine unscharfe Darstellung für die Dauer der Einarbeitungsphase zu finden.

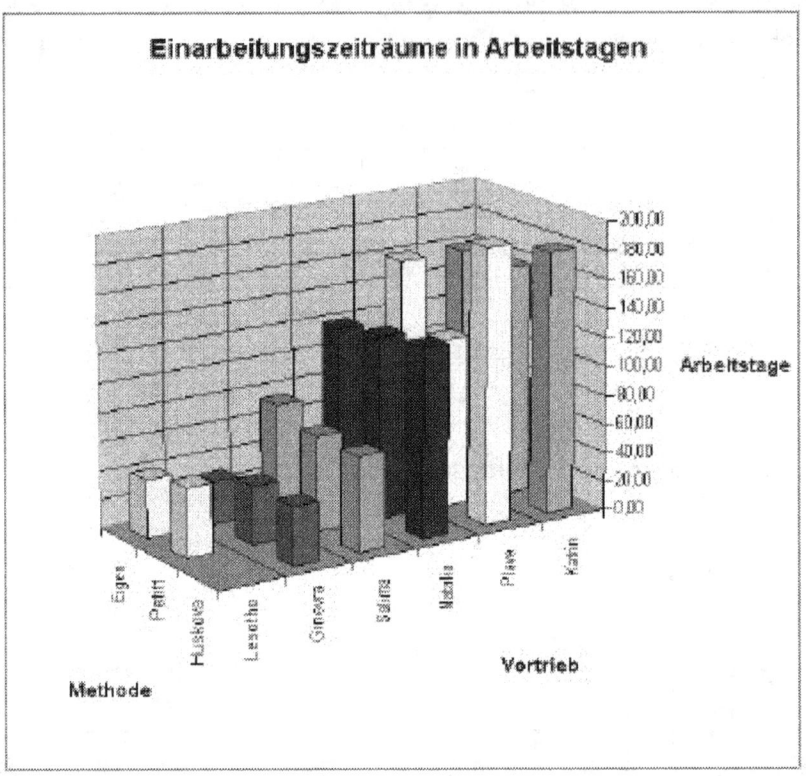

Abbildung 97 Grafischer Vergleich der Einarbeitungszeiträume in Arbeitstagen unter Anwendung der verschiedenen Methoden

7.7 Unscharfe Ermittlung der Dauer der Einarbeitungsphase

7.7.1 Allgemein

Es soll mit Hilfe der *Fuzzy-Methoden* eine realistischere Beschreibung des Einarbeitungsverlaufes erreicht werden. Weder entspricht es der menschlichen Denkweise noch der Realität, dass die Dauer der Einarbeitungsphase eine exakte, feste Größe ist, die genau ermittelt werden kann. Vielmehr findet der Übergang von einem Zustand in den anderen gleitend statt. Ziel ist es, diesen gleitenden Übergang von der Situation „noch nicht eingearbeitet" bis hin zur Situation „vollständig eingearbeitet" zu modellieren. Dies würde die tatsächliche Situation am besten beschreiben.

In dieser Arbeit soll nicht näher auf die Fuzzy-Methoden eingegangen werden. Hiezu wird auf die Literatur verwiesen[179].

---

[179] z.B.: Bandemer, H., Gottwald, S.: Einführung in Fuzzy-Methoden. Akademie Verlag, Berlin, 1993

Mit Hilfe der durchgeführten Auswertungen sollen Zugehörigkeitsfunktionen definiert werden, die angeben, welchen Zugehörigkeitsgrad das jeweilige Monat oder der jeweilige Tag zu den Zuständen „eingearbeitet" und „nicht eingearbeitet" besitzt oder welchen Möglichkeitsgrad unterschiedliche Dauern der Einarbeitungsphasen haben. Darüber hinaus sind auch noch unscharfe Teststatistiken denkbar.

Im vorliegenden Fall wurde eine Methode entwickelt, die die Zugehörigkeitsfunktion aus den Signifikanzzahlen ableitet. Für das Verfahren nach Petitt konnte keine geeignete unscharfe Darstellungsweise gefunden werden; ebenso für die Methode nach Huskova. Die weiteren Auswertungen wie etwa Verlusttage und prozentuelle Leistungen in der Einarbeitungsphase werden aufbauend auf diese unscharfen Dauern durchgeführt.

7.7.2 Sequentielles Verfahren

Allgemein

Eine unscharfe Darstellung liegt bei diesem Verfahren schon deswegen vor, da es schwer fällt, eine Signifikanzzahl festzulegen, ab der die Hypothese „Trend liegt vor" verworfen werden kann; umso schwerer fällt es, eine Begründung für die gewählte Signifikanzzahl zu finden. Es ist offensichtlich, dass der Übergang unscharf zu modellieren ist.

Beschreibung des Verfahrens

Bei der Betrachtung der Signifikanzzahlen der F-Tests[180] ist sehr häufig ein allmähliches Ansteigen des Wertes der Signifikanzzahlen zu erkennen. Daher bietet sich die Signifikanzzahl in diesem Fall als Grundlage zur Ermittlung der Zugehörigkeitsfunktion an. Die Ermittlung des Zugehörigkeitsgrades auf [0,1] erfolgt mit Hilfe eines linearen Filters, der den Signifikanzzahlen Zugehörigkeitsgrade zuordnet, siehe Abbildung 98.

Der Filter ist wie folgt aufgebaut:

- Bis zu einer Signifikanzzahl von 0,05 muss angenommen werden, dass ein Trend vorliegt. Der Zugehörigkeitsgrad wird mit null angesetzt
- Ab einer Signifikanzzahl von 0,3 wird angenommen, dass sicher kein Trend vorliegt und der Vortrieb eingearbeitet ist. Der Zugehörigkeitsgrad wird mit eins angenommen
- Zwischen den beiden Signifikanzzahlen 0,05 und 0,3 wird ein linearer Verlauf angenommen

---

[180] siehe Auswertungen

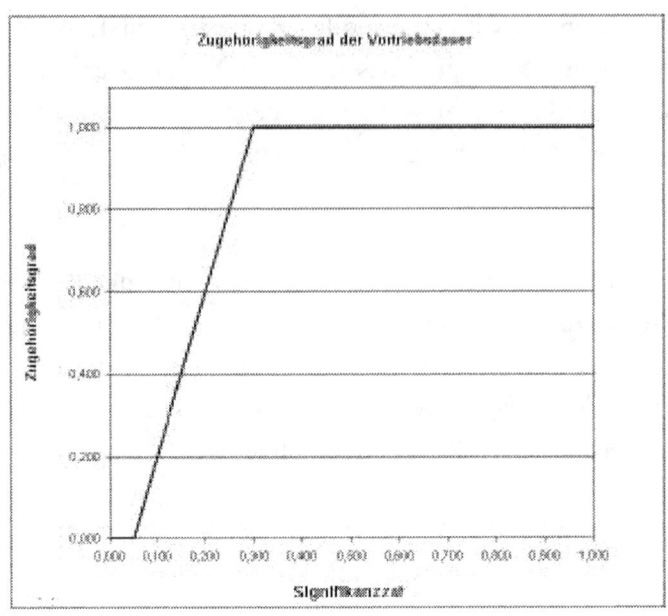

Abbildung 98 Filterfunktion für die Signifikanzzahlen

In Abbildung 99 ist eine derartige Auswertung dargestellt. Die grünen Punkte stellen die Signifikanzzahlen dar.

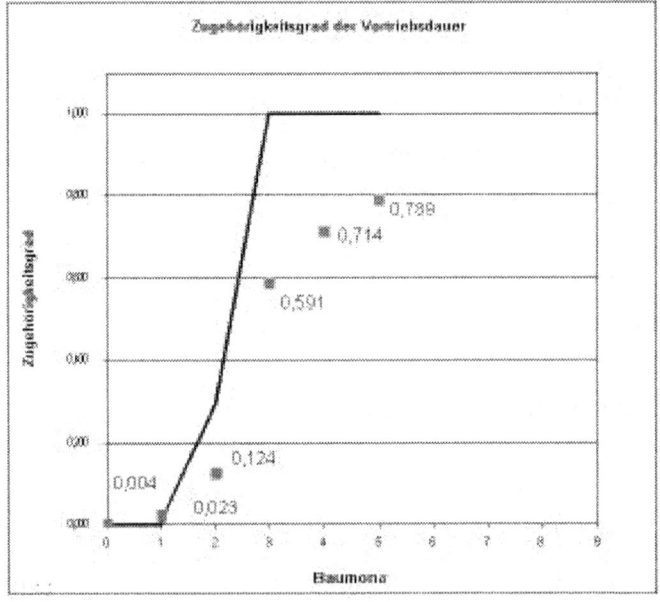

Abbildung 99 Unscharfer Verlauf der Einarbeitung

Auf diese Art und Weise ist es möglich, einen gleitenden Übergang zwischen „noch nicht eingearbeitet" und „eingearbeitet" zu schaffen. Der Zugehörigkeitsgrad null bedeutet dabei „noch nicht eingearbeitet" und der Zugehörigkeitsgrad eins bedeutet „eingearbeitet".

Tabellarische Auswertung

Da der Verlauf der Zugehörigkeitsfunktionen immer unterschiedliche Formen annimmt, da die Signifikanzzahlen nicht linear ansteigen und abnehmen, wird bei der tabellarischen Auswertung nur der Linkswert - entspricht dem linken Wert mit dem Zugehörigkeitsgrad 0 - und der Rechtswert - dem rechten Wert mit dem Zugehörigkeitsgrad 1 - angegeben. Zur Vereinfachung wird der Bereich zwischen Linkswert und Rechtswert linearisiert.

Vortrieb	Anwendung auf		Einarbeitungszeitraum nach	
			links	rechts
Salima	Tagesleistungen	[AT]	60,00	85,00
	Monatsmittelwerte der Tagesleistungen	[Mo]	1,00	3,00
Ginevra	Tagesleistungen Einarbeitung	[AT]	20,00	30,00
	Tagesleistungen Wiedereinarbeitung	[AT]	0,00	15,00
Plave	Tagesleistungen Einarbeitung	[AT]	140,00	160,00
	Monatsmittelwerte der Tagesleistungen	[Mo]	6,00	9,00
Lesotho	Tagesleistungen Einarbeitung	[AT]	10,00	40,00
	Monatsmittelwerte der Tagesleistungen	[Mo]		
Natalia	Tagesleistungen Einarbeitung	[AT]	110,00	120,00
	Monatsmittelwerte der Tagesleistungen	[Mo]	1,00	4,00

Tabelle 36 Auswertung der Zugehörigkeitsfunktionen (Linkswert, Rechtswert)

7.8 Ermittlung der Verlusttage

7.8.1 Allgemein

Aufbauend auf der unscharfen Ermittlung der Dauer der Einarbeitungsphase werden die Verlusttage ausgewertet. Diese Auswertungen werden sowohl für den Linkswert als auch für den Rechtswert durchgeführt. Dadurch bleibt die Unschärfe erhalten und es besteht die Möglichkeit, die Situation auf einer breiteren Basis zu beurteilen.

Interpretation der Abbildung 100:

- Der Linkswert mit Zugehörigkeitsgrad null (34 Verlusttage) wird mit dem Linkswert der Einarbeitungsphase ermittelt; dieser sagt aus, dass die Einarbeitungsphase mit geringem Möglichkeitsgrad abgeschlossen ist. Für die Verlusttage folgt daraus, dass diese einen geringen Möglichkeitsgrad besitzen; geringere Verlusttage sind nicht zu erwarten.
- Der Rechtswert mit Zugehörigkeitsgrad eins (38 Verlusttage) wird mit dem Rechtswert der Einarbeitungsphase ermittelt; dieser sagt aus, dass die Einarbeitungsphase mit hohem Möglichkeitsgrad abgeschlossen ist. Für die Verlusttage folgt daraus, dass diese einen hohen Möglichkeitsgrad besitzen; höhere Verlusttage sind nicht zu erwarten.

Der Bearbeiter erhält dadurch eine Gesamtübersicht über die Situation mit der Zusatzinformation, wann mit höchstem Möglichkeitsgrad die Einarbeitungsphase abgeschlossen ist und welchen Wert die dazugehörenden Verlusttage annehmen.

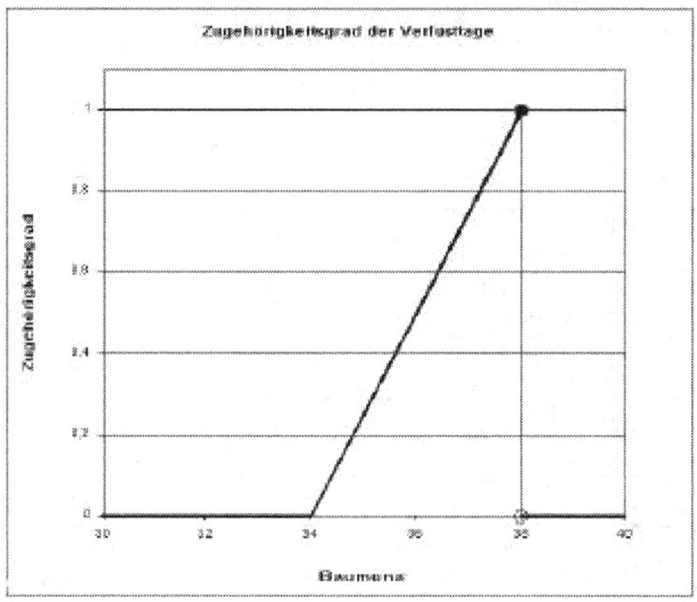

Abbildung 100 Beispiel einer Zugehörigkeitsfunktion für die Verlusttage

7.8.2 Auswertungsergebnisse

Für die Auswertungsergebnisse in der Tabelle 37 werden nur Links- und Rechtswerte der Zugehörigkeitsfunktion angegeben. Die grafische Auswertung ist gemäß Abbildung 100 vorzunehmen. Die zuvor gemachten Ausführungen über die Interpretation der unscharfen Verlusttage ist für die gesamten Auswertungsergebnisse gültig.

Vortrieb	Anwendung auf		Verlusttage	
			links	rechts
Salima	Tagesleistungen	[AT]	34,0	38,0
Ginevra	Tagesleistungen Einarbeitung	[AT]	14,0	18,0
	Tagesleistungen Wiedereinarbeitung	[AT]	0,0	6,0
Plave	Tagesleistungen Einarbeitung	[AT]	86,0	90,0
Lesotho	Tagesleistungen Einarbeitung	[AT]	6,0	15,0
Natalia	Tagesleistungen Einarbeitung	[AT]	51,0	60,0
Katrin	Tagesleistungen Einarbeitung	[AT]	0,0	30,0

Tabelle 37 Auswertungsergebnisse für die Verlusttage

Ein Vergleich der Ergebnisse ist unzulässig, da die Baustellen stark unterschiedliche Randbedingungen aufweisen. Bemerkenswert sind die durch die lange Dauer der Einarbeitungsphase hervorgerufenen Verlusttage beim Vortrieb Plave, die durch die Durchörterung der Hangschuttstrecke zu Beginn des Vortriebes vermehrt wurden.

Beim Vortrieb Ginevra handelt es sich um einen gestörten Vortrieb, bei dem sowohl Einarbeitungseffekt als auch Wiedereinarbeitungseffekt beobachtet werden können.

Beim Vortrieb Lesotho ist anzumerken, dass die geringen Verlusttage dadurch hervorgerufen werden, dass der Vortrieb nach 87 Tagen unterbrochen wurde. Dadurch wird die Dauer der Einarbeitungsphase nur relativ an dem bis dahin vorhandenen Datenmaterial ermittelt; das Ergebnis ist eine kurze Einarbeitungsphase und folglich eine wesentlich geringere Anzahl an Verlusttagen.

Beim Vortrieb Katrin ist die Auswertung des Einarbeitungseffektes allgemein problematisch. Durch den allmählich eintretenden Leistungsabfall nach Vortriebsbeginn, der durch die angetroffenen geologischen Verhältnisse verursacht war, wird eine Interpretation des Einarbeitungseffektes nahezu unmöglich. Die ausgewerteten Verlusttage geben sicher nicht die tatsächliche Situation wieder.

7.9 Berechnung der Prozentsätze

7.9.1 Allgemein

Aufbauend auf die unscharfe Ermittlung der Dauer der Einarbeitungsphase werden die Prozentsätze errechnet. Die Prozentsätze ergeben sich als Quotient aus der durchschnittlicher Tagesleistung des jeweiligen Monats und der Vortriebsleistung, die frei von Einarbeitungseffekten ist.

Unter Monaten werden nicht Kalendermonate verstanden, sondern Baumonate - 30 Vortriebstage bilden ein Baumonat. Darüber hinaus ist noch anzumerken, dass unter Vortriebstage nur jene Tage fallen, an denen tatsächlich vorgetrieben wurde; das heißt Stillstandstage werden nicht gewertet.

In der Abbildung 101 ist ein Auswertungsergebnis exemplarisch dargestellt. Die roten Säulen entsprechen jenen Ergebnissen, die mit dem Linkswert der Einarbeitungsphase errechnet werden und die gelben Säulen jenen Werten, die mit dem Rechtswert des Einarbeitungsphase errechnet werden.

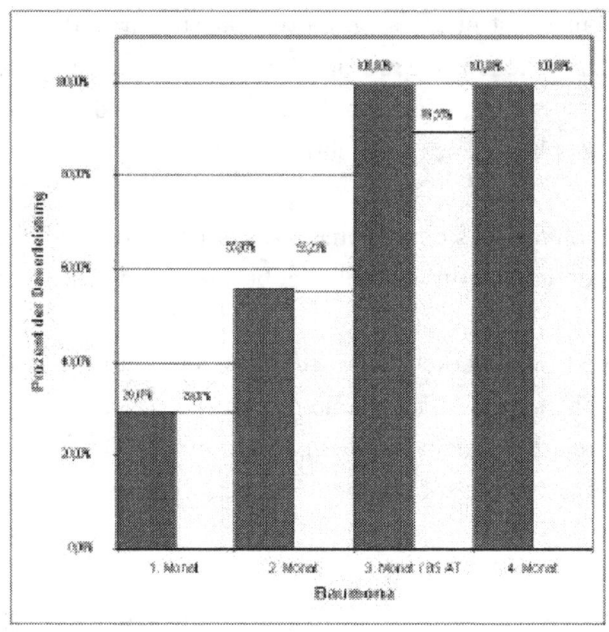

Abbildung 101 Beispiel zur Ermittlung der Prozentsätze

7.9.2 Auswertungsergebnisse

Die Auswertungsergebnisse aller sechs Vortriebe sind in der Tabelle 38 zusammengefasst. Der Vortrieb Katrin ist nur der Vollständigkeit halber angeführt, da ungünstige Vortriebsklassen die Auswertung des Einarbeitungseffektes beeinflussen. Bei den Vortrieben Salima und Natalia traten übliche Einarbeitungsphasen auf und beim Vortrieb Plave war die Einarbeitungsphase besonders ausgeprägt. Eine gestörte Einarbeitungsphase mit anschließendem Wiedereinarbeitungseffekt kann beim Vortrieb Ginevra beobachtet werden. Beim Vortrieb Lesotho war die gestörte Einarbeitungsphase durch einen längeren Stillstand des Vortriebes verursacht.

Vortrieb	Möglichkeits-grad	Einarbeitungs-dauer	Monatsleistungen						
			1. Monat	2. Monat	3. Monat	4. Monat	5. Monat	6. Monat	7. Monat
Salima	Null	60,00	29,47%	55,98%	100,00%	100,00%			
	Eins	85,00	29,07%	55,23%	89,55%	100,00%			
Ginevra	Null	20,00	31,47%	100,00%					
	Eins	30,00	39,46%	100,00%					
Ginevra Wiedereinarbeitung	Null	0,00	100,00%	100,00%					
	Eins	15,00	57,65%	100,00%					
Plave	Null	140,00	5,56%	14,31%	45,05%	65,42%	79,10%	100,00%	100,00%
	Eins	160,00	5,42%	13,94%	43,90%	63,75%	77,08%	87,31%	100,00%
Lesotho	Null	10,00	35,90%	100,00%	100,00%				
	Eins	40,00	58,58%	74,77%	100,00%				
Natalia	Null	110,00	24,10%	50,79%	78,64%	62,69%	100,00%		
	Eins	120,00	23,16%	48,81%	75,57%	52,66%	100,00%		
Katrin	Null	60,00	77,98%	132,50%	100,00%	100,00%	100,00%	100,00%	100,00%
	Eins	160,00	68,14%	115,78%	102,01%	86,07%	39,70%	61,55%	100,00%

Tabelle 38 Auswertungsergebnisse Prozentsätze

Die Abbildung 102 zeigt die zusammenfassende Darstellung der Dauer der Einarbeitungsphasen und der daraus resultierenden Verlusttage :

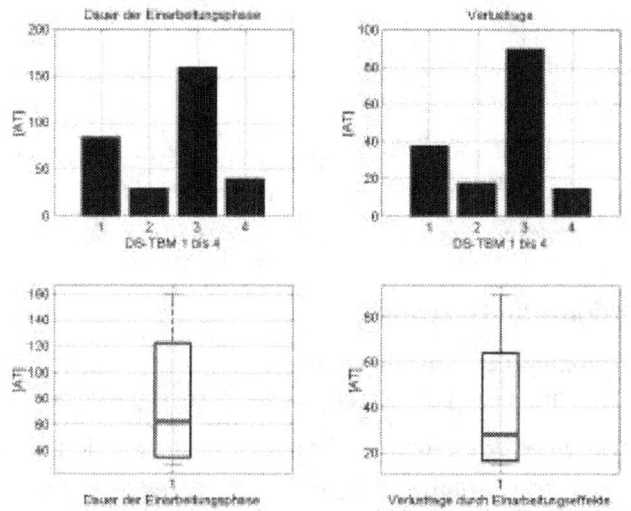

Abbildung 102 Auswertung der Dauern der Einarbeitungsphase und der Verlusttage der 4 Vortriebe mit DS-TBM

In der Abbildung 103 sind die Prozentsätze der Tagesleistungen in der Einarbeitungsphase in Abhängigkeit zu den Baumonaten dargestellt.

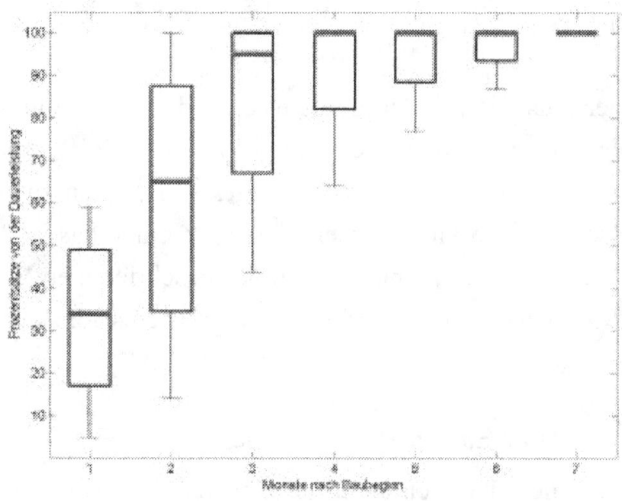

Abbildung 103 Prozentsätze der Leistungen in der Einarbeitungsphase für 4 Vortriebe mit DS-TBM

7.10 Erkenntnisse aus den Baustellenauswertungen

7.10.1 Test auf Trend

Eine wesentliche Aufgabe, bevor die Auswertung des Einarbeitungseffektes vorgenommen wird, ist die Untersuchung der Daten auf Trend.

Beim Vortrieb Katrin war es nicht möglich, sinnvolle Auswertungen über den Einarbeitungseffekt zu erhalten; die Untersuchung auf Trend hat ergeben, dass kein signifikanter Trend vorliegt, und daher sind die Daten ungeeignet für eine Untersuchung des Lernverhaltens.

7.10.2 Untersuchung der Ausfallszeiten

Das Ergebnis der Untersuchung der Ausfallszeiten zeigt, dass ein Zerlegen der Gesamtlernkurve in Einzellernkurven für alle Tätigkeiten nicht zielführend ist. Vielmehr wird die Annahme bestätigt, dass es sich um einen Gesamtveränderungsprozess handelt, der überwiegend durch das Auftreten von Unregelmäßigkeiten und Fehlern und deren Behebung beeinflusst wird. Es ist anzunehmen, dass dabei nicht nur die manuellen Tätigkeiten, sondern auch das gesamte Baustellenmanagement eine ausschlaggebende Rolle spielen.

7.10.3 Lernkurven

Die Lernkurvenanalyse stellt ein sehr brauchbares Instrument zur Analyse der Lernsituation dar. Vor allem der Parameter c für die Lernfähigkeit ergibt eine günstige Vergleichsgröße. Die Anwendung für Prognosen ist bei einer größeren Erfahrung durch eine Vielzahl von Auswertungen denkbar; die Treffsicherheit derartiger Prognosen ist wie bei allen Leistungsprognosen mit Unsicherheiten verbunden.

Als problematisch bei der Auswertung der Lernkurve an die Summenlinie hat sich herausgestellt, dass der Parameter b für die Anfangsverluste größer oder gleich dem Parameter a für die Dauerleistung ist. Das wird vor allem durch die geringen Leistungen zu Baustellenbeginn hervorgerufen. Dies kann dadurch relativiert werden, dass zum einen das 95 % Konfidenzintervall für die Parameter auch Werte angibt, die nicht die zuvor beschriebenen Eigenschaften besitzen, und zum anderen das 95 % Konfidenzintervall für die Regressionskurve ebenfalls positive Werte aufweist.

7.10.4 Analyse der Dauer der Einarbeitungsphase

Als sehr brauchbares Instrument hat sich auch die Analyse der Dauer der Einarbeitungsphase herausgestellt; die angewendeten Tests sprechen sehr gut auf die Änderungen der Daten an.

Die in weiterer Folge ermittelten Kenngrößen für Verlusttage und die Prozentsätze der Leistungen in der Einarbeitungsphase sind für baupraktische Anwendungen sehr gut geeignet, da sowohl Kosten als auch die Leistungen in der Einarbeitungsphase sehr gut abzuschätzen sind.

7.10.5 Schwachstellen der vorgeschlagenen Vorgehensweise

- Die Einflussgrößen auf das Lernen werden vorerst als projektspezifische Randbedingungen registriert und sind daher in den Parametern enthalten.
- Die geologischen und hydrogeologischen Randbedingungen sind vorerst in den Daten enthalten und stecken auch in den ausgewerteten Parametern.

Das führt dazu, dass die im Kapitel 7 ausgewerteten Parameter zur Beschreibung des Einarbeitungseffektes nur begrenzt für Prognosen herangezogen werden, da die projektspezifischen Randbedingungen darin enthalten sind.

Versuche, die Auswertungen getrennt nach Vortriebsklassen durchzuführen, schlagen fehl, da das Datenmaterial eine zur Auswertung ungünstige Form annimmt; meistens treten die Vortriebsklassen und dadurch die dazugehörenden Vortriebsleistungen massiert bereichsweise auf. Weil kein regelmäßiges Auftreten über die Bauzeit zu beobachten ist, kann keine sinnvolle Anpassung von Lernkurven erfolgen.

Die Vorgehensweise, wie sie in dieser Arbeit vorgeschlagen wird, ist ohne Berücksichtigung sämtlicher Randbedingungen nur bei sehr homogenen Gebirgsverhältnissen erfolgreich anwendbar. Mechanische Vortriebe können bei zu erwartenden ungleichmäßigen und stark streuenden Gebirgsverhältnissen kaum wirtschaftlich eingesetzt werden.

Um eine Prognose zu ermöglichen, wird im folgenden Kapitel eine Methode erarbeitet, die in Form eines Rating-Systems und unter Anwendung von Filterfunktionen diese Randbedingungen berücksichtigt.

8 Methode zur Abschätzung des Einarbeitungseffektes

8.1 Ausgangssituation

In diesem Kapitel wird ein Modell zur Abschätzung des Einarbeitungseffektes entwickelt. Dabei werden zwei mögliche Situationen unterschieden:

- Typ 1: Die Abschätzungen vor Beginn der Baustelle
- Typ 2: Die Abschätzung bei einer bereits laufenden Baustelle

Die Aufgabenstellung erfordert einerseits eine Abschätzung der Leistung und andererseits eine Abschätzung des Einarbeitungsverhaltens unter folgenden Voraussetzungen:

- Die Leistung wird auf eine sinnvolle Art und Weise ermittelt
- In der Leistungsermittlung sind keine Einarbeitungsverluste enthalten
- Die so ermittelte Leistung stellt eine durchschnittliche, technisch mögliche Leistung dar

Ziel einer Abschätzung vom Typ 1 ist, das Einarbeitungsverhalten auf einer zukünftigen Baustelle vorherbestimmen zu können. Dazu ist es erforderlich, das Einarbeitungsverhalten von abgeschlossenen Baustellen auf die zu erwartende Situation der aktuellen Baustelle zu übertragen und folgende Voraussetzungen müssen erfüllt sein:

- Leistungsbestimmende Einflüsse von Geologie und TBM sind ausgeschlossen
- Einflussgrößen auf das Lernverhalten sind quantifiziert

Ziel einer Abschätzung vom Typ 2 ist:

- Die gemachten Annahmen über das Einarbeitungsverhalten zu überprüfen
- Die gemachten Annahmen über das Einarbeitungsverhalten anhand der Vortriebsdaten zu verbessern

Auf Grund der nicht ausreichenden Anzahl von Daten zu Beginn des Vortriebes ist es erforderlich, Annahmen zu treffen, die von bereits abgeschlossenen Baustellen abgeleitet werden.

8.2 Quantifizierung der wesentlichen Einflussgrößen

8.2.1 Matrix der wesentlichen Einflussgrößen

Die wesentlichen Einflussgrößen für das Lernen bei TBM-Vortrieben sind in Tabelle 40 angeführt. Diese sind empirisch aufbauend auf die Erkenntnisse aus Kapitel 3 aufgelistet, erheben keinen Anspruch auf Vollständigkeit und werden in vier Obergruppen unterteilt:

- Mensch
- Maschine
- Umfeld
- Gebirge

Jede dieser Obergruppen weist einzelne Faktoren auf. Für diese Faktoren wird ein *Standardzustand* der Einflussgrößen beschrieben, der üblicherweise auf Baustellen mit TBM Vortrieben anzutreffen ist. Neben dem Standardzustand wird auch ein in Bezug auf den Einarbeitungseffekt „günstiger" Zustand und ein „ungünstiger" Zustand beschrieben.

Vorgehensweise für die Quantifizierung:

- Für jeden ausgewerteten Vortrieb sind die einzelnen Faktoren mit Hilfe der Tabelle 39 zu erheben
- Für jeden Faktor ist eine Situationsbewertung in „standard", „günstig" und „ungünstig" vorzunehmen und sind Punkte zwischen 5 (= günstig) und 1 (= ungünstig) gemäß Tabelle 31 zu vergeben
- Mit Hilfe der Punktesumme über alle Faktoren (=LR_{BAU}) erfolgt die Situationsbewertung der Baustelle in „standard", „günstig" und „ungünstig"
- Diese Bewertung ist den ausgewerteten Lernkurvenparametern gegenüberzustellen
- Aus der Gegenüberstellung wird für Prognosen eine Zuordnung der Lernkurvenparameter zu den drei Bewertungsklassen abgeleitet

Günstig		Standard		Ungünstig
5	4	3	2	1

Tabelle 39 Punkteverteilung für die Situationsbewertung der Faktoren

Für jeden Faktor können maximal 5 Punkte und mindestens 1 Punkt vergeben werden; 3 Punkte sind zu vergeben, wenn die Situation als „standard" beurteilt wird (Tabelle 40).

Obergruppe	Faktoren	Standard	Günstig (über Standard hinaus)	Ungünstig (unter Standard)
Mensch	Personal	Stammpersonal 40 - 50 %, vertraut mit Vortriebsart, Hilfspersonal ausreichend verfügbar, Arbeitnehmerschutz praxisgerecht, flexible Arbeitszeitregelungen, geringe Personalfluktuation	komplette Stammmannschaft, Anschluss bzw. Folgebaustelle, sehr flexible Arbeitszeitregelung	geringe Stammpersonalanteil, Hilfspersonal schwer verfügbar, Einsatz von Personal aus Drittländern, einschränkender Arbeitnehmerschutz, starre Arbeitszeitregelung, hohe Personalfluktuation
	Organisation	Klare Zuweisung von Funktion und Kompetenz an erfahrenes Personal	bereits eingespielte Organisation (Anschluss bzw. Folgebaustelle)	unklare Funktions- und Kompetenzzuweisung
	Kommunikation	gute Beherrschung einer gemeinsamen Sprache für Schlüsselpersonal	bereits eingespielte Kommunikation (Anschluss bzw. Folgebaustelle)	keine oder kaum beherrschte gemeinsame Sprache des Schlüsselpersonals, Verständigung über Dritte
Maschine	Durchmesser	Arbeitsraum und Leistungsvermögen der Maschine auf Durchmesser abgestimmt	unterer planmäßiger Durchmesserbereich (Leistungsreserven)	Durchmesser mit Maschinen- und Nachlaufkonzept unzureichend abgestimmt (zu groß, zu klein)
	Vortriebs- und Nachlaufsystem	Erprobtes und dem Schlüsselpersonal vertrautes Vortriebssystem, Gebrauchstauglichkeit für die anzutreffenden Verhältnisse, passender Nachläufer, ausgereifte Logistik	bereits eingespieltes System (Anschluss bzw. Folgebaustelle)	Systemkomponenten passen schlecht zusammen
	Zustand	Vortriebssystem und Nachläufer in gutem Zustand (generalüberholt), Standardgemäße Reparaturanfälligkeit	Vortriebssystem und Nachläufer neuwertig, geringe anfängliche Reparaturanfälligkeit	Vortriebssystem und Nachläufer gebraucht (natürliche Überalterung), hohe Reparaturanfälligkeit
	Ausbau	Erprobtes und dem Schlüsselpersonal vertrautes, auf die Vortriebsart abgestimmtes Ausbausystem	bereits eingespieltes System (Anschluss bzw. Folgebaustelle)	ungewohntes und unpraktisches, komplizierters Ausbausystem
Umfeld	Infrastruktur	Gute Baustellenerreichbarkeit, Größe und Lage der BE-Flächen ausreichend, Strom und Wasser, passende BE	wie Standard, zusätzlich bereits erschlossene BE, Anschluss bzw. Folgebaustelle	schwierige Baustellenerreichbarkeit, schlechter Zustand der BE-Flächen, Strom und Wasser unzureichend, mangelhafte BE
	Versorgung d. Baustelle	leistungsfähige Lieferanten ausreichend Zustand- bzw. Zwischenlagerungsmöglichkeit, passendes Ersatzmaterial	bereits bekannt, Anschluss bzw. Folgebaustelle Zeitdruck, Vertraute und geeignete Lieferanten	neue oder ungewohnte Lieferanten, unzureichende Zustand- bzw. Zwischenlagerungsmöglichkeit, mangelhaftes Ersatzmaterial
	Startsituation	Besetzung der wesentlichen Positionen gegeben, wenig leistungsbehindernde Provisorien in Bezug auf die Logistik, gesicherte Startsituation (Startbock, Startröhre), genügend lange Startzeit (Aufbockungszone durchdacht), im Anfahrbereich geringer Verwitterungsgrad, geringer Einfluss von Oberflächenwässern bzw. Regenereignissen und mäßige Bergwasserzutritte, mäßiger Zeitdruck	vollständige Besetzung; leistungsbehindernde Provisorien in Bezug auf die Logistik, gesicherte Startsituation (Startbock, Startröhre) (Aufbockungszone nicht durchdacht), im Anfahrbereich stark verwittert, hoher Einfluss von Oberflächenwässern bzw. Regenereignissen und erheblichen Bergwasserzutritte, hoher Zeitdruck	unvollständige Besetzung; leistungsbehindernde Provisorien in Bezug auf die Logistik, unzureichende Startsituation (Startbock, Startröhre), kurze Startzeit (Aufbockungszone nicht durchdacht), im Anfahrbereich stark verwittert, hoher Einfluss von Oberflächenwässern bzw. Regenereignissen und erheblichen Bergwasserzutritte, hoher Zeitdruck
Gebirge	Formation (Gestein)	keine Gaszutritte, nachbrüchig bis gebrach, Bohrbarkeit gegeben, wasserunempfindliches Gestein, mäßige Bergwasserzutritte	keine Gaszutritte, standfest bis nachbrüchig,sehr gute bis gute Bohrbarkeit (nicht zu hart), wasserunempfindliches Gestein, keine Bergwasserzutritte	Gaszutritte, Standfestigkeit sehr gering oder schlechte, schlechte Bohrbarkeit, Standfestigkeit der Ortsbrust nicht immer gewährleistet, Bergwasserzutritte, häufige Wechsel der Ausbruchklasse

Tabelle 40 Matrix der wesentlichen Einflussgrößen

Durch Aufsummieren der Bewertungspunkte über die Obergruppen ist es möglich, eine Situationsbeurteilung der jeweiligen Obergruppe vorzunehmen. Weiters kann bei Vorliegen einer ausreichenden Anzahl an Lernkurvenparametern der Einfluss der jeweiligen Obergruppe auf den Parameter c mittels einer mehrdimensionalen linearen Regression quantifiziert und auf diese Weise ein verfeinertes Prognosemodell entwickelt werden, bei dem nicht nur die Gesamtbeurteilung der Baustelle allein einfließt, sondern auch die Situationsbeurteilung jeder einzelnen Obergruppe.

Im Folgenden wird dieses verfeinerte Verfahren nicht angewendet, weil bis zum gegenwärtigen Zeitpunkt eine zu geringe Anzahl an Lernkurvenparametern ermittelt werden konnte. Es wird zur Beurteilung der Gesamtsituation der Baustelle die Gesamtpunktesumme (LR_{BAU}) verwendet. Eine Beurteilung der einzelnen Obergruppen wäre wünschenswert, wird aber aus dem vorher angeführten Grund vorerst nicht vorgenommen.

Diese Vorgehensweise ermöglicht eine Abschätzung des Einarbeitungsverhaltens unter Berücksichtigung der wesentlichen Einflussgrößen. Dieses Verfahren kann auch für Prognosen verwendet werden.

8.2.2 Einfluss des TBM-Typs

Der Typ der gewählten Vortriebsmaschine beeinflusst das Lernverhalten maßgeblich. Das wird dadurch berücksichtigt, dass entweder die einzelnen Einflussgrößen getrennt nach Vortriebsmaschinen quantifiziert werden und dass unterschiedliche Modelle für die verschiedenen Maschinentypen (offene TBM und Doppelschild TBM) entwickelt werden, oder der Faktor TBM Typ als Variable erhalten bleibt.

8.2.3 Berücksichtigung des Einflusses der Geologie auf die Vortriebsleistung

Systematik

Der Einfluss der geologischen Verhältnisse auf die Vortriebsleistung ist direkt quantifizierbar. Zur Auswertung des Einarbeitungseffektes wird vom Prinzip her so vorgegangen, als ob der Vortrieb in einem ideellen homogenen Gebirge erfolgen würde.

Mit Hilfe von Filterfunktionen werden für die Haupteinflüsse, das sind Bohrklasse = f (Nettovortriebsleistung) und Ausbruchsklasse = f(Stützmittel), alle Vortriebe auf ein gemeinsames durchschnittliches geologisches Niveau gebracht und anschließend werden die Einarbeitungsparameter ermittelt.

Der Einsatz der Filterfunktion erfolgt folgendermaßen:

- Die Vortriebsleistungen werden mit einen Faktor f_1(Nettovortriebsleistung) multipliziert
- Bei offenen TBM zusätzlich mit einem Faktor f_2(Ausbruchsklasse)

Der Faktors f_1 wird nach folgenden Prinzipien festgelegt:

- Vortriebsleistungen an Tagen mit hoher durchschnittlicher Nettovortriebsleistung werden reduziert
- Vortriebsleistungen an Tagen mit geringer durchschnittlicher Nettovortriebsleistung werden erhöht

Diese Vorgehensweise bewirkt, dass der Einfluss der Bohrbarkeit auf die Vortriebsleistung ausgeschalten wird und der gesamte Vortrieb in einem homogenen Gebirge mit einer durchschnittlichen, vom Bearbeiter festgelegten Nettovortriebsleistung abläuft.

Der Faktor f_2 ist von der Ausbruchsklasse und den dazu erforderlichen Stützmitteln abhängig und wird nur für Vortriebe mit einer o-TBM bestimmt. Bei DS-TBM erfolgt der Ausbau mit Tübbings und ein leistungsmindernder Unterschied kann nur beim Einsatz des Hilfsvorschubes festgestellt werden. Die Auslegung des Faktors f_2 basiert auf folgendem Grundsatz:

- Vortriebsleistungen an Tagen mit ungünstiger Ausbruchsklasse werden erhöht
- Vortriebsleistungen an Tagen mit günstigen Vortriebsklassen werden reduziert

Ziel dieser Vorgehensweise ist, den Vortrieb in ein homogenes Gebirge zu verlegen, das eine durchschnittliche vom Bearbeiter festgelegte Ausbruchsklasse aufweist.

Bohrbarkeit und Bohrklassen

Der Einfluss Bohrbarkeit des Gebirges wird mit Hilfe der Nettovortriebsleistung [m/h] berücksichtigt; die Nettovortriebsleistung errechnet sich aus:

- Penetration [mm/U]
- Anzahl der Bohrkopfumdrehungen pro min [U/min]

Die Bohrkopfumdrehungen pro Minute sind abhängig vom Durchmesser und werden vor allem von der Funktion der Räumerschaufeln begrenzt. Bei zu hoher Umdrehungsgeschwindigkeit kann das Schuttern nicht mehr ordnungsgemäß mit den Räumerschaufeln erfolgen.

Ein weiterer limitierender Faktor kann in der Abrollgeschwindigkeit der Meißel, besonders der Kalibermeißel, gefunden werden[181]. Die maximale Rotationsgeschwindigkeit liegt bei 180 - 220 m/min (progressiver Ansatz)[182] und 140-170 m/min (mittlerer Ansatz) [183] bzw. 100-150m/min (konservativer Ansatz)[184] und begrenzt die Umdrehungszahl nach oben hin. Der Einfluss der Bohrkopfumdrehungen wird aus folgenden Gründen nicht berücksichtigt:

- Die Begrenzung der Bohrkopfumdrehungen durch die Rotationsgeschwindigkeit wird erst bei Durchmessern > 8,0 m wirksam - bei kleineren Durchmessern werden andere drehzahlbegrenzende Parameter wie z.B. Wärmeentwicklung etc. wirksam -
- Die untersuchten Vortriebe liegen in einem Durchmesserbereich < 7,0 m
- Es wurden annähernd gleiche Bohrkopfumdrehungen gefahren

Die Bestimmung der Filterfunktion beruht auf folgenden Überlegungen:

- Die Tagesvortriebsleistung ist proportional der Zu- oder Abnahme der Nettovortriebsleistung
- Die Bezugs-Nettovortriebsleistung (I_{Bez}) wird vom Bearbeiter festgelegt
- Um für die Tagesvortriebsleistungen dieselbe Grundlage – die Nettovortriebsleistung - zu schaffen, wird der Faktor f_1 in Gleichung (56) eingeführt und die tatsächliche I_n durch I_{Bez} ersetzt.

Die Filterfunktion beruht auf der Annahme, dass die Bezugs-Nettovortriebsleistung = 4,0 m/h ist. Für den Einfluss der Nettovortriebsleistung auf die Tageleistung gilt die Gleichung (55):

$$I_d = u \cdot I_n \cdot T_e \qquad (55)$$

wobei gilt:

u	Ausnutzungsgrad (utilisation)
I_n	Nettovortriebsleistung
T_e	effektive Tagesarbeitszeit

---

[181] Bruland, A.: Hard Rock Tunnel Boring: Advance Rate and Cutter Wear. Dissertation, NTNU Trondheim, 1998, S. 10

[182] Angaben E. Schneider, eigene Nachrechnung aus Maschinenangaben: z.B.: Jarva MK 15-52 d=5,73, RPM=12,7 aus www.tbmexchange.com/574JCCC.htm

[183] Hamburger, Weber: Tunnelvortrieb mit Vollschnitt- und Erweiterungsmaschinen für große Durchmesser im Festgestein, Tunnelbau Taschenbuch, 1993, in Stempkowski, R.: Kosten und Leistungsanalysen im maschinellen Tunnelbau, Dissertation, Technische Universität Wien, 1996, S.77

[184] Bruland, A.: Hard Rock Tunnel Boring: Advance Rate and Cutter Wear. Dissertation, NTNU Trondheim, 98,S 12

Aus dieser Gleichung ist ersichtlich, dass der Einfluss der Nettovortriebsleistung auf die Tagesleistung linear ist. Daraus kann unter Berücksichtigung der Bezugs-Nettovortriebsleistung folgende Funktion für die Filterfunktion $f_1(I_n, I_{Bez})$ festgelegt werden:

$$f_1(I_n) = \left(\frac{I_{Bez}}{I_n}\right) = \left(\frac{4,0}{I_n}\right) \qquad (56)$$

wobei gilt:
$f_1(I)$ gesuchter Faktor
I_n Nettovortriebsleistung
I_{Bez} Bezugs-Nettovortriebsleistung

Der in der Abbildung 104 dargestellte Faktor f_1 wird mit der tatsächlichen Nettovortriebsleistung multipliziert, um die Vortriebleistung im ideellen Gebirge zu erhalten.

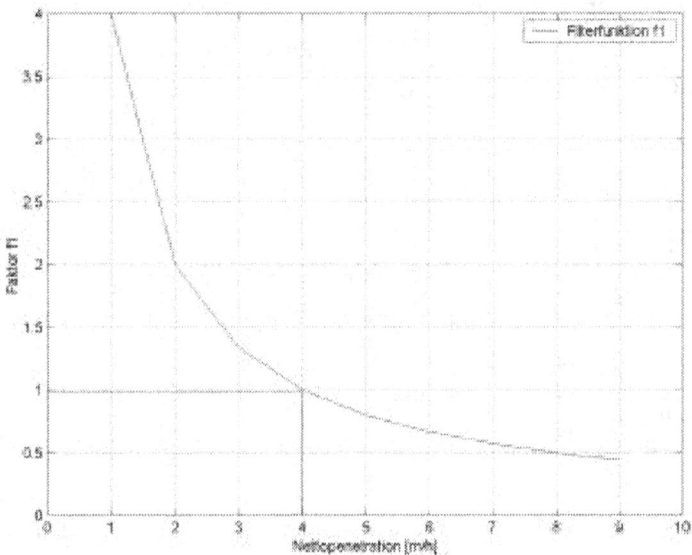

Abbildung 104 Filterfunktion für die Nettovortriebsleistung

Ausbruchsklasse

Der Einfluss der unterschiedlichen Ausbruchsklassen wird mit Hilfe des Ausnutzungsgrades berücksichtigt und ist ausschließlich bei offenen TBM von Bedeutung, da hier bei unterschiedlichen Gebirgsverhältnissen unterschiedliche Stützmittel mit unterschiedlicher Behinderung des Vortriebes eingebaut werden. Bei DS-TBM stellt sich hingegen das Problem der Verspannbarkeit der Maschine heraus, was dazu führt, dass in äußerst schlechtem Gebirge die TBM auf den

Ausbau abgestützt werden muss (Hilfsvorschub) und dadurch die Entkoppelung von Ausbruch und Sicherung aufgehoben wird. Dadurch wird auch der Ausnutzungsgrad und damit die Vortriebsleistung beeinflusst.

Die Überlegung zur Bestimmung einer Filterfunktion basiert auf folgenden Annahmen:

- Verdoppelt sich der Ausnutzungsgrad, so verdoppelt sich die Tagesvortriebsleistung
- Gute Vortriebsklassen haben einen hohen Ausnutzungsgrad; schlechte Vortriebsklassen einen niedrigen Ausnutzungsgrad
- Tagesleistungen in Klassen mit hohem Ausnutzungsgrad werden reduziert und umgekehrt, um wieder in gleichbleibenden Gebirgsverhältnissen zu bleiben
- Eine Bezugsklasse mit durchschnittlichem Ausnutzungsgrad muss vorher vom Bearbeiter festgelegt werden

Die Filterfunktion beruht auf der Annahme, dass der Bezugsausnutzungsgrad = 30 % ist. Der Einfluss auf die Tagesleistung ist wie aus Gleichung (57) ersichtlich linear. Daraus kann folgende Filterfunktion $f_2(u, u_{Bez})$ festgelegt werden:

$$f_2(u) = \left(\frac{u_{Bez}}{u}\right) = \left(\frac{30}{u}\right) \quad (57)$$

wobei gilt:
$f_2(AG)$ gesuchter Faktor
u Ausnutzungsgrad
u_{Bez} Bezugs-Ausnutzungsgrad

In Abbildung 105 wird die Filterfunktion in Abhängigkeit zum Ausnutzungsgrad dargestellt. Aus dieser Funktion kann eine Filterfunktion in Abhängigkeit von der Vortriebsklasse entwickelt werden, indem jeder Vortriebsklasse ein charakteristischer Ausnutzungsgrad zugeordnet wird.
In Abbildung 106 werden bestimmten Vortriebsklassen nach RMR[185] unterschiedliche Ausnutzungsgrade zugeordnet und daraus die Faktoren aus der Filterfunktion ermittelt. Diese werden dann zur Bereinigung der Vortriebsdaten um den Einfluss der Vortriebsklasse eingesetzt. Begründung dazu liefert die Auswertung der Ausnutzungsgrade der unterschiedlichen Vortriebsklassen.

---

[185] Gebirgsklassifizierung nach Bieniawski

Alternativ zu dieser Vorgehensweise besteht die Möglichkeit eine Filterfunktion in Abhängigkeit zur Dauer des Stützmitteleinbaues aufzubauen.

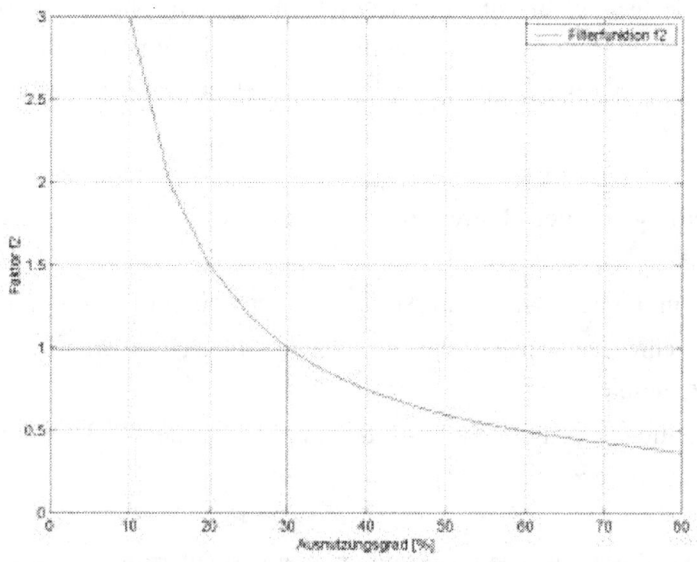

Abbildung 105 Filterfunktion für den Einfluss des Ausnutzungsgrades

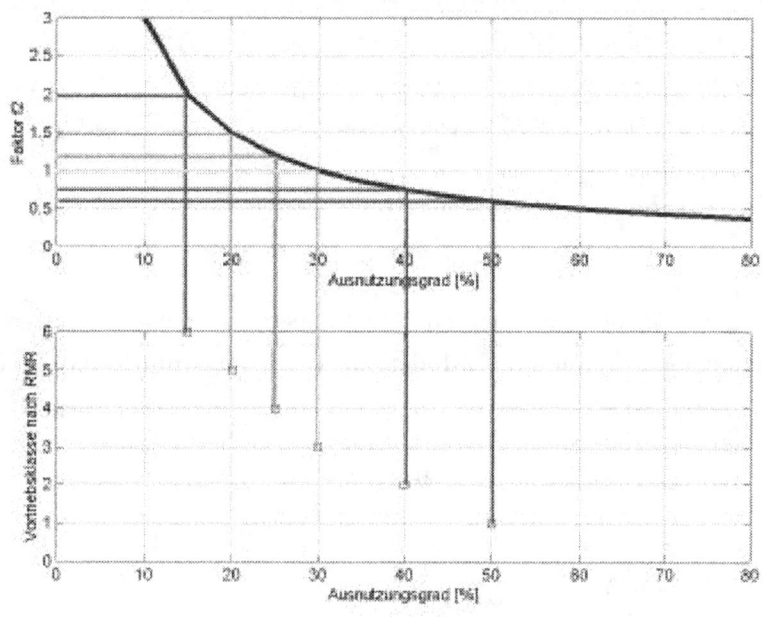

Abbildung 106 Zuordnung von Vortriebsklassen (nach RMR) zur Filterfunktion

8.3 Modifikationen an der Lernkurve

8.3.1 Erkenntnisse aus den durchgeführten Analysen

Die durchgeführten Baustellenauswertungen erlauben es, aufgrund der dabei gemachten Erkenntnisse Modifikationen in Form von Vereinfachungen am Lernkurvenmodell durchzuführen. Dieser Schritt soll als ein Rückkoppelungsprozess gesehen werden, der Erkenntnisse in das Modell einfließen lässt.

Wesentliche Erkenntnisse aus den Regressionsanalysen sind:

- Die Parameter a und b bei sämtlichen Auswertungen sind annähernd gleich groß
- Daraus kann geschlossen werden, dass der maßgebliche, die Einarbeitung beschreibende Parameter der Parameter c ist
- Daher ist es naheliegend eine Reduktion der Freiheitsgrade des Lernkurvenmodells durch gleichsetzen von b mit a zu bewirken

Daraus darf nicht geschlossen werden, dass für weitere Auswertungen immer das vereinfachte Modell herangezogen werden kann; diese Annahme ist bei jeder weiteren Auswertung auf ihre Richtigkeit zu überprüfen. Für den bisherigen Stand der Auswertungen ist das zulässig.

Die gewählten Lernkurvenmodelle sind in Gleichung (58) für die Tagesleistungen und in Gleichung (59) für die Summenlinie dargestellt.

$$L(t) = a - b \cdot e^{-c \cdot t} \qquad (58)$$

$$S(t) = a \cdot t + b' \cdot e^{-c \cdot t} - b' \qquad (59)$$

Unter Berücksichtigung der oben gemachten Erkenntnisse erhält das Modell an die Tagesleistungen die in Gleichung (60) und das Modell an die Summenlinie die in Gleichung (61) dargestellte Form.

$$L(t) = a \cdot (1 - e^{-c \cdot t}) \qquad (60)$$

$$S(t) = a \cdot (t + \frac{1}{c} \cdot e^{-c \cdot t} - \frac{1}{c}) \qquad (61)$$

8.3.2 Auswertungsergebnisse mit dem adaptierten Modell

Allgemein

Entsprechend den in Kapitel 8 dargestellten Auswertungen werden wiederum Regressionsanalysen an den Tagesleistungen und an die Summenlinie durchgeführt. Darüber hinaus werden die geologischen Einflüsse bereinigt und im Vergleich dargestellt. Beim Vortrieb Ginevra, bei dem ein längerer Stillstand aufgetreten ist, wurde dieser nicht berücksichtigt und eine durchgehende Lernkurve angepasst; dabei ergab sich ein verschlechterter Lernkurvenparameter.

Tagesleistungen

In der Tabelle 41 sind die Auswertungsergebnisse für das vereinfachte Lernkurvenmodell - nach Bereinigung der geologischen Einflüsse – den Auswertungsergebnissen ohne Bereinigung der geologischen Einflüsse gegenübergestellt. Dabei ist Folgendes anzumerken:

- Ohne Bereinigung der geologischen Einflüsse streut der Parameter a zwischen 25 m/AT und 47 m/AT.
- Nach Bereinigung der geologischen Einflüsse liegen die Ergebnisse für den Parameter a zwischen 35 m/AT und 39 m/AT
- Auffallend ist bei den Vortrieben Ginevra und Plave der Einfluss der Bereinigung der geologischen Einflüsse

Vortrieb		Regressionsanalyse Tagesleistungen (nach Bereinigung um geol. Einflüsse)		Regressionsanalyse Tagesleistungen (ohne Bereinigung um geol. Einflüsse)	
		a	c	a	c
DS-TBM	Salima	36,34	0,02470	32,71	0,02148
DS-TBM	Ginevra	38,84	0,02272	25,20	0,03777
DS-TBM	Plave	35,77	0,01530	47,29	0,00523
o-TBM	Natalia	31,04	0,01365	20,09	0,01279
o-TBM	Katrin	29,91	0,07981	kommt nicht zur Auswertung	
o-TBM	Achrain	28,36	0,19300	kommt nicht zur Auswertung	

Tabelle 41 Auswertungsergebnisse mit modifiziertem Lernkurvenmodell an die Tagesleistungen

In der Tabelle 42 sind die Auswertungsergebnisse für das vereinfachte Lernkurvenmodell an der Summenlinie dargestellt; links mit Bereinigung und rechts ohne Bereinigung. Dabei ist anzumerken:

- Die Lernkurvenparameter aus den unbereinigten Daten weisen wieder eine große Streuung bis hin zur Unauswertbarkeit auf

- Die Lernkurvenparameter aus den bereinigten Daten weisen eine Konzentration des Parameters a auf (a_{DS-TBM} = 36 m/AT; a_{o-TBM} = 29 m/AT)
- Der Parameter c spiegelt das Lernverhalten wider und weist eine geringere Streuung auf

Summenfunktion

Vortrieb		Regressionsanalyse Tagesleistungen (nach Bereinigung um geol. Einflüsse)		Regressionsanalyse Tagesleistungen (ohne Bereinigung um geol. Einflüsse)	
		a	c	a	c
DS-TBM	Salima	36,07	0,02851	32,25	0,02325
	Ginevra	36,36	0,02843	24,44	0,03857
	Plave	36,06	0,01532	kommt nicht zur Auswertung	
o-TBM	Natalia	29,90	0,01666	20,84	0,01223
	Katrin	28,66	0,05051	kommt nicht zur Auswertung	
	Achrain	28,24	0,22422	kommt nicht zur Auswertung	

Tabelle 42 Auswertungsergebnisse mit modifiziertem Lernkurvenmodell an Summenlinie

8.4 Abschätzung der Lernkurvenparameter für Prognosen vom Typ 1

8.4.1 Allgemein

Aus den bisher durchgeführten und dargestellten Auswertungen können folgende Schlussfolgerungen gezogen werden:

- Es ist zulässig, das beschriebene Lernkurvenmodell sowohl für die Tagesleistungen als auch für die Summenlinien zu vereinfachen
- Bei den mit dem vereinfachten Modell durchgeführten Auswertungen an das bereinigte Datenmaterial stellt sich eine Konzentration des Parameters a um einen für DS-TBM bzw. für o-TBM charakteristischen Wert ein; dabei wurde der Faktor Geologie neutralisiert.
- Der Lernkurvenparameter c beschreibt das Einarbeitungsverhalten und ist abhängig vom Einflussfaktor „Personal", „Maschine", „Umfeld", „Gebirge" und „Maschinentyp"

Das in diesem Kapitel vorgestellte Klassifizierungssystem ermöglicht es, den Einfluss von Personal, Maschine, Umfeld, Gebirge und Maschinentyp auf den Parameter c zu quantifizieren. Auf Grund der beschränkten Anzahl an Vortrieben, die bisher ausgewertet werden konnten, ist es nicht möglich, eine statistische Auswertung in Form einer mehrdimensionalen linearen Regression durchzuführen. Vielmehr muss eine weitere Vereinfachung vorgenommen werden, die in der folgenden Vorgehensweise resultiert:

- Für jeden Vortrieb wird die Bewertung der einzelnen Faktoren in den Obergruppen vorgenommen. Diese Bewertung erfolgt getrennt für DS-TBM und o-TBM
- Eine Regressionsanalyse zur Quantifizierung der Einflüsse der Obergruppen auf den Parameter c entfällt, da zu wenig Datensätze für eine derartige Auswertung vorliegen
- Stattdessen wird die Bewertung der Obergruppen zusammengeführt auf eine Gesamtbeurteilung der Baustelle (LR_{Bau}) in „günstig", „standard" und „ungünstig"
- Anschließend kann der Parameter c des entsprechenden Vortriebs der Kategorie „günstig", „standard" und „ungünstig" zugeordnet werden

8.4.2 Bewertung der Baustellen (LR_{BAU})

Allgemein

Die Gesamtbewertung der Baustelle erfolgt durch Aufsummieren der Bewertungspunkte für die Faktoren der einzelnen Obergruppen aus Tabelle 30.

Die Punktesummen können wie folgt (Tabelle 43) den Bewertungen zugeordnet werden:

Günstig		Standard		Ungünstig	
55	44	43	23	22	11

Tabelle 43 Beurteilung der Punktesummen

Bewertung der zur Auswertung kommenden Baustellen

In der Tabelle 44 ist die Beurteilung der ausgewerteten Baustellen dargestellt und den ausgewerteten Parametern c für Tagesleistungen und Summenlinie gegenübergestellt. Aus dieser Darstellung werden die Parameter für das Prognosemodell abgeleitet.

	Vortrieb	Rating	Beurteilung	Tagesleistungen c	Summenlinie c
DS-TBM	Salima	35	günstig	0,02470	0,02851
DS-TBM	Ginevra	42	günstig	0,02272	0,02843
DS-TBM	Plave	24	standard	0,01530	0,01532
o-TBM	Natalia	25	standard	0,01365	0,01666
o-TBM	Katrin	36	günstig	0,07981	0,05051
o-TBM	Achrain	49	günstig	0,19300	0,22422

Tabelle 44 Beurteilung der Baustelle und Zuordnung der Lernkurvenparameter c für Tagesleistungen und Summenlinie

8.4.3 Abschätzung der Parameter

Allgemein

Die Abschätzung der Parameter baut auf den in Tabelle 44 dargestellten Auswertungsergebnissen in Zusammenhang mit der Beurteilung der Baustellensituation auf. Die Lernkurve lässt sich daraus wie folgt ermitteln:

- Ermittlung der Dauerleistung über eine Leistungskalkulation in Abhängigkeit zu den Gebirgsverhältnissen
- Beurteilung der Baustellensituation mit Hilfe des Rating-Systems
- Abschätzen des Lernkurvenparameters mit Hilfe der folgenden Tabellen

DS-TBM

Für die Abschätzung des Lernkurvenparameters kann die Tabelle 45 herangezogen werden. Diese zeigt den derzeitigen Stand der Auswertungen auf und ist durch Auswertungen weiterer Vortriebe zu ergänzen.

Die Abschätzung der Dauerleistung hat getrennt zu erfolgen; bei den ausgewerteten Vortriebsleistungen ergibt sich eine über 3 Vortriebe gemittelte Dauerleistung von 36,16 bei einer durchschnittlichen Nettovortriebsleistung von 4 m/h. Unter Annahme eines 24 h Arbeitstages errechnet sich ein durchschnittlicher Ausnutzungsgrad von 37,6 %.

Vortrieb	Beurteilung	Lernkurvenparameter c	
		von	bis
DS-TBM	günstig	0,02	<
	standard	0,01	0,02
	ungünstig	<	0,01

Tabelle 45 Lernkurvenparameter c für eine DS-TBM

In Abbildung 107 sind beispielhaft zwei Lernkurven für die Bewertung „günstig" und „standard" dargestellt.

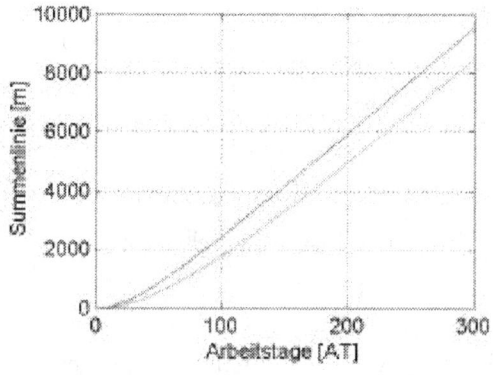 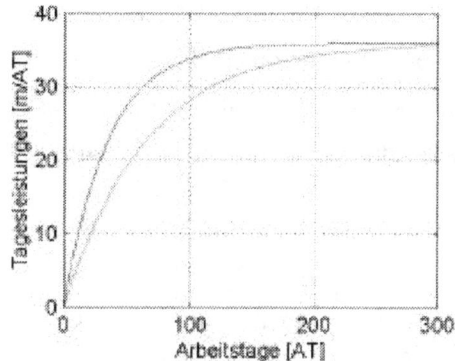

Abbildung 107 Lernkurven für gut (c = 0,03, rot) und mittel (c = 0,015, grün)

Offene TBM

Die Abschätzung des Lernkurvenparameters c für eine o-TBM kann nach Tabelle 46 erfolgen. Die Abschätzung der Dauerleistung hat, wie bereits erläutert, getrennt zu erfolgen; bei den 3 ausgewerteten Vortrieben ergibt sich ein Mittelwert für die Dauerleistung von 28,9 m/AT. Daraus kann ein durchschnittlicher Ausnutzungsgrad von 30,1 % bei einer Nettovortriebsgeschwindigkeit von 4m/h und einer Tagesarbeitszeit von 24 h/AT errechnet werden.

Vortrieb	Beurteilung	Lernkurvenparameter c	
		von	bis
o-TBM	günstig	0,05	0,25
	standard	0,01	0,05
	ungünstig	<	0,01

Tabelle 46 Lernkurvenparameter c für eine o-TBM

8.5 Anwendung der Lernkurve für Prognosen vom Typ 2

8.5.1 Allgemein

Prognosen vom Typ 2 können nur anhand der Lernkurve durchgeführt werden, da für eine Change-Point Analyse mit den hier angewendeten Verfahren das gesamte Datenmaterial erforderlich ist. Diese Bedingung ist bei laufenden Vortrieben nicht erfüllt.

Das Ziel für Prognosen vom Typ 2 ist:

- Die Annahmen über die Lernkurve zu überprüfen
- Die Lernkurvenparameter zu verbessern
- Prognosen über die Bauzeit zu erstellen
- Prognosen über das Ende des Einarbeitungszeitraumes zu erstellen

Grundsätzlich kann das Abschätzen der Lernkurvenparameter auf zwei Arten erfolgen:

- Durch Regressionsanalyse
- Durch Schätzung der Parameter unter der Bedingung, die Quadratsumme der Residuen zu minimieren.

Grundlegende Probleme beim Festlegen der Lernkurvenparameter aus einer geringen Anzahl von Daten bestehen darin:

- dass das gewählte Modell drei Freiheitsgrade besitzt; dieser Umstand erschwert die Parameterschätzung und die Freiheitsgrade des Modells müssen reduziert werden.
- dass die Dauerleistung (Parameter a) aus den ersten Datensätzen durch reine Regressionsanalyse nicht erkannt werden kann; daher müssen Informationen in die Parameterschätzung einfließen

Folglich sind, um aussagekräftige Schätzungen aus dem Datenmaterial zu erhalten, Modifikationen am gewählten Lernkurvenmodell durchzuführen und es müssen Vorinformationen über die zu erwartende Dauerleistung in die Schätzung einfließen. Diese Vorgehensweise ist bei beiden Methoden zur Abschätzung der Parameter anzuwenden.

Die Abbildung 108 zeigt das Ergebnis eines Prognoseversuches auf Grundlage der ersten 30 Arbeitstage beim Vortrieb Salima.

Das Ergebnis zeigt, dass die Regressionskurve zwar sehr gut an die ersten 30 Datensätze angepasst ist, die daraus ermittelten Lernkurvenparameter eignen sich aber nicht für eine Prognose. (a = 9,82; c = -0,422) Das daraus resultierende Ergebnis liegt weit von den endgültigen Schätzungen entfernt. Ein derartiges Ergebnis ist zu erwarten, da die Regressionsanalyse die Abweichungen der Kurve durch die Daten minimiert und infolge der fehlenden hohen Leistungen für a einen viel zu niedrigen Wert ergibt.

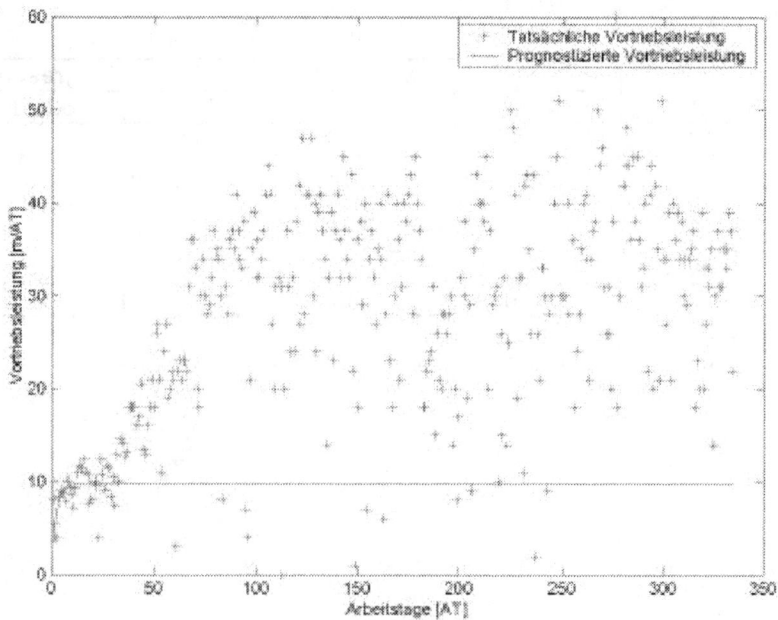

Abbildung 108 Prognoseversuch

Die Schlussfolgerung daraus ist, dass vorhandene Informationen über die zu erreichende Vortriebsleistung in das Modell einfließen müssen. Dadurch werden die Freiheitsgrade des Lernkurvenmodells um eins - von drei auf zwei - reduziert. Der Parameter für die Dauerleistung muss geschätzt werden. Diese Leistung muss ohnehin für die Kalkulation und die Bauzeitabschätzung auf der Basis von Penetrationsrate und Ausnutzungsgrad bei jedem Projekt ermittelt werden.

Die Vorgehensweise zu Parameterermittlung teilt sich in zwei Schritte:

- Abschätzen der zu erwartenden Dauerleistung
- Regressionsanalyse mit dem vereinfachten Lernkurvenmodell. es kann sowohl das Modell an die Summenlinie als auch das Modell an die Tagesleistungen verwendet werden.

Ein alternativer vereinfachter Weg besteht darin, beide Parameter zu schätzen und als Entscheidungskriterium die Quadratsumme der Abweichungen von geschätztem Wert und tatsächlichem Wert zu verwenden.

In den folgenden Kapiteln sind Beispiele zur Prognose von Lernkurven dargestellt.

8.5.2 Prognose der Tagesleistungen

	AT	a geschätzt =			Regression
		34	32	30	32,71
c (AT)	10	0,0434	0,0467	0,0507	
	20	0,0280	0,0280	0,0305	
	30	0,0178	0,0193	0,0210	
	40	0,0165	0,0178	0,0194	
	50	0,0161	0,0175	0,0192	
	334	0,0192	0,0228	0,0267	0,0215

Tabelle 47 Variantenstudie zur Abschätzung der Parameter beim Vortrieb Salima

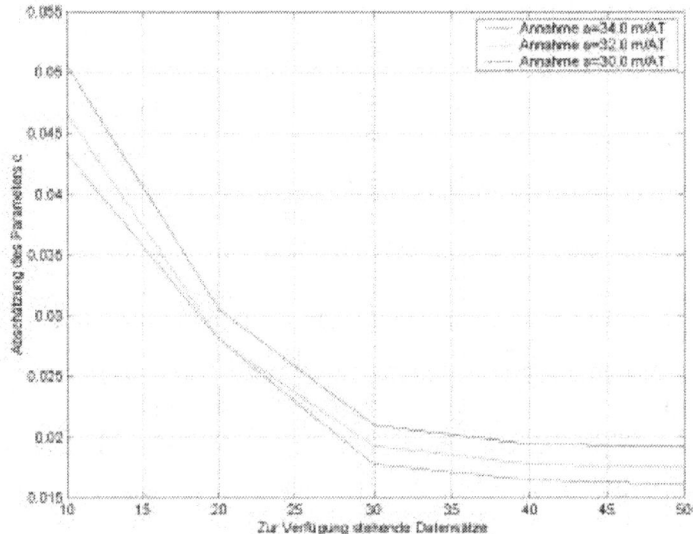

Abbildung 109 Ausgewerteter Parameter c in Abhängigkeit von a und der zur Verfügung stehenden Anzahl an Datensätzen

Die Abbildung 109 zeigt den Verlauf von c in Abhängigkeit von a und der Anzahl der zur Verfügung stehenden Datensätze. Das Ergebnis zeigt:

- Plausible Ansätze für c
- Die Schätzung für c sinkt unter jenen Wert ab, der über den gesamten Zeitraum ermittelt werden kann

Die Regression durch das gesamte Datenmaterial ergibt für a = 32,71 und für c = 0,0215. Eine Schätzung für c unter der Annahme a = 32 ergibt c = 0,0193; eine sehr gute Annäherung für diesen relativ frühen Zeitraum.

Die Abbildung 110 zeigt einen Vergleich der Leistungsprognosen der drei Lernkurven nach 40 AT mit den tatsächlichen Tagesleistungen und der endgültigen Lernkurve (a = 32,71).

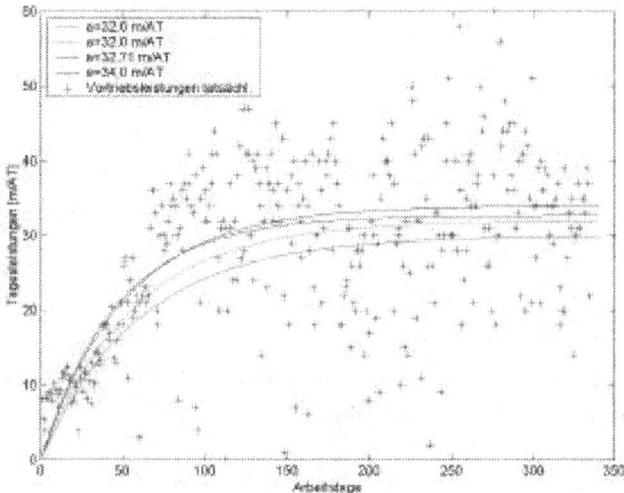

Abbildung 110 Vergleich der Lernkurven für eine Prognose nach 40 AT verglichen mit der endgültigen Lernkurve (32,71 m/AT)

Die Quadratsumme der Abweichungen zwischen tatsächlicher Leistung und prognostizierter Leistung ist in Abbildung 111 dargestellt.

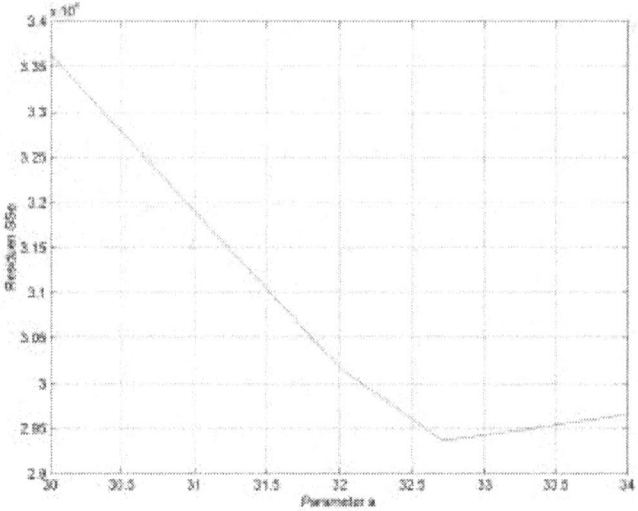

Abbildung 111 Residuen der drei Lernkurven über den Parameter a aufgetragen

Das Ergebnis zeigt:

- Der Unterschied zwischen Maximum und Minimum beträgt ungefähr 4.000 Einheiten.
- In Relation zum Maximalwert ergibt sich ein Schwankungsbereich von ungefähr 11 %.

Berücksichtig man den Zeitpunkt der Schätzung, so kann das Ergebnis als sehr gut brauchbar bezeichnet werden.

8.5.3 Prognose der Summenlinie

Zum Vergleich mit der Prognose von Tagesleistungen soll eine Prognose mit dem Modell an die Summenlinie vorgenommen werden.

Die Abbildung 112 zeigt, dass eine Regressionsanalyse mit den Parametern a und c nicht den gewünschten Erfolg bringt; auch hier ist es erforderlich, den Parameter a zu schätzen, damit die zuvor beschriebene Vorgehensweise gerechtfertigt ist

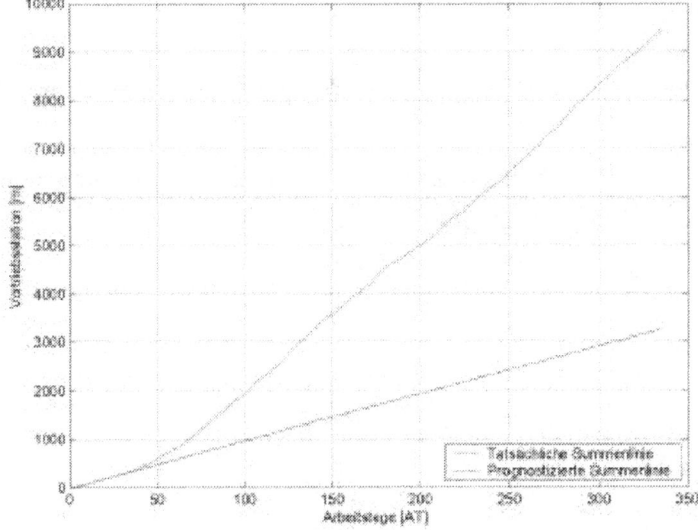

Abbildung 112 Vergleich der tatsächlichen mit der prognostizierten Summenlinie

In Abbildung 113 ist ein Vergleich der Prognosen mit möglichen Parameterschätzungen nach 30 AT dargestellt.

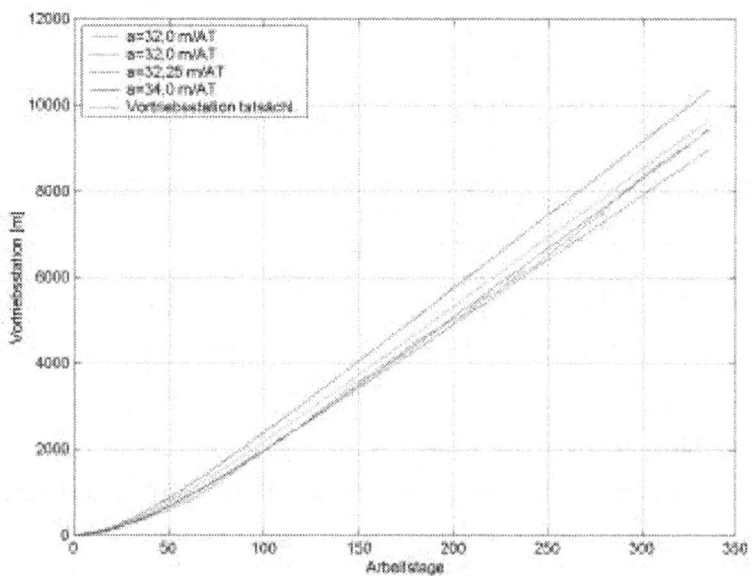

Abbildung 113 Vergleich der Lernkurven für eine Prognose nach 30 AT mit der endgültigen Lernkurve (32,25 m/AT)

Die Abbildung 114 zeigt die zugehörigen Residuen zu den Parameterpaaren; im Vergleich zur Abbildung 111 ist die Bandbreite bei dieser Prognoseart wesentlich größer.

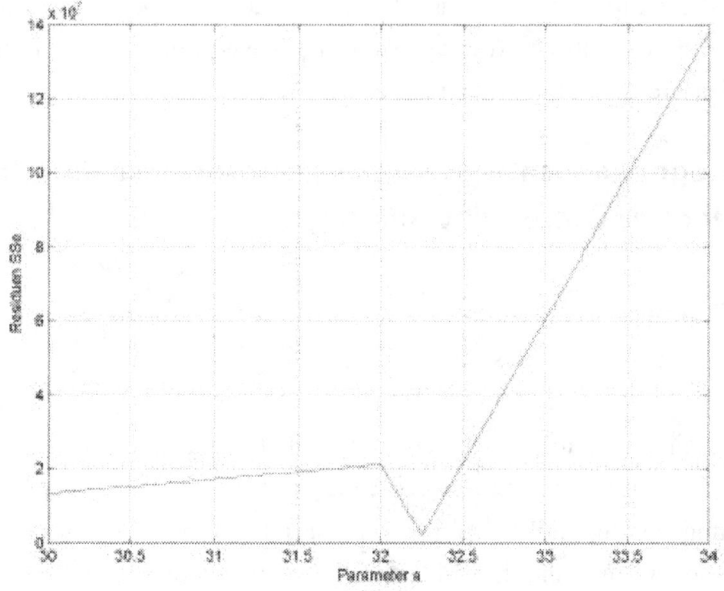

Abbildung 114 Zugehörige Residuen

Die Tabelle 48 zeigt die Ergebnisse einer Parameterabschätzung zu verschiednen Zeitpunkten

	AT	a geschätzt =			Regression
		34	32	30	32,25
c (AT)	10	0,0654	0,0704	0,0763	
	20	0,0393	0,0424	0,0461	
	30	0,0276	0,0299	0,0325	
	40	0,0223	0,0241	0,0263	
	50	0,0202	0,0219	0,0240	
	334	0,0189	0,0241	0,0333	0,0233

Tabelle 48 Variantenstudie zur Abschätzung der Parameter beim Vortrieb Salima

8.5.4 Zusammenfassung

Der vorgestellte Weg zeigt, dass aus einer geringen Anzahl von Vortriebsdaten, wie sie zu Beginn einer Baustelle vorliegen, Prognosen über den Leistungsverlauf durchgeführt werden können. Die Vorgehensweise stellt sich im Wesentlichen wie folgt dar:

- Verwendung des adaptierten Lernkurvenmodells
- Schätzen des Parameters a durch sinnvolle Leistungsvorgabe
- Regressionsanalyse an die vorhandenen Daten
- Extrapolieren des vorhandenen Trends

Voraussetzung für diese Prognosen ist, dass die Randbedingungen, wie in Kapitel 8.2 aufgelistet, gleich bleiben. Eine wesentliche Aussage stellt die Auswirkung auf die Baudauer dar; dieser Untersuchung ist das nächste Kapitel gewidmet.

8.6 Bauzeitprognosen unter Berücksichtigung des Einarbeitungseffektes und der Parameterschwankungen

8.6.1 Allgemein

Grundlage für eine Bauzeitprognose sind:

- Die Ermittlung einer Bruttovortriebsleistung in Abhängigkeit von den geologischen Verhältnissen, die frei von Einarbeitungseffekten ist
- Die Abschätzung des möglichen Einarbeitungseffektes entweder durch Schätzung wie in 8.3 beschrieben oder durch die in 8.5 beschriebene Vorgehensweise

Der Leistungsverlauf wird anschließend durch die Lernkurve festgelegt und soll somit nur die Anfangsverluste, die durch das Lernen entstehen, berücksichtigen. Aus dem Modell an die Summenlinie kann dann die Dauer ermittelt werden.

Gerade bei baubetrieblichen Problemstellungen, vor allem bei Tunnelbauprojekten, ist es von Vorteil, mögliche Parameterschwankungen zu berücksichtigen. Zur Berücksichtigung von Schwankungen in Berechnungen stehen grundsätzlich verschiedene Möglichkeiten zur Verfügung. Im Rahmen dieser Arbeit werden die folgenden zwei Methoden angewendet:

- Simulation
- Fuzzy-Berechnung

Das Ergebnis daraus ist eine bewertete Darstellung der Vortriebsdauer; bei der Simulation erfolgt die bewertete Darstellung durch eine Häufigkeitsverteilung und bei einer Fuzzy-Berechnung durch die Zugehörigkeitsgrade.

8.6.2 Simulation

Bei einer Simulation der Vortriebsdauern werden die Eingabeparameter auf einem Intervall mit Wahrscheinlichkeitsverteilung angenommen.

Da in diesem Fall keine näheren Annahmen über den Verteilungstyp getroffen werden können, wird eine Gleichverteilung angesetzt; das heißt, dass jeder Wert gleich wahrscheinlich ist. Mittels Zufallsgenerator wird ein Wertepaar gewählt und die Vortriebsdauer ermittelt.
Die MATLAB-Routine dazu ist im Anhang zu finden.

Durch Wiederholung dieses Vorganges ergibt sich als Ergebnis eine Häufigkeitsverteilung, wie exemplarisch in Abbildung 115 dargestellt. Diese kann als solche interpretiert werden und damit eine mögliche Bandbreite der Vortriebsdauer ermittelt oder durch Transformation in eine unscharfe Zahl transformiert werden.

Das unten angeführte Beispiel zeigt ein derartiges Ergebnis, wobei folgende Eingangsparameter gemäss einer Schätzung nach 30 AT aus Tabelle 48 gewählt werden:

- $a = [30,34]$
- $c = [0.0276, 0.0375]$

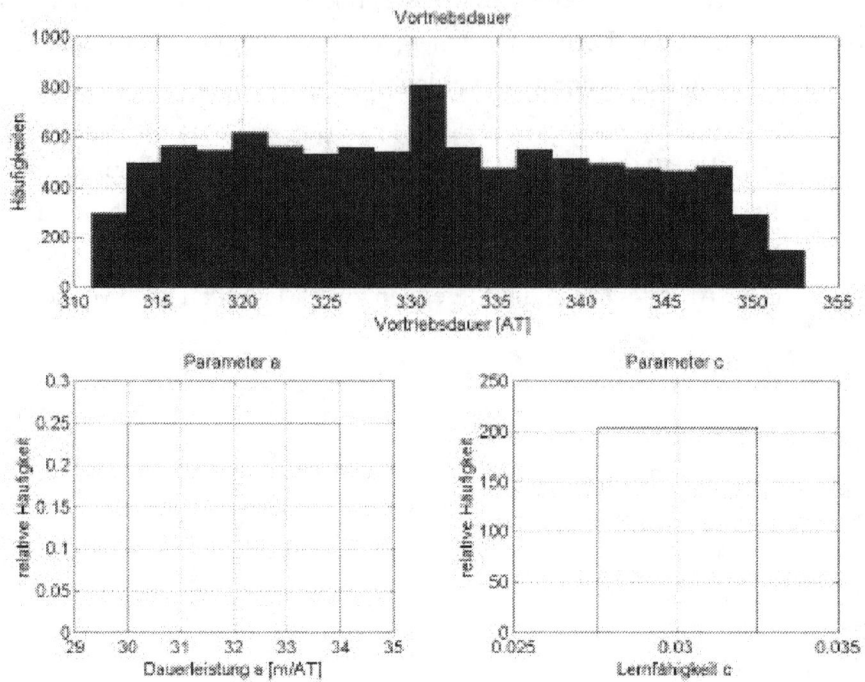

Abbildung 115 Ergebnis einer Simulation der Vortriebsdauer

Durch die Annahme der Gleichverteilung ergibt sich ein sehr weit ausfallender Plateaubereich [314, 348] mit einem starken Abfall gegen die gesamte mögliche Bandbreite[311, 353]. Die tatsächlich benötigte Bauzeit von 334 AT(ohne Stillstände) liegt in diesem Plateaubereich. Eine ausgeprägte Erhöhung ergibt sich bei einer Vortriebsdauer von 331 AT.

Im Anschluss an eine derartige Simulation können die Häufigkeiten in eine unscharfe Zahl transformiert werden; dabei wird sich das grundsätzliche Bild des Ergebnisses nicht ändern. Es werden jedoch dadurch Operationen mit anderen unscharfen Zahlen und die Bildung von Kennzahlen erleichtert.

8.6.3 Unscharfe Berechnung

Als weitere Möglichkeit zur Berechnung der Vortriebsdauer unter Berücksichtigung des Lernens und unter Beibehaltung von Parameterschwankungen soll auf eine Berechnung mit unscharfen Zahlen eingegangen werden. Diese Untersuchungen stellen ein sehr gutes Instrument bei Risikoanalysen dar. Es können auf diese Weise die Auswirkungen von schwanken-den Vortriebsleistungen und Unsicherheiten bei der Abschätzung des Einarbeitungseffektes auf die Vortriebsdauer untersucht werden.

Dabei erfolgt eine unscharfe Schätzung der Parameter a und c wie in Abbildung 116 dargestellt.

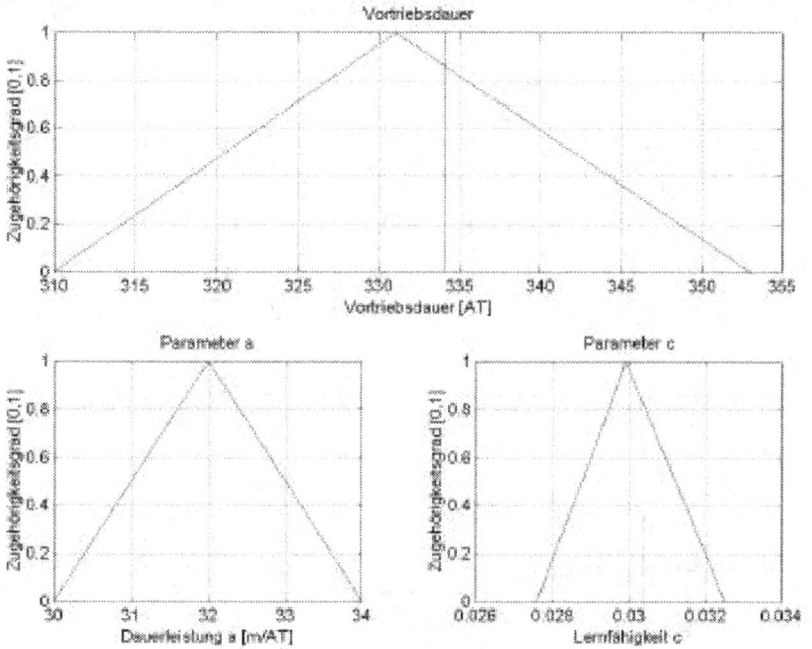

Abbildung 116 Berechnung der Vortriebsdauer als unscharfe Zahl

Anschließend werden die Links- und Rechtswerte der Vortriebsdauern auf den verschiedenen Zugehörigkeitsniveaus berechnet; dabei werden sämtliche Parameterkombinationen berücksichtigt und jeweils das Minimum und Maximum der Vortriebsdauer ermittelt.

In der Abbildung wurde das für die Zugehörigkeitsniveaus Null und Eins als erste sehr gute Näherung durchgeführt. Die zugehörige MATLAB-Routine ist im Anhang zu finden.

Als Eingangsparameter wurden folgende Werte gewählt (siehe auch Abbildung):

- a-links = 30,0; a-mitte = 32,0; a-rechts = 34,0
- c-links = 0,0276; c-mitte = 0,0299; c-rechts = 0,0325

Das Ergebnis zeigt auf dem Nullniveau eine Bandbreite von [310, 353] AT und auf dem Niveau mit dem Zugehörigkeitsgrad Eins eine Vortriebsdauer von 331 AT. Die tatsächliche Vortriebsdauer beträgt 334 AT und liegt nahe an dem Wert des größten Möglichkeitsgrades.

8.7 Feststellen der Dauer der Einarbeitungsphase aus der Lernkurve

8.7.1 Vorgehensweise

Eine weitere Aufgabenstellung, die nicht direkt mit der Bauzeitprognose und der Prognose des Einarbeitungsverhaltens zu tun hat, ist die Fragestellung, wie das Ende des Einarbeitungszeitraumes anhand einer Lernkurve ermittelt werden kann. Das Problem dabei ist, dass die gewählte Lernkurve an die Tagesleistungen keinen Knick aufweist, es kann also nicht direkt anhand der Kurve abgelesen werden, ab welchem Zeitpunkt ein stationärer Produktionsbetrieb vorliegt.

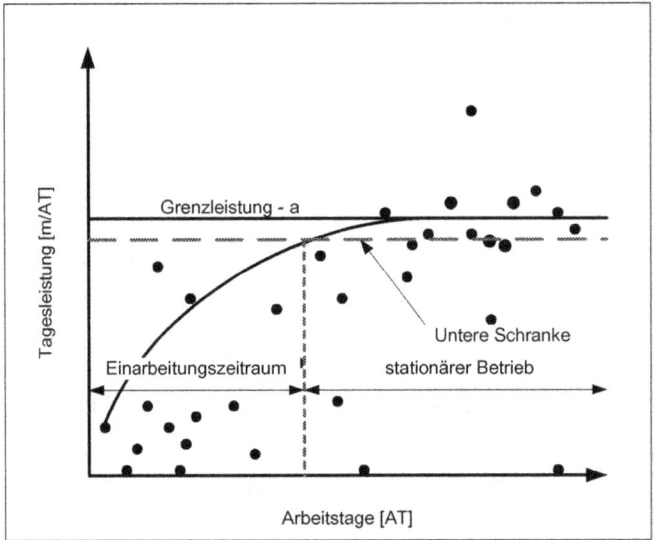

Abbildung 117 Ermittlung des Einarbeitungszeitraumes aus einer Lernkurve

In Abbildung 117 ist eine mögliche Vorgehensweise grafisch dargestellt. Es wird eine untere Schranke für die Tagesleistungen definiert, ab der es gerechtfertigt ist anzunehmen, dass der Vortrieb eingearbeitet ist. Der Schnittpunkt von Lernkurve mit dieser Schranke legt das Ende des Einarbeitungszeitraumes fest. Die Ermittlung dieser Schranke erfolgt durch empirische Festlegung aufbauend auf den ermittelten Einarbeitungszeiträumen aus den Change-Point-Analysen.

Dabei wird wie folgt für jedes Projekt vorgegangen:

- Ermittlung der Lernkurvenparameter aus den Tagesleistungen
- Ermittlung der Einarbeitungsphase mit den bekannten Tests
- Einsetzen in die Gl 66 für t = Einarbeitungszeitraum
- Daraus folgt Δ für unterschiedliche Einarbeitungszeiträume
- Δ ausdrücken als Prozentsatz von a

Die Ermittlung des Zeitpunktes t aus dem Verlauf der Lernkurve, an dem die Schranke U erreicht wird:

$$L(t) = a - b \cdot e^{-c \cdot t} \qquad (62)$$

$$U = a - b \cdot e^{-c \cdot t} \qquad (63)$$

wobei gilt:

$$U = a - \Delta \qquad (64)$$

daraus folgt:

$$U = a - \Delta = a - b \cdot e^{-c \cdot t} \qquad (65)$$

$$\Delta = b \cdot e^{-c \cdot t} \qquad (66)$$

$$\left(\frac{\Delta}{b}\right) = e^{-c \cdot t} \Rightarrow$$

$$\ln\left(\frac{\Delta}{b}\right) = -c \cdot t \Rightarrow \qquad (67), (68), (69)$$

$$t = \frac{-1}{c} \cdot \ln\left(\frac{\Delta}{b}\right)$$

wobei gilt:
a, b, c   Lernkurvenparameter
L(t)   Tagesleistung
U   Schranke, ab der der Vortrieb eingearbeitet ist
Δ   Abzug in Abhängigkeit zu a

8.7.2 Ermittlung der Schranke anhand der Vortriebe

Zur Abschätzung dieser Schranke werden die drei Vortriebe Salima, Plave und Natalia herangezogen. Die Auswertung als Boxplot in Abbildung 118 links zeigt die Auswertung des Wertes Δ in Prozent der Dauerleistung a getrennt für die drei zuvor genannten Vortriebe.

Die zusammenfassende Auswertung als Boxplot in Abbildung 118 rechts zeigt die Auswertung für alle drei Vortriebe zusammen.

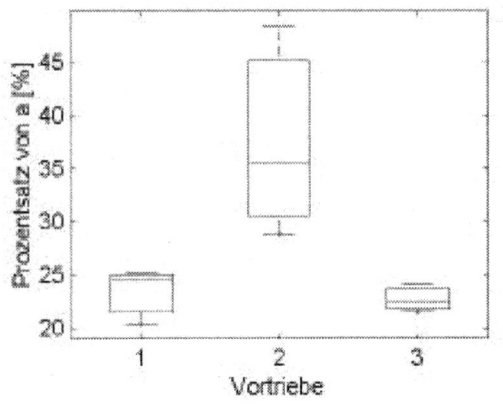
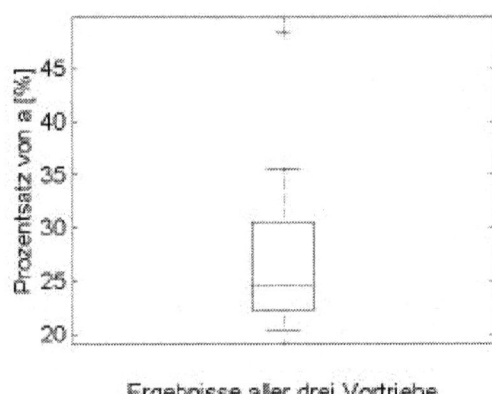

Abbildung 118 Ergebnisse der Ermittlung der Schranke

Wie die Auswertung zeigt, ergibt sich für den Wert U folgende Größenordnung:

$$U = (1 - \frac{P}{100}) \cdot a \quad \text{bzw.} \quad \Delta = \frac{P}{100} \cdot a$$

wobei gilt:

U	Schranke
P	Prozentsatz P gemäß Auswertung [23 %, 30 %]
a	Dauerleistung
Δ	Abzug in Abhängigkeit zu a

8.7.3 Beispiel

Zur Verdeutlichung der Vorgehensweise soll hier der Vorgang am Beispiel Salima angeführt werden. Dabei ergeben sich folgende Lernkurvenparameter:

- a = 32,8 m/AT
- b = 31,9 m/AT
- c = 0,0208

Mit P = 25 % ergibt U:

$$U = (1 - \frac{P}{100}) \cdot a = (1 - \frac{25}{100}) \cdot 32,8 = 24,6 \text{m/AT} \Rightarrow \Delta = 8,2 \text{m/AT}$$

Einsetzen in Gl. 6 ergibt:

$$t = \frac{-1}{c} \cdot \ln\left(\frac{\Delta}{b}\right) = \frac{-1}{0,0208} \cdot \ln\left(\frac{8,2}{31,9}\right) = 65,31 \text{AT}$$

Es ergibt sich daraus ein Einarbeitungszeitraum von 65 AT; zum Vergleich dazu ergaben die Auswertungen der Change-Point-Analysen einen Einarbeitungszeitraum von 65 bis 85 AT.

In Abbildung 119 ist die Vorgehensweise noch einmal veranschaulicht. Das Ergebnis (Einarbeitungsdauer = 65 AT) ist dabei der maximal ermittelten Einarbeitungsdauer von 85 AT gegenüber gestellt. Das Ergebnis stellt somit eine brauchbare Lösung dar.

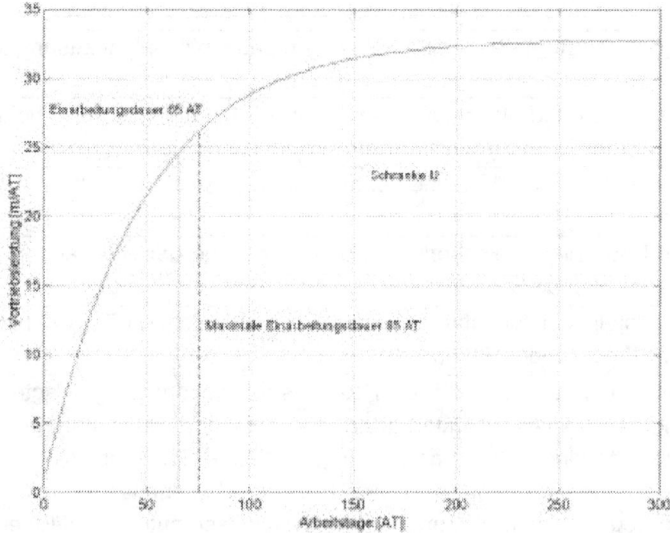

Abbildung 119 Grafische Darstellung des Beispiels

8.8 Beispiel für eine Prognose vom Typ 1

8.8.1 Allgemein

In diesem Beispiel soll die Erstellung eines Zeit-Weg-Diagramms mit Berücksichtigung des Einarbeitungseffektes sowie eine Bauzeitprognose zur Verdeutlichung der Vorgehensweise vorgestellt werden.

8.8.2 Schritt 1 – Abschätzung der Baustellensituation

Ermittlung von LR_{BAU}

In Tabelle 49 wird die Bewertung für einen Vortrieb beispielhaft dargestellt.

• Personal: Stammpersonal 40 - 50 %, vertraut mit Vortriebsart, Hilfspersonal ausreichend verfügbar, Arbeitsrecht im Bauvertrag (Angebot) berücksichtigt, Arbeitszeitregelungen, geringe Personalfluktuation	3,0
• Kommunikation: unklare Funktions- und Kompetenzsituation	1,0
• Organisation: keine oder kaum beherrschte gemeinsame Sprache des Schlüsselpersonals; Verständigung über Dritte	1,0
• Durchmesser: Arbeitsraum und Leistungsvermögen der Maschine auf Durchmesser abgestimmt	3,0
• Vortriebs- und Nachlaufsystem: Systemkomponenten passen schlecht zusammen	2,0
• Zustand: Vortriebssystem und Nachläufer gebraucht (notdürftig überholt), hohe Reparaturanfälligkeit	2,0
• Ausbau: Erprobtes und dem Schlüsselpersonal vertrautes, auf die Vortriebsart abgestimmtes Ausbausystem	4,0
• Infrastruktur: Gute Baustellenerreichbarkeit; Größe und Lage der BE-Flächen ausreichend; Strom und Wasser; passende BE	3,0
• Versorgung der Baustelle: leistungsfähige Lieferanten; ausreichend Zustell- bzw. Zwischenlagerungsmöglichkeit; passendes Ersatzteillager	3,0
• Startsituation: Besetzung der wesentlichen Positionen gegeben; ausgeprägter Einfluss der Logistikentwicklung (Nachläufer, Schutterzug, Kippe) auf Vortriebsleistung, gesicherte Startsituation (Startbock, Startring / Startröhre), genügend lange Startröhre (Auflockerungszone durchörtert), im Anfahrbereich geringer Verwitterungsgrad, geringer Einfluss von Oberflächenwässern bzw. Regenereignis-sen und mäßige Bergwasserzutritte, mäßiger Zeitdruck	3,0
• Formation (Gestein): keine Gaszutritte, standfest bis nachbrüchig, sehr gute bis gute Bohrbarkeit (nicht zu hart), wasserunempfindliches Gestein, keine Bergwasserzutritte	4,0
Punktesumme der Bewertung (= LR_{BAU})	**29,0**

Tabelle 49 Ermittlung von LR_{BAU}

Die errechnete Punktesumme beträgt 29,0 Punkte; die Baustellensituation ist gemäß Tabelle 34 in Kapitel 8 als „standard" einzustufen.

8.8.3 Schritt 2 – Ermittlung der Dauerleistung a

Es wird empfohlen, bei der Ermittlung der Vortriebsleistung die Unschärfen und die möglichen Schwankungen zu berücksichtigen. Dazu empfiehlt sich die Anwendung von *unscharfen Zahlen*.

Geologische Situation

In der Tabelle 50 ist eine Beschreibung der geologischen und hydrogeologischen Situation angegeben; es handelt sich dabei um ein fiktives Beispiel. Die Penetrationsrate ist auf geeignetem Weg zu ermitteln oder anzunehmen.

Stationierung		Geologische Formation	Hydrogeologie	Penetrationsrate
von	bis			[mm/U]
0,00	500,00	**Sandstein, kalkig:** kompakt, hart	lokale Wasserzutritte	9,50
500,00	4.500,00	**Mergel:** standfest, massig, tonige Einlagen, kaum verwittert	trocken	7,60
4.500,00	10.000,00	**Kalk:** standfest, hart, massig, kaum verwittert	trocken	6,00
10.000,00	10.700,00	**Flysch:** dünnbankig, standfest, teilweise sehr hart	lokale Wasserzutritte	6,70

Tabelle 50 Beschreibung der geologischen und hydrogeologischen Situation mit Angabe der Penetrationsrate

Nettovortriebsleistung

In der Tabelle 51 ist die Ermittlung der Nettovortriebsleistung unter folgenden Annahmen dargestellt:

- D = 4,50 m
- RPM = 11,0

Stationierung		Prozent	Penetrationsrate	RPM	I_n
von	bis	[%]	[mm/U]	[U/min]	[m/h]
0,00	500,00	4,67%	9,50		6,27
500,00	4.500,00	37,38%	7,60		5,02
4.500,00	10.000,00	51,40%	6,00		3,96
10.000,00	10.700,00	6,54%	6,70		4,42
	10.700,00	**100,00%**	**6,81**	**11,00**	**4,49**

Tabelle 51 Ermittlung der Nettovortriebsleistung

Bruttovortriebsleistung

Die Bruttovortriebsleistung wird unter folgenden Annahmen errechnet:

- Tagesarbeitszeit: 20 h Vortrieb pro Arbeitstag und 4 h Wartungsschicht
- Ausnutzungsgrad: u = 37 % gemäß Kapitel 8.4.3

In der Tabelle 52 ist die Ermittlung der Bruttovortriebsleistung dargestellt; darüber hinaus wird der Faktor f_1 zur Berücksichtigung der unterschiedlichen Nettovortriebsleistungen ermittelt. Die Bezugs-Nettovortriebsleistung beträgt 4,00 m/h. Der Lernkurvenparameter a wird mit 29,60 m/AT festgelegt; f_1 wird abschnittsweise berücksichtigt.

| Stationierung | | Prozent | I_n | I_d | f_1 |
von	bis	[%]	[m/h]	[m/AT]	
0,00	500,00	4,67%	6,27	46,40	1,57
500,00	4.500,00	37,38%	5,02	37,12	1,25
4.500,00	10.000,00	51,40%	3,96	29,30	0,99
10.000,00	10.700,00	6,54%	4,42	32,72	1,11
	10.700,00	**100,00%**	4,49	33,25	1,12
			4,00	29,60	1,00

Tabelle 52 Ermittlung der Bruttovortriebsleistung I_d und Angabe des Faktors f_1

8.8.4 Schritt 3 – Festlegen des Lernkurvenparameters c

Der Lernkurvenparameter c kann der Tabelle 9 aus Kapitel 8.4.3 entnommen werden. Dabei wird die Bandbreite mit $0{,}01 < c < 0{,}02$ angegeben. Die Bandbreite wird übernommen.

8.8.5 Schritt 4 – Prognose der Tagesleistungen und Zeit-Weg-Diagramm

Allgemein

Zur Berücksichtigung der geologischen Verhältnisse bei der Prognose der Tagesleistungen bestehen zwei Möglichkeiten:

- Pauschal durch Mittelung über gesamte Länge
- Abschnittsweise

Bei einer pauschalen Berücksichtigung wird die Lernkurve für die Summenlinie eingesetzt. Bei einer abschnittsweisen Berücksichtigung der geologischen Verhältnisse muss die Lernkurve für die Tagesleistungen eingesetzt werden und nach Beaufschlagung mit f_1 wird eine Summenbildung durchgeführt.

Prognose der Tagesleistungen

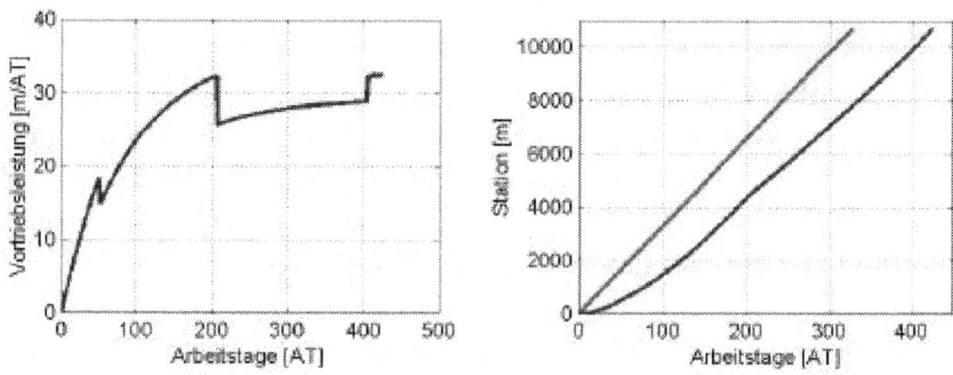

Abbildung 120 Prognose der Tagesleistungen und der Summenlinie

Die Prognose der Tagesleistungen in Abbildung 120 erfolgt mit dem Modell der Tagesleistungen und abschnittsweisem Multiplizieren mit dem Faktor f_l zur Berücksichtigung der geologischen Verhältnisse; die Summenlinie wird durch Aufsummieren der Tagesvortriebsleistungen ermittelt. Die rote, abschnittsweise gerade Summenlinie zeigt als Vergleich eine Summenlinie ohne Berücksichtigung des Lernens.

Wird ein Mittelwert für f_l über die gesamte Tunnellänge verwendet, kann dieser direkt in das Modell für die Summenlinie eingesetzt werden. Ein Vergleich mit den tatsächlich aufgefahrenen Tagesvortriebsleistungen ist möglich.

Der Lernkurvenparameter c muss im Zuge der Ausführung ständig auf seine Plausibilität überprüft werden.

Ende der Einarbeitungsphase

Die Ermittlung des Endes der Einarbeitungsphase wird unter Annahme des Prozentsatzes P = 25 % - 30 % vorgenommen. Aus der Tabelle 53 ergibt sich eine untere Schranke U in Abhängigkeit von der Station.

	0 - 500	500 - 4.500	4.500 - 10.000	10.000-10.700	Mittel
U [m/AT]	34,80	27,84	21,98	24,54	24,94

Tabelle 53 Untere Schranke in Abhängigkeit von der Station

Aus dem Verlauf der Tagesvortriebsleistungen in Abbildung 120 und der Schranke U aus Tabelle 53 ergibt sich eine Dauer der Einarbeitungsphase von 121 AT bis 140 AT.

Eine Prognose der Dauer der Einarbeitungsphase ähnlich der zuvor dargestellten Vorgehensweise ist ebenfalls denkbar.

Verlust an Arbeitstagen

Eine sehr gut handhabbare Kenngröße, die immer häufiger Eingang in die Bauablaufplanung bei TBM-Vortrieben findet, sind die Verlusttage. Die Verlusttage können entweder direkt bestimmt werden, wenn eine Auswertung der Verlusttage in Abhängigkeit zur Baustellensituation vorgenommen wurde, oder aus der Lernkurve ermittelt werden. Dabei sind die Verlusttage als Differenz der Baudauern mit und ohne Berücksichtigung des Lernens zu ermitteln.

Im vorliegenden Beispiel lassen sich 99 AT als Verlusttage errechnen; die Werte können der Summenlinie in Abbildung 128 entnommen werden:

Baudauer mit Berücksichtigung des Lernens:	427 AT
Baudauer ohne Berücksichtigung des Lernens:	328 AT
Verlusttage = 427 AT – 328 AT =	99 AT

9 Zusammenfassung und Ausblicke

9.1 Datenerfassung

Die Grundlage der Auswertung des Einarbeitungseffektes bei TBM Vortrieben stellt die Datenerfassung dar. Es fallen bei der Projektphase „Vortrieb" Daten aus folgenden Bereichen an:

- Vortriebseinrichtung
- Geologie und Hydrologie
- Ausbau und Sicherung
- Vermessung
- Baubetrieb

Zur Aufzeichnung dieser Daten stehen zwei Möglichkeiten zur Verfügung - händisch ausgefüllte Berichtsformulare oder automatische Aufzeichnungsmethoden. Zur Auswertung des Einarbeitungseffektes nach der vorgeschlagenen Vorgehensweise sind folgende Daten erforderlich:

- Tagesvortriebsleistung
- Stillstandszeiten mit Ursachen
- Nettovortriebsleistung
- Ausbruchsklasse (bei offener TBM) in Abhängigkeit zur Stationierung

9.2 Auswertung des Einarbeitungseffektes

Als Messgröße für den Einarbeitungseffekt hat sich die Tagesvortriebsleistung als besonders geeignet herausgestellt. Die Auswertung der Vortriebsdaten hat Erkenntnisse über folgende Techniken ergeben:

- Modellbildung
- Methode zur Glättung der Daten
- Vereinfachung des vorgeschlagenen Modells für Prognosezwecke
- Einsatz von Filterfunktionen

Eine Modellierung des Einarbeitungseffektes anhand von einzelnen Lernkurven für die verschiedenen Tätigkeiten und Stillstandszeiten im Hinblick auf ein Prognosemodell ist nicht sinnvoll, da immer unterschiedliche Tätigkeiten einem Leistungszuwachs unterliegen. Für die Modellierung des Einarbeitungseffektes ist daher ein ganzheitliches Modell erforderlich.

Eine geeignete Methode zur Glättung der Schwankungen im Datenmaterial stellt die Summenbildung dar, mit dem Vorteil, dass eine im Tunnelbau übliche Darstellungsweise verwendet werden kann.

Eine Vereinfachung des vorgeschlagenen Modells für Prognosen ist dadurch möglich, dass der Parameter b = a gesetzt wird. Es ist notwendig, dass alle Datenauswertungen vorher mit dem dreiparametrigen Modell durchgeführt werden, um die Gültigkeit der Annahme zu überprüfen.

Für das Erstellen eines Prognosemodells ist der Einsatz von Filterfunktionen $f_1(I_n)$ und f_2(Ausbruchsklasse) erforderlich; f_1 berücksichtigt den Einfluss der Geologie über die Nettovortriebsleistung und f_2 berücksichtigt die Ausbruchsklasse bei Vortrieben mit einer o-TBM.

Zur Auswertung des Einarbeitungseffektes werden zwei Modelle vorgeschlagen:

- Lernkurve
- Ermittlung der Dauer der Einarbeitungsphase und anschließender Berechnung von Kennzahlen

Als Lernkurve wird eine Exponentialfunktion verwendet, die das Verhalten der Tagesleistungen oder der Summenlinie modelliert. Dabei werden drei Parameter eingesetzt, um das Verhalten zu beschreiben. Für Prognosezwecke kann eine vereinfachte Form benützt werden.

Alternativ zu dieser Modellierungsform wird ein Konzept vorgestellt, das die Ermittlung der Dauer der Einarbeitungsphase direkt aus dem Datenmaterial ermöglicht. Mit Hilfe einer Change-Point-Analyse werden die Daten auf eine signifikante Änderung im Verhalten untersucht. Daraus werden die Kennzahlen - Verlusttage und Prozentsätze der Leistungen - in der Einarbeitungsphase abgeleitet.

9.3 Prognose des Einarbeitungseffektes

Aufbauend auf die Auswertung des Einarbeitungseffektes anhand von Daten abgeschlossener Bauvorhaben wird ein Modell zur Prognose des Einarbeitungseffektes entwickelt. Dabei wird in Prognosen vom Typ 1 (Baustelle ist noch nicht angelaufen) und Prognosen vom Typ 2 (Baustelle ist bereits angelaufen) unterschieden.

Zur Prognose wird eine vereinfachte Lernkurve vorgeschlagen, obwohl es auch denkbar wäre, die Dauer der Einarbeitungsphase dazu zu verwenden. Die Lernkurve wurde deshalb gewählt, weil ein dauernder Vergleich mit Tagesleistungen oder Summenlinie möglich ist; die Dauer der

Einarbeitungsphase kann aber nur im Nachhinein bei Vorliegen aller Daten ermittelt werden. Im Sinne eines Controlling-Instruments ist das nicht zielführend.

Für Prognosen vom Typ 1 wird ein Rating-System vorgeschlagen, mit dem die zu erwartende Baustellensituation eingeschätzt wird; unter Baustellensituation wird dabei Personal und Maschinenausstattung verstanden. Die Beurteilung der Baustelle erfolgt in „günstig", „standard" und „ungünstig", dafür wurde ein Bewertungsschema entwickelt.

<u>Die vorgeschlagene Bewertung ist bei künftigen Projekten zu überprüfen und die Bewertungspunkte sind eventuell zu rektifizieren und zu verfeinern.</u>

Für die Prognose wird der Lernkurvenparameter c in Abhängigkeit von der zu erwartenden Baustellensituation angegeben. Die Angaben sind durch weitere Baustellenauswertungen zu ergänzen. Die Dauerleistung a ist einerseits durch eine Leistungskalkulation zu ermitteln und kann durch die Auswertungsergebnisse kontrolliert werden. Durch die Werte a und c wird ein standardisierter Verlauf der Tagesvortriebsleistungen bzw. der Summenlinie festgelegt. Da die Tagesvortriebsleistungen von der Abfolge der unterschiedlichen, geologischen Zonen abhängig sind, wird mit Hilfe der Filterfunktionen der standardisierte Verlauf korrigiert, um eine annähernd realistische Prognose zu erhalten.

Bei Prognosen vom Typ 2 wird mit den bereits vorhandenen Daten eine Prognose des Leistungsverlaufes erstellt. Eine wesentliche Eingangsgröße in die Prognose ist die Dauerleistung a, die durch eine Leistungskalkulation zu berechnen ist. Die Ermittlung der Lernfähigkeit c erfolgt mittels Regression.

Weiters wird eine Abschätzung der Dauer der Einarbeitungsphase aus einer Lernkurve vorgenommen. Dazu wird eine untere Schranke ermittelt, ab der der Vortrieb als eingearbeitet betrachtet werden kann. Der Schnittpunkt dieser Schranke mit der Lernkurve gibt die Dauer der Einarbeitungsphase, dadurch ist ein Zusammenhang der beiden Modelle gegeben.

9.4 Ausblicke

Die in dieser Arbeit vorgestellte Vorgehensweise ermöglicht eine Auswertung des Einarbeitungseffektes. Die ausgewerteten Lernkurvenparameter oder Kennzahlen können einem Prognosemodell zugeführt werden.

Das vorgestellte Rating-System zur Beurteilung der Baustellensituation beruht auf empirischen Annahmen und bedarf einer weiteren Erprobung und Verfeinerung.

Das Modell zur Prognose des Einarbeitungseffektes beruht auf der Auswertung einer beschränkten Zahl von Vortrieben und ist aus diesem Grund nur als Ausgangsbasis zu werten, die durch die Analyse weiterer Baustellen erweitert und verfeinert werden muss.

Eng verbunden mit der Prognose des Einarbeitungseffektes ist die Leistungsprognose. Die Leistungsermittlung beruht auf der Annahme von Ausnutzungsgraden. Das ist bei Schildvortrieben ein durchaus gangbarer Weg, bei Vortrieben mit offenen TBM, die nur einen quasi-kontinuierlichen Betrieb erlauben, ergibt sich die Frage, ob die Leistungsermittlung besser auf der Basis von Zyklen durchgeführt werden sollte. Diese Fragestellungen bedürfen ebenfalls weiterer Untersuchungen.

Wie bei allen Modellen ist es erforderlich, diese in der Praxis einzusetzen, die Ergebnisse mit der Realität zu vergleichen und die Erkenntnisse wieder in das Modell einfließen zu lassen. Daher erfolgt der Aufruf an die Praktiker, das vorgestellte Modell anzuwenden und durch den Einsatz zu erweitern und zu verbessern.

10 Anhang

10.1 Bohrbericht

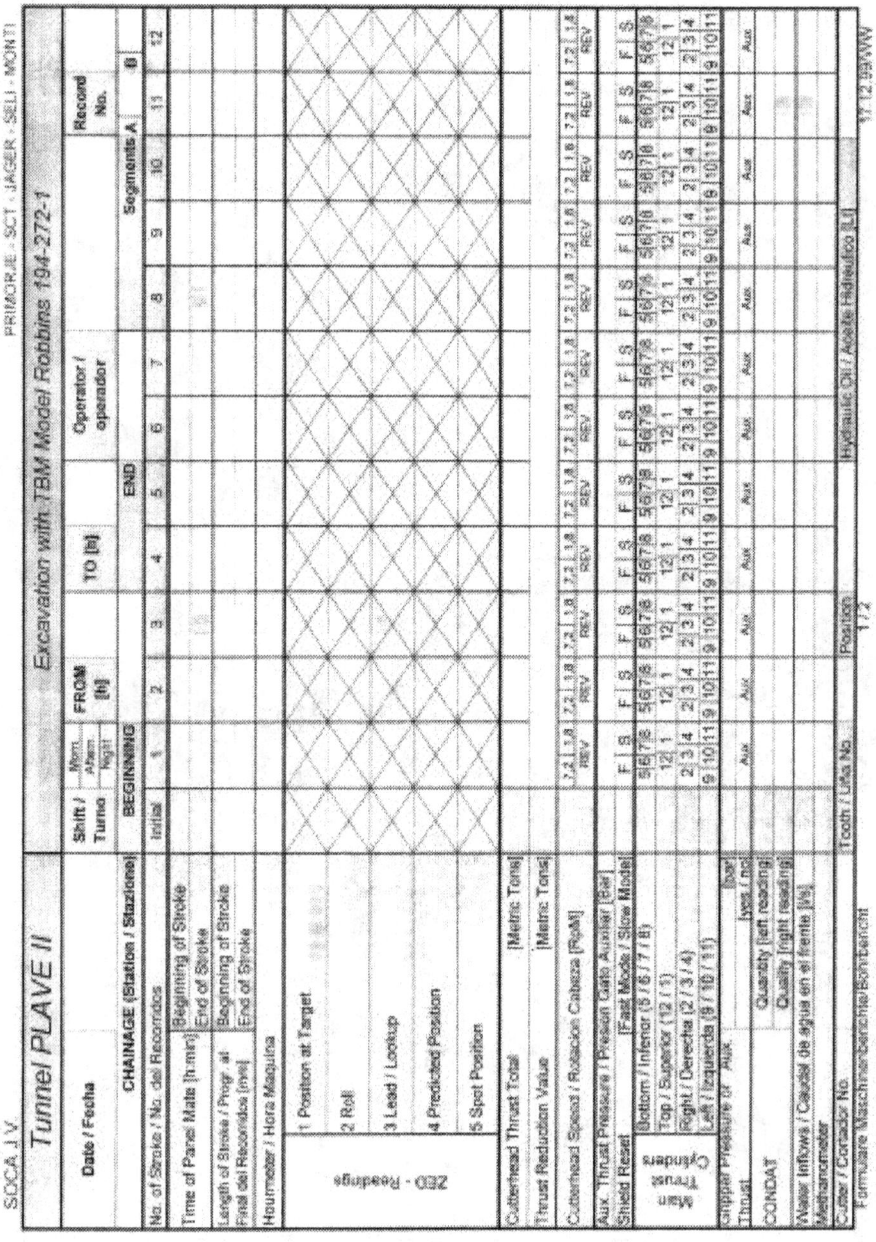
SOCA J.V. — PRIMORJE - SCT - JAGER - SELI - MONTI

Tunnel PLAVE II — Excavation with TBM Model Robbins 194-272-1

Date / Fecha		Shift / Turno (Morn. / Aftern. / Night)	FROM [h]		TO [h]		Operator / operador		Record No.	

	BEGINNING	END	Segments A	B
CHAINAGE (Station / Stazione)				

No. of Stroke / No. del Recorridos		Initial	1	2	3	4	5	6	7	8	9	10	11	12
Time of Panel Mate [h:min]	Beginning of Stroke													
	End of Stroke													
Length of Stroke / Progr. at Final del Recorridos [mm]	Beginning of Stroke													
	End of Stroke													
Hourmeter / Hora Maquina														
ZED - Readings	1 Position at Target													
	2 Roll													
	3 Lead / Lookup													
	4 Predicted Position													
	5 Spot Position													
Cutterhead Thrust Total	[Metric Tons]													
Thrust Reduction Value	[Metric Tons]													
Cutterhead Speed / Rotacion Cabeza [RpM]			7.2 1.8 REV	7.2 1.8 REV	7.2 1.8 REV	7.2 1.8 REV	7.2 1.8 REV	7.2 1.8 REV	7.2 1.8 REV	7.2 1.8 REV	7.2 1.8 REV	7.2 1.8 REV	7.2 1.8 REV	7.2 1.8 REV
Aux. Thrust Pressure / Presion Gato Auxiliar [Bar]														
Shield Reset	[Fast Mode / Slow Mode]		F S	F S	F S	F S	F S	F S	F S	F S	F S	F S	F S	F S
Main Thrust Cylinders	Bottom / Inferior (5 / 6 / 7 / 8)		5 6 7 8	5 6 7 8	5 6 7 8	5 6 7 8	5 6 7 8	5 6 7 8	5 6 7 8	5 6 7 8	5 6 7 8	5 6 7 8	5 6 7 8	5 6 7 8
	Top / Superior (12 / 1)		12 1	12 1	12 1	12 1	12 1	12 1	12 1	12 1	12 1	12 1	12 1	12 1
	Right / Derecha (2 / 3 / 4)		2 3 4	2 3 4	2 3 4	2 3 4	2 3 4	2 3 4	2 3 4	2 3 4	2 3 4	2 3 4	2 3 4	2 3 4
	Left / Izquierda (9 / 10 / 11)		9 10 11	9 10 11	9 10 11	9 10 11	9 10 11	9 10 11	9 10 11	9 10 11	9 10 11	9 10 11	9 10 11	9 10 11
Gripper Pressure or Aux. Thrust	[bar] [yes / no]		Aux	Aux	Aux	Aux	Aux	Aux	Aux	Aux	Aux	Aux	Aux	Aux
CONDAT	Quantity [left reading]													
	Quality [right reading]													
Water Inflows / Caudal de agua en el frente [l/s]														
Methanometer														

Cutter / Cortador No. — Tooth / Uña No. — Position — Hydraulic Oil / Aceite Hidreulico [Lt]

Formulare Maschinenberichte/Bohrbericht — 1 / 2 — 17.12.99/WW

Abbildung 121 Bohrbericht – Maschineninformationen / Steuerungsinformationen

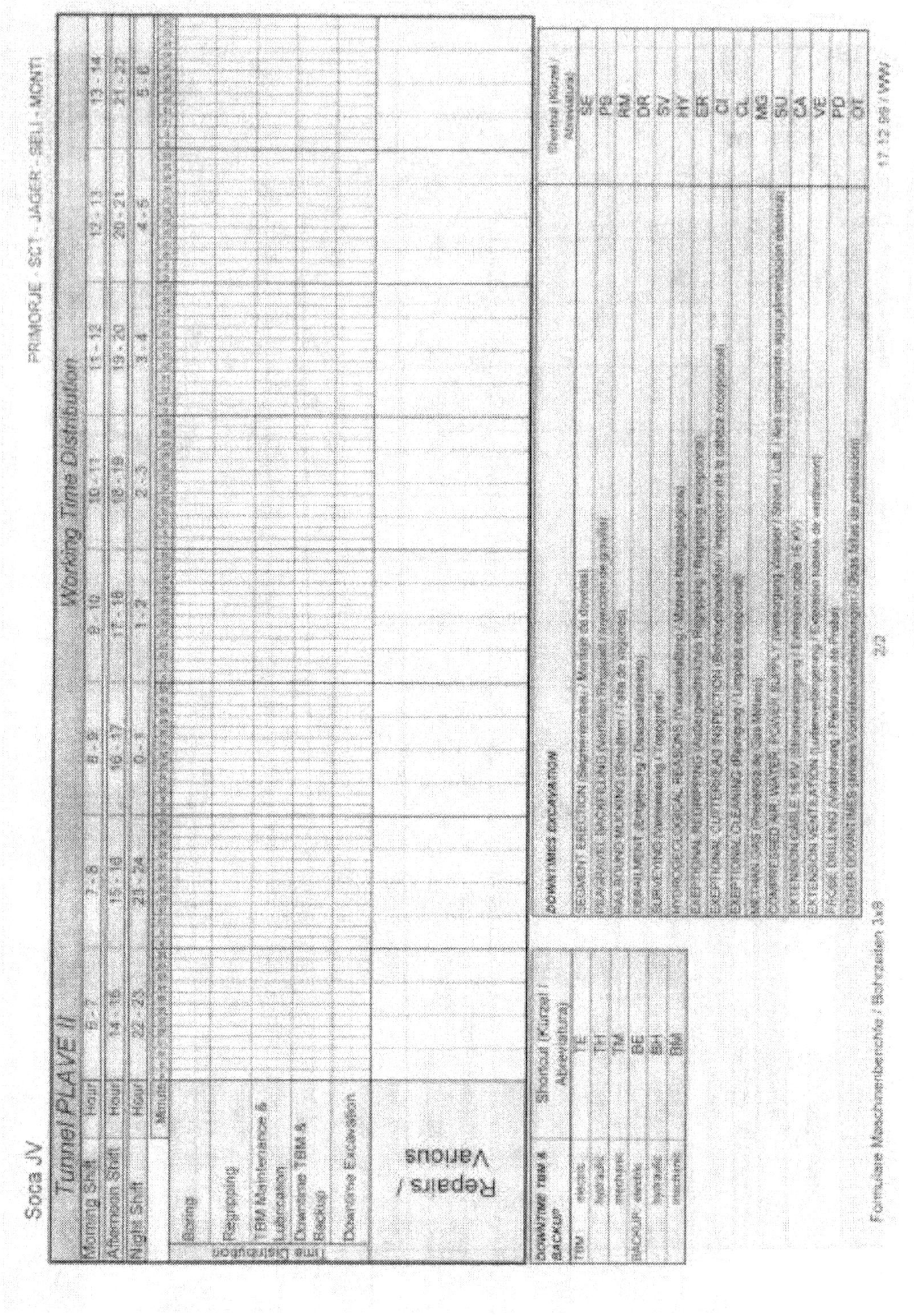

Abbildung 122 Bohrbericht - Tätigkeiten

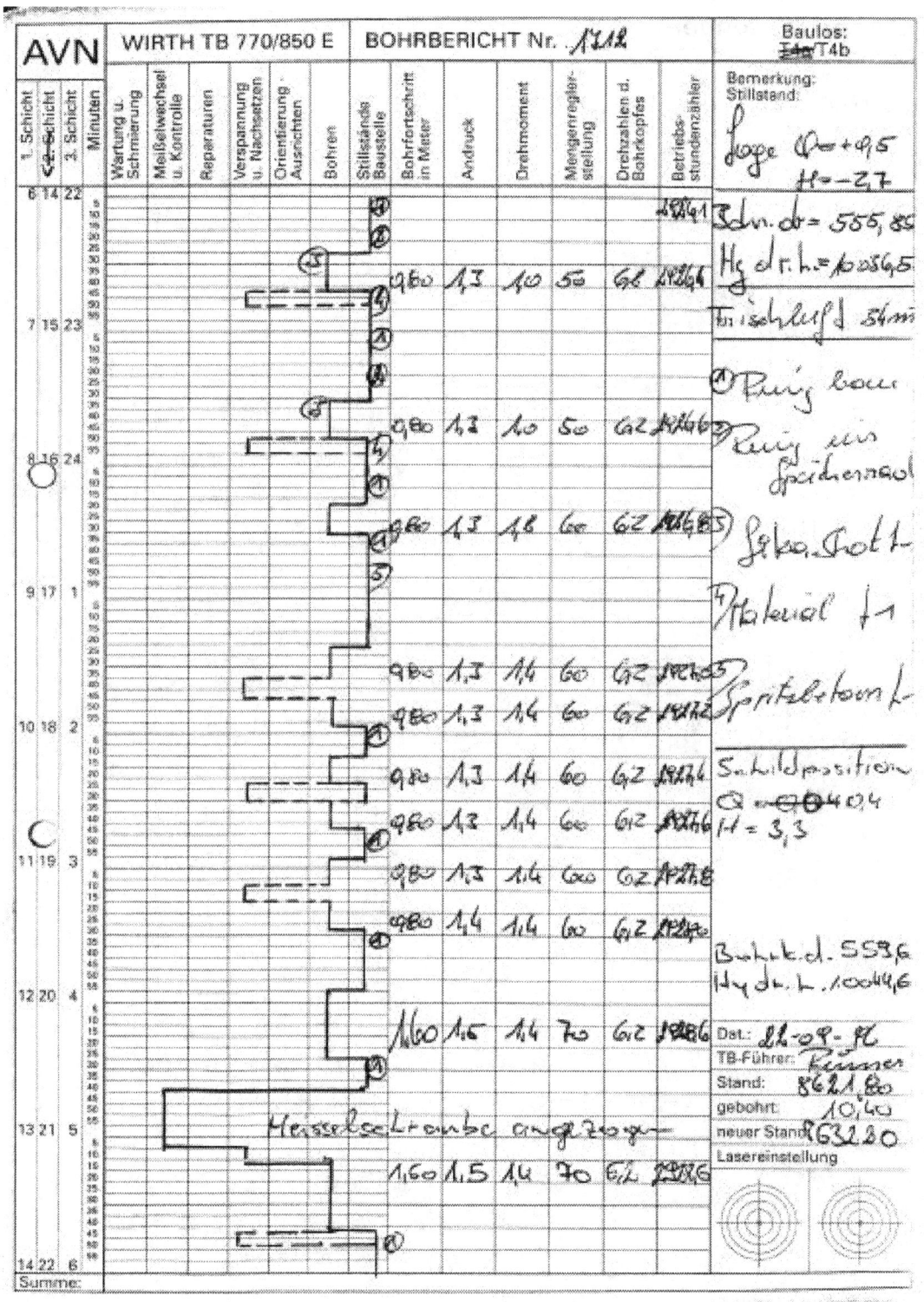

Abbildung 123 Beispiel für einen ausgefüllten Bohrbericht

10.2 Vortriebsleistungen

10.2.1 DS-TBM

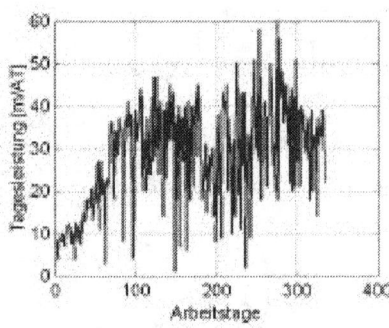 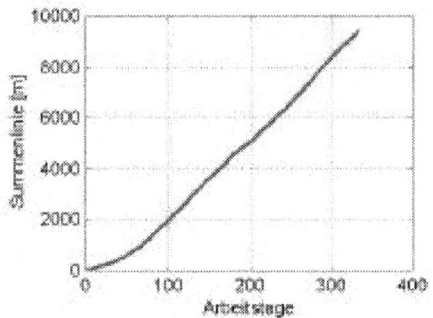

Abbildung 124 DS-TBM Salima (Evinos)

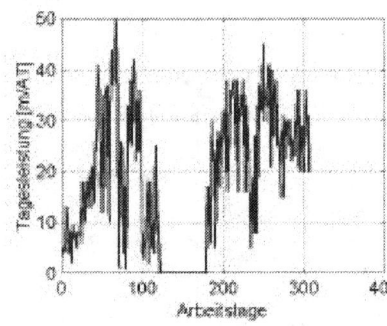 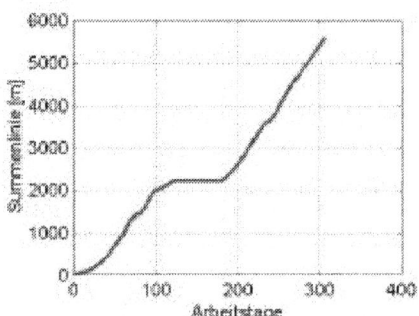

Abbildung 125 DS-TBM Ginevra (Evinos)

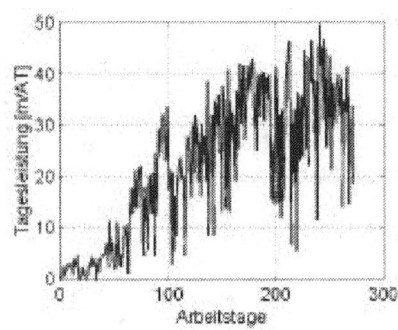 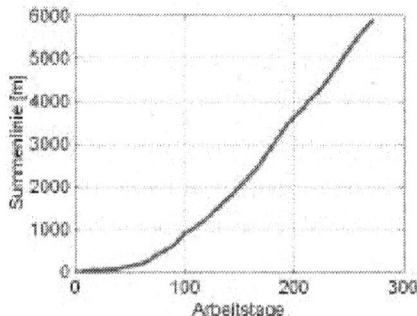

Abbildung 126 DS-TBM Plave II

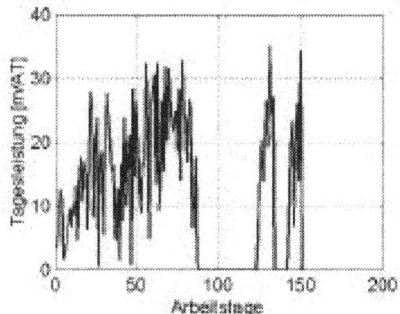 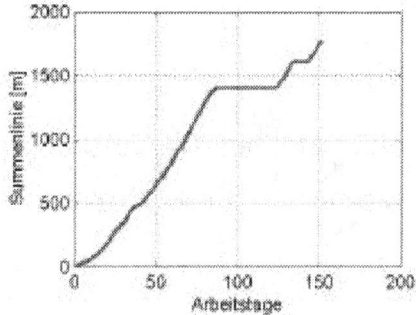

Abbildung 127 DS-TBM Lesotho Vortrieb Katse bis 06.02.2000 (Station 1825,74)

10.2.2 o-TBM

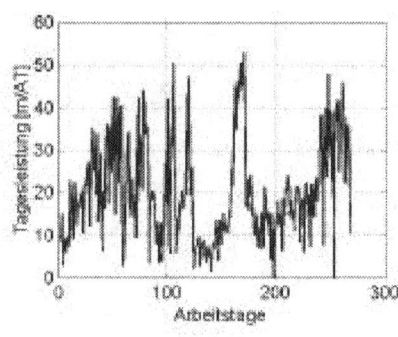 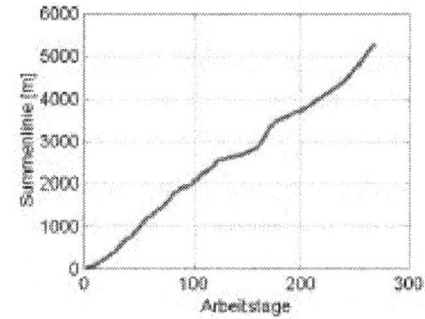

Abbildung 128 o-TBM Katirn (Evinos)

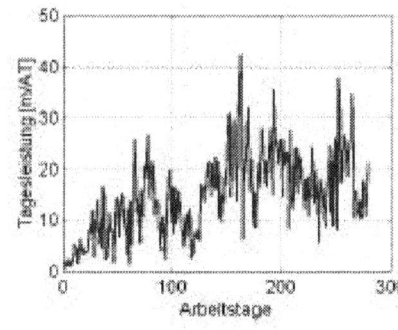 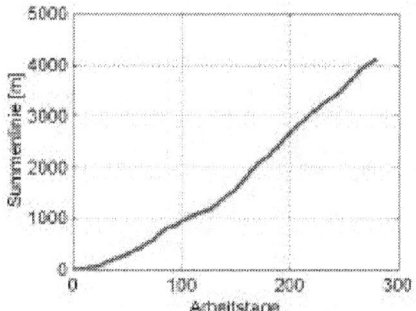

Abbildung 129 o-TBM Natalia (Evinos)

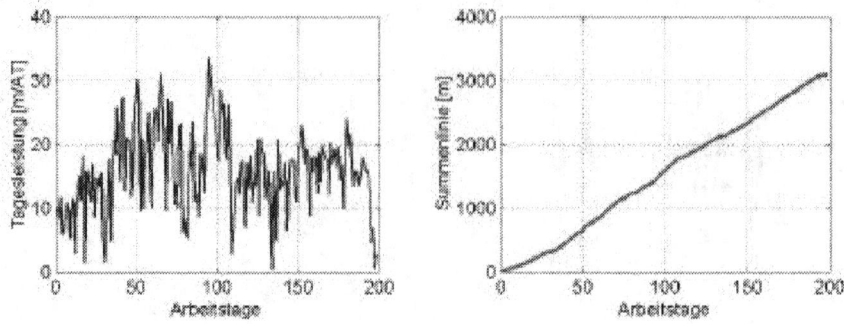

Abbildung 130 o-TBM Achrain

10.3 Tabelle für b von Petitt Test

\multicolumn{14}{c}{Für pr=0,05:}

m	b	m	b	m	b	m	b	m	b	m	b	m	b
1	0,6409	51	8,1572	101	11,7168	151	14,4562	201	16,7684	251	18,8068	301	20,6504
2	1,1478	52	8,2425	102	11,7775	152	14,5059	202	16,8115	252	18,8454	302	20,6857
3	1,5368	53	8,3269	103	11,8380	153	14,5555	203	16,8545	253	18,8839	303	20,7208
4	1,8647	54	8,4106	104	11,8981	154	14,6049	204	16,8974	254	18,9223	304	20,7560
5	2,1537	55	8,4935	105	11,9580	155	14,6541	205	16,9402	255	18,9607	305	20,7910
6	2,4149	56	8,5756	106	12,0175	156	14,7032	206	16,9829	256	18,9990	306	20,8260
7	2,6551	57	8,6570	107	12,0768	157	14,7521	207	17,0255	257	19,0372	307	20,8610
8	2,8786	58	8,7377	108	12,1359	158	14,8009	208	17,0680	258	19,0753	308	20,8959
9	3,0886	59	8,8178	109	12,1946	159	14,8495	209	17,1103	259	19,1134	309	20,9307
10	3,2872	60	8,8971	110	12,2531	160	14,8979	210	17,1526	260	19,1514	310	20,9655
11	3,4761	61	8,9758	111	12,3113	161	14,9462	211	17,1948	261	19,1893	311	21,0002
12	3,6566	62	9,0538	112	12,3693	162	14,9944	212	17,2369	262	19,2271	312	21,0349
13	3,8297	63	9,1312	113	12,4270	163	15,0424	213	17,2788	263	19,2649	313	21,0695
14	3,9963	64	9,2080	114	12,4844	164	15,0902	214	17,3207	264	19,3026	314	21,1041
15	4,1570	65	9,2842	115	12,5416	165	15,1379	215	17,3625	265	19,3402	315	21,1386
16	4,3125	66	9,3598	116	12,5985	166	15,1855	216	17,4042	266	19,3778	316	21,1730
17	4,4632	67	9,4348	117	12,6552	167	15,2329	217	17,4458	267	19,4153	317	21,2074
18	4,6095	68	9,5093	118	12,7117	168	15,2802	218	17,4873	268	19,4527	318	21,2418
19	4,7517	69	9,5833	119	12,7679	169	15,3274	219	17,5287	269	19,4900	319	21,2761
20	4,8903	70	9,6567	120	12,8239	170	15,3744	220	17,5700	270	19,5273	320	21,3103
21	5,0255	71	9,7295	121	12,8796	171	15,4212	221	17,6112	271	19,5645	321	21,3445
22	5,1575	72	9,8019	122	12,9351	172	15,4679	222	17,6523	272	19,6016	322	21,3786
23	5,2865	73	9,8738	123	12,9904	173	15,5145	223	17,6933	273	19,6387	323	21,4127
24	5,4127	74	9,9452	124	13,0455	174	15,5610	224	17,7343	274	19,6757	324	21,4467
25	5,5364	75	10,0161	125	13,1003	175	15,6073	225	17,7751	275	19,7126	325	21,4807
26	5,6576	76	10,0865	126	13,1549	176	15,6535	226	17,8159	276	19,7495	326	21,5146
27	5,7764	77	10,1564	127	13,2094	177	15,6996	227	17,8565	277	19,7863	327	21,5485
28	5,8931	78	10,2260	128	13,2635	178	15,7455	228	17,8971	278	19,8230	328	21,5823
29	6,0078	79	10,2950	129	13,3175	179	15,7913	229	17,9376	279	19,8597	329	21,6161
30	6,1204	80	10,3637	130	13,3713	180	15,8370	230	17,9780	280	19,8963	330	21,6498
31	6,2312	81	10,4319	131	13,4249	181	15,8825	231	18,0183	281	19,9329	331	21,6834
32	6,3403	82	10,4996	132	13,4782	182	15,9280	232	18,0585	282	19,9693	332	21,7170
33	6,4476	83	10,5670	133	13,5314	183	15,9733	233	18,0986	283	20,0057	333	21,7506
34	6,5533	84	10,6340	134	13,5844	184	16,0184	234	18,1387	284	20,0421	334	21,7841
35	6,6575	85	10,7006	135	13,6371	185	16,0635	235	18,1786	285	20,0784	335	21,8176
36	6,7602	86	10,7667	136	13,6897	186	16,1084	236	18,2185	286	20,1146	336	21,8510
37	6,8615	87	10,8325	137	13,7421	187	16,1532	237	18,2583	287	20,1507	337	21,8843
38	6,9615	88	10,8980	138	13,7943	188	16,1979	238	18,2980	288	20,1868	338	21,9176
39	7,0601	89	10,9630	139	13,8463	189	16,2425	239	18,3376	289	20,2228	339	21,9509
40	7,1575	90	11,0277	140	13,8981	190	16,2869	240	18,3772	290	20,2588	340	21,9841
41	7,2536	91	11,0920	141	13,9497	191	16,3313	241	18,4166	291	20,2947	341	22,0173
42	7,3486	92	11,1560	142	14,0011	192	16,3755	242	18,4560	292	20,3306	342	22,0504
43	7,4425	93	11,2196	143	14,0524	193	16,4196	243	18,4953	293	20,3663	343	22,0835
44	7,5353	94	11,2829	144	14,1035	194	16,4636	244	18,5345	294	20,4021	344	22,1165
45	7,6270	95	11,3458	145	14,1544	195	16,5075	245	18,5736	295	20,4377	345	22,1494
46	7,7177	96	11,4085	146	14,2051	196	16,5512	246	18,6127	296	20,4733	346	22,1824
47	7,8075	97	11,4708	147	14,2557	197	16,5949	247	18,6517	297	20,5089	347	22,2152
48	7,8962	98	11,5327	148	14,3061	198	16,6384	248	18,6906	298	20,5443	348	22,2481
49	7,9841	99	11,5944	149	14,3563	199	16,6819	249	18,7294	299	20,5797	349	22,2808
50	8,0711	100	11,6557	150	14,4063	200	16,7252	250	18,7681	300	20,6151	350	22,3136

Tabelle 54 b-Werte für Change-Point Test nach Petitt

10.4 MATLAB®-Routinen

10.4.1 Simulation

```
% Häufigkeiten der verschiednen erreichbaren Vortriebsdauern plotten.
% Variantenstudie über a und c
i =0;

for i=1:10000
   A(i)=rand;C(i)=rand;
   a(i)=(30+4*A(i));
   b(i)=a(i);
   c(i)=[0.0276+0.0049*C(i)];

   d(i)=b(i)/c(i);
   y=9493; t(i)=0;

   while ((y+d(i))/a(i))>t(i)+((1/c(i))*exp(-c(i)*t(i)));
   t(i)=t(i)+1;
end
end

w1=[0,1/4,1/4,0];w2=[0,1/0.0049,1/0.0049,0];
a=[30,30,34,34];c=[0.0276,0.0276,0.0325,0.0325];
figure
subplot(2,1,1)
Hist(t,20);title('Vortriebsdauer');xlabel('Vortriebsdauer [AT]');ylabel('Häufigkeiten')
grid on
subplot(2,2,3)
plot(a,w1);axis([29 35 0 0.3]);
title('Parameter a');xlabel('Dauerleistung a [m/AT]');ylabel('relative Häufigkeit');
grid on
subplot(2,2,4)
plot(c,w2);axis([0.025 0.035 0 250]);
title('Parameter c');xlabel('Lernfähigkeit c');ylabel('relative Häufigkeit');
grid on
```

10.4.2 Fuzzyberechnung

```
% Prognose der Tagesleistungen und der VortriebsdauerFuzzy

% Eingangsparameter
m=[0 1 0];
a=[32 33.25 34];
c=[0.01 0.015 0.02];
y=10700;
n=2;z=linspace(0,1,n);

% Berechnung der Bandbreiten auf den Alphaniveaus
for k=1:n
   A(k,1)=a(1)+(a(2)-a(1))*z(k)
   A(k,2)=a(3)+(a(2)-a(3))*z(k)
   C(k,1)=c(1)+(c(2)-c(1))*z(k)
   C(k,2)=c(3)+(c(2)-c(3))*z(k)
end
tlinks=0;trechts=0;
% Ermittlung der unscharfen Dauer des Vortriebes
% Für die n Alphaniveaus
for k=1:n
  p=10;
  ha=linspace(A(k,1),A(k,2),p);hc=linspace(C(k,1),C(k,2),p);
  % Für die Kombination der p Werte
  for i=1:p;
    for j=1:p;t(j)=0;
      while ((y+(ha(i)/hc(j)))/ha(i))>t(j)+((1/hc(j))*exp(hc(j)*t(j))); t(j)=t(j)+1;
      end
    end
    tli(i)=min(t);tre(i)=max(t);
  end
  tlinks(k)=min(tli);trechts(k)=max(tre);
end
```

11 Verzeichnisse

11.1 Abbildungsverzeichnis

Abbildung 1 Gliederung der Datenbestände 50
Abbildung 2 Zusammenhänge zwischen den definierten Datengruppen......................51
Abbildung 3 Aufbau einer o-TBM..53
Abbildung 4 Arbeitsbereiche gemäß ÖNORM B2203 53
Abbildung 5 Schematischer Ablauf des Vortriebzyklus mit einer offenen TBM..........54
Abbildung 6 Aufbau einer Doppelschild-TBM 55
Abbildung 7 Schematischer Ablauf eines Vortriebszyklus bei Doppelschild – TBM ..56
Abbildung 8 Aufbau einer Einfach-Schildmaschine mit Flüssigkeitsstützung der Ortbrust 57
Abbildung 9 Schematischer Ablauf eines Vortriebszyklus bei Einfach-Schildmaschinen......58
Abbildung 10 Überblick über während des Vortriebes anfallende Daten.....................63
Abbildung 11 Schematische Aufgliederung der Beistellungszeit einer Vortriebsmaschine.....72
Abbildung 12 Schematische Aufgliederung der Arbeitszeit einer Vortriebsmaschine 73
Abbildung 13 Ausnutzungsgrad in Abhängigkeit von der Vortriebsklasse (RMR) 74
Abbildung 14 Standzeitdiagramm der Diskenmeißel...76
Abbildung 15 Rollstreckendiagramm 77
Abbildung 16 Verbrauch an Meißelringen in Abhängigkeit von der Position am Bohrkopf...78
Abbildung 17 Regelungskonzept für eine Tunnelbohrmaschine..................................80
Abbildung 18 Monatsvortriebsleistungen und Summenlinie Vortrieb Vereinatunnel Nord 81
Abbildung 19 Grundschema der Reiz-Reaktionstheorien..84
Abbildung 20 Grundschema der kognitiven Theorien...86
Abbildung 21 Überblick über die verwendeten Lernkurven......................................103
Abbildung 22 Beispiel einer Lernkurve mit $y = 60 \cdot x^{-0,32}$ 105
Abbildung 23 Stanford-B-Formel im Vergleich mit log-linearer Lernkurve 106
Abbildung 24 Lernkurve nach Guibert im Vergleich mit der log-linearen Lernkurve 106
Abbildung 25 Beispiel einer logistischen Lernkurve mit [a = 20;b = 60;c = 0,01]..............108
Abbildung 26 Lernkurve nach Baloff im Vergleich mit der log-linearen Lernkurve mit [a = 60,b = -0,32] 108
Abbildung 27 Lernkurve nach De Jong mit [T_1 = 60;M = 0,3;m = 0,4]............................109
Abbildung 28 Exponentielle Lernkurve nach Levy (blau) mit [c = 20;a = 60;k = 0,01] im Vergleich zur logistischen Lernkurve (rot) mit [a = 20;b = 60;c = 0,01]...............111
Abbildung 29 Übersicht der möglichen Messgrößen..129
Abbildung 30 Exemplarische Auswertung eines Vortriebes.......................................132
Abbildung 31 Beispiel des Ergebnisses einer Datenbereinigung................................133

Abbildung 32 Übersicht über die Möglichkeiten der Datendarstellung 134
Abbildung 33 Vergleich der Einzeldaten mit dem gleitenden Mittel 3 und 5 136
Abbildung 34 Vergleich der Einzeldaten mit dem exponentiell gewichteten Mittel 137
Abbildung 35 Vergleich der Einzeldaten mit dem kumulierten Mittel 138
Abbildung 36 Glättung durch Summenbildung 139
Abbildung 37 Übersicht der Möglichkeiten zur Glättung des Datenmaterials 139
Abbildung 38 Grafische Darstellung der Vorgehensweise bei der Modellbildung 142
Abbildung 39 Prinzipielle Möglichkeiten der Modellbildung 143
Abbildung 40 Modellierung der Einarbeitungseffekte und die wesentlichen Einflussgrößen 144
Abbildung 41 Eingesetzte Methoden zur Modellbildung 146
Abbildung 42 Systemskizze der Modellstruktur 147
Abbildung 43 Grafische Darstellung der wesentlichen Begriffe des Lernkurve 148
Abbildung 44 Ermittlung Prozentueller Minderleistungen in der Einarbeitungsphase 151
Abbildung 45 Ermittlung der Verlusttage mit Hilfe der Summenlinie 152
Abbildung 46 Anwendung der Statistik zur Auswertung des Einarbeitungseffektes........... 154
Abbildung 47 Grundsätzliches zur Methodik in der Statistik 155
Abbildung 48 Lineare Regression durch durchschnittliche Monatsleistungen 166
Abbildung 49 Wechsel des Modells beim Change-Point 167
Abbildung 50 Flussdiagramm zur Bestimmung des Change-Point 168
Abbildung 51 Verlauf der Testgröße nach Petitt über die Anzahl der Arbeitstage 169
Abbildung 52 Auswertung der Testgröße b 171
Abbildung 53 Beispiel für den Verlauf der Summe der Residuen fü $40 \leq j \leq 90$ 172
Abbildung 54 Übersicht über die Vorgehensweise 174
Abbildung 55 Vergleich Summenlinie der Tagesleistungen mit ausgewerteter Funktion 191
Abbildung 56 Vergleich der Tagesleistungen mit der ausgewerteten Funktion.................... 191
Abbildung 57 Vergleich Summenlinie der Tagesleistungen mit ausgewerteter Funktion 192
Abbildung 58 Vergleich der Tagesleistungen mit der ausgewerteten Funktion.................... 193
Abbildung 59 Vergleich Summenlinie der Tagesleistungen mit ausgewerteter Funktion 194
Abbildung 60 Vergleich der Tagesleistungen mit der ausgewerteten Funktion.................... 194
Abbildung 61 Vergleich Summenlinie der Tagesleistungen mit ausgewerteter Funktion 195
Abbildung 62 Vergleich der Tagesleistungen mit der ausgewerteten Funktion.................... 196
Abbildung 63 Vergleich Summenlinie der Tagesleistungen mit ausgewerteter Funktion 197
Abbildung 64 Vergleich der Tagesleistungen mit der ausgewerteten Funktion.................... 197
Abbildung 65 Vergleich Summenlinie der Tagesleistungen mit ausgewerteter Funktion 198
Abbildung 66 Vergleich der Tagesleistungen mit der ausgewerteten Funktion.................... 199
Abbildung 67 Gesamtübersicht der Lernkurvenparameter der 4 DS-TBM Vortriebe.......... 201
Abbildung 68 Konfidenzgrenzen der Lernkurvenparameter bis Arbeitstag 60 202
Abbildung 69 Konfidenzbereich der Regressionskurve bis Arbeitstag 100 203

Abbildung 70 Signifikanzzahlen des F-Tests...205
Abbildung 71 Signifikanzzahlen des F-Tests bei Verwendung von Tagesleistungen............205
Abbildung 72 Auswertung der Teststatistik angewendet auf die Monatsmittelwerte der Tagesleistungen 206
Abbildung 73 Auswertung der Teststatistik angewendet auf die Tagesleistungen.................207
Abbildung 74 Vergleichsgröße in Abhängigkeit von m für eine Wahrscheinlichkeit 0,05....207
Abbildung 75 Auswertung der Summe der Residuen in Abhängigkeit zum Change-Point ...208
Abbildung 76 Signifikanzzahlen des F-Tests bei Verwendung von Tagesleistungen............209
Abbildung 77 Signifikanzzahlen des F-Tests bei Anwendung von Tagesleistungen im Zeitraum der Wiedereinarbeitung nach längerem Stillstand...210
Abbildung 78 Auswertung der Teststatistik angewendet auf die Tagesleistung für den Zeitraum vor dem Stillstand 210
Abbildung 79 Auswertung der Teststatistik angewendet auf die Tagesleistungen für den Zeitraum nach dem Stillstand...211
Abbildung 80 Auswertung der Summe der Residuen in Abhängigkeit zum Change-Point für den Zeitraum vor dem Stillstand..211
Abbildung 81 Auswertung der Summe der Residuen in Abhängigkeit zum Change-Point für den Zeitraum nach dem Stillstand...212
Abbildung 82 Signifikanzzahlen des F-Tests bei Verwendung von Monatsmittelwerten......213
Abbildung 83 Signifikanzzahlen des F-Tests bei Verwendung von Tagesleistungen............214
Abbildung 84 Auswertung der Teststatistik angewendet auf die Tagesleistung 214
Abbildung 85 Auswertung der Summe der Residuen in Abhängigkeit zum Change-Point ...215
Abbildung 86 Signifikanzzahlen des F-Tests bei Verwendung von Tagesleistungen............216
Abbildung 87 Auswertung der Teststatistik angewendet auf die Tagesleistung 216
Abbildung 88 Auswertung der Summe der Residuen in Abhängigkeit zum Change-Point ...217
Abbildung 89 Signifikanzzahlen des F-Tests bei Mittelwerten der Monatsleistungen 218
Abbildung 90 Signifikanzzahlen des F-Tests bei Verwendung von Tagesleistungen............218
Abbildung 91 Auswertung der Teststatistik angewendet auf die Tagesleistung 219
Abbildung 92 Auswertung der Summe der Residuen in Abhängigkeit zum Change-Point ...219
Abbildung 93 Signifikanzzahlen des F-Tests bei Mittelwerten der Monatsleistungen 220
Abbildung 94 Signifikanzzahlen des F-Tests bei Verwendung der Tagesleistungen............221
Abbildung 95 Auswertung der Teststatistik angewendet auf die Tagesleistung 222
Abbildung 96 Auswertung der Summe der Residuen in Abhängigkeit zum Change-Point ...222
Abbildung 97 Grafischer Vergleich der Einarbeitungszeiträume in Arbeitstagen unter Anwendung der verschiedenen Methoden 224
Abbildung 98 Filterfunktion für die Signifikanzzahlen 226
Abbildung 99 Unscharfer Verlauf der Einarbeitung...226
Abbildung 100 Beispiel einer Zugehörigkeitsfunktion für die Verlusttage 228

Abbildung 101 Beispiel zur Ermittlung der Prozentsätze 230
Abbildung 102 Auswertung der Dauern der Einarbeitungsphase und der Verlusttage der 4 Vortriebe mit DS-TBM 231
Abbildung 103 Prozentsätze der Leistungen in der Einarbeitungsphase für 4 Vortriebe mit DS-TBM 231
Abbildung 104 Filterfunktion für die Nettovortriebsleistung 241
Abbildung 105 Filterfunktion für den Einfluss des Ausnutzungsgrades 243
Abbildung 106 Zuordnung von Vortriebsklassen (nach RMR) zur Filterfunktion 243
Abbildung 107 Lernkurven für gut (c = 0,03, rot) und mittel (c = 0,015, grün) 249
Abbildung 108 Prognoseversuch 251
Abbildung 109 Ausgewerteter Parameter c in Abhängigkeit von a und der zur Verfügung stehenden Anzahl an Datensätzen 252
Abbildung 110 Vergleich der Lernkurven für eine Prognose nach 40 AT verglichen mit der endgültigen Lernkurve (32,71 m/AT) 253
Abbildung 111 Residuen der drei Lernkurven über den Parameter a aufgetragen 253
Abbildung 112 Vergleich der tatsächlichen mit der prognostizierten Summenlinie 254
Abbildung 113 Vergleich der Lernkurven für eine Prognose nach 30 AT mit der endgültigen Lernkurve (32,25 m/AT) 255
Abbildung 114 Zugehörige Residuen 255
Abbildung 115 Ergebnis einer Simulation der Vortriebsdauer 258
Abbildung 116 Berechnung der Vortriebsdauer als unscharfe Zahl 259
Abbildung 117 Ermittlung des Einarbeitungszeitraumes aus einer Lernkurve 260
Abbildung 118 Ergebnisse der Ermittlung der Schranke 262
Abbildung 119 Grafische Darstellung des Beispiels 263
Abbildung 120 Prognose der Tagesleistungen und der Summenlinie 267
Abbildung 121 Bohrbericht – Maschineninformationen / Steuerungsinformationen 273
Abbildung 122 Bohrbericht - Tätigkeiten 274
Abbildung 123 Beispiel für einen ausgefüllten Bohrbericht 275
Abbildung 124 DS-TBM Salima (Evinos) 276
Abbildung 125 DS-TBM Ginevra (Evinos) 276
Abbildung 126 DS-TBM Plave II 276
Abbildung 127 DS-TBM Lesotho Vortrieb Katse bis 06.02.2000 (Station 1825,74) 277
Abbildung 128 o-TBM Katirn (Evinos) 277
Abbildung 129 o-TBM Natalia (Evinos) 277
Abbildung 130 o-TBM Achrain 278

11.2 Tabellenverzeichnis

Tabelle 1 Einteilung der verwendeten Lernkurven 124
Tabelle 2 Beispiel für die relative Abweichung der Schwankungsbreite 129
Tabelle 3 Entscheidungshilfe für den Ausschluss von untergeordneten Tätigkeiten 133
Tabelle 4 Ergebnis für T- Wert und Signifikanz 166
Tabelle 5 Ergebnisse des Kendall Tau Tests und des Spearman Rho Tests 166
Tabelle 6 Auswertung der linearen Regression für den Vortrieb Salima 177
Tabelle 7 Auswertung der linearen Regression des Vortriebes (erster Teil) Ginevra 177
Tabelle 8 Auswertung der linearen Regression des Vortriebes (2. Teil) Ginevra 178
Tabelle 9 Auswertung der linearen Regression für den Vortrieb Plave II 178
Tabelle 10 Auswertung der linearen Regression für Vortrieb Lesotho bis Stillstand 179
Tabelle 11 Auswertung der linearen Regression für den Vortrieb Natalia 179
Tabelle 12 Auswertung der linearen Regression für den Vortrieb Katrin 180
Tabelle 13 Auswertung der linearen Regression für die ersten 90 Tage Vortrieb Katrin 180
Tabelle 14 Ergebnisse des Tests auf Trend 182
Tabelle 15 Auswertung der Häufigkeiten der jeweiligen Tätigkeit und der jeweiligen
     Ausfallsursache 183
Tabelle 16 Auswertung von Mittelwert und Median 184
Tabelle 17 Auswertung einzelner Tätigkeiten bzw. Ausfallszeiten von Schiefe und Kurtosis 185
Tabelle 18 Gesamtübersicht der Auswertungen DS-TBM Salima 187
Tabelle 19 Gesamtübersicht der Auswertungen DS-TBM Slowenien 188
Tabelle 20 Gesamtübersicht der Auswertungen TBM Natalia 189
Tabelle 21 Auswertungsergebnisse der Regressionen durch die Tagesleistungen und die
     Summenlinie der Tagesleistungen 192
Tabelle 22 Auswertungsergebnisse für Einarbeitungs- und Wiedereinarbeitungsphase 193
Tabelle 23 Auswertungsergebnisse der Regressionen durch die Tagesleistungen und die
     Summenlinie der Tagesleistungen 195
Tabelle 24 Auswertungsergebnisse der Regressionen durch die Tagesleistungen und die
     Summenlinie der Tagesleistungen 196
Tabelle 25 Auswertungsergebnisse der Regressionen durch die Tagesleistungen und die
     Summenlinie der Tagesleistungen 198
Tabelle 26 Auswertungsergebnisse der Regressionen durch die Tagesleistungen und die
     Summenlinie der Tagesleistungen 199
Tabelle 27 Gesamtübersicht über die Ergebnisse der Regressionsanalysen 200
Tabelle 28 Auswertung mit Stillstandstagen 200
Tabelle 29 Vergleich der Einarbeitungszeiträume - Die Werte geben die Mindest- 208

Tabelle 30 Vergleich der Einarbeitungszeiträume - die Werte geben die Mindestdauer der Einarbeitungsphase an 212
Tabelle 31 Vergleich der Einarbeitungszeiträume 215
Tabelle 32 Vergleich der Einarbeitungszeiträume 217
Tabelle 33 Vergleich der Einarbeitungszeiträume 220
Tabelle 34 Vergleich der Einarbeitungszeiträume 223
Tabelle 35 Zusammenfassung der Auswertungsergebnisse für die Dauern der Einarbeitungsphase 223
Tabelle 36 Auswertung der Zugehörigkeitsfunktionen (Linkswert, Rechtswert) 227
Tabelle 37 Auswertungsergebnisse für die Verlusttage 228
Tabelle 38 Auswertungsergebnisse Prozentsätze 230
Tabelle 39 Punkteverteilung für die Situationsbewertung der Faktoren 236
Tabelle 40 Matrix der wesentlichen Einflussgrößen 237
Tabelle 41 Auswertungsergebnisse mit modifiziertem Lernkurvenmodell an die Tagesleistungen 245
Tabelle 42 Auswertungsergebnisse mit modifiziertem Lernkurvenmodell an Summenlinie . 246
Tabelle 43 Beurteilung der Punktesummen 247
Tabelle 44 Beurteilung der Baustelle und Zuordnung der Lernkurvenparameter c für Tagesleistungen und Summenlinie 247
Tabelle 45 Lernkurvenparameter c für eine DS-TBM 248
Tabelle 46 Lernkurvenparameter c für eine o-TBM 249
Tabelle 47 Variantenstudie zur Abschätzung der Parameter beim Vortrieb Salima 252
Tabelle 48 Variantenstudie zur Abschätzung der Parameter beim Vortrieb Salima 256
Tabelle 49 Ermittlung von LR_{BAU} 264
Tabelle 50 Beschreibung der geologischen und hydrogeologischen Situation mit Angabe der Penetrationsrate 265
Tabelle 51 Ermittlung der Nettovortriebsleistung 265
Tabelle 52 Ermittlung der Bruttovortriebsleistung I_d und Angabe des Faktors f_1 266
Tabelle 53 Untere Schranke in Abhängigkeit von der Station 267
Tabelle 54 b-Werte für Change-Point Test nach Petitt 279

11.3 Literaturverzeichnis

11.3.1 Verwendete Literatur

Argote, L., Beckmann, S. L., Epple, D.: The persistence and transfer of learning in industrial settings. Management Sciences 36, S. 140 - 154, 1990

Bailey, C. D.: Forgetting and the Learning Curve: A Laboratory Study. Management Science, Vol. 35, 3, Baltimore, Maryland, 1989, S. 340 – 352

Bandemer, H., Gottwald, S.: Einführung in Fuzzy-Methoden. Akademie Verlag, Berlin, 1993

Banks, R. B.: Growth and Diffusion Phenomena: Mathematical Frameworks and Applications. Springer Verlag, Berlin-Heidelberg, 1994, S. 81

Bossel, Hartmut; Modellbildung und Simulation: Konzepte, Verfahren und Modelle zum Verhalten dynamischer Systeme. Vieweg, Braunschweig / Wiesbaden, 1992, S. 12

Bruland, A.: Hard Rock Tunnel Boring: Advance Rate and Cutter Wear. Dissertation, NTNU Trondheim, 1998

Bruland, A.: Hard Rock Tunnel Boring: Performance Data and Back-mapping. Dissertation, NTNU Trondheim, 2000, S. 24

Bush, R., Mosteller, F.: Stochastic Processes for Learning. J. Wiley & Sons, New York, 1955

Crossman, E. R.: A Theory of the Aquisition of Speed-Skill. Ergonomics, Vol. 2, 1959, S. 153 – 166

DAUB, ÖGG, FGU: Empfehlungen zur Auswahl und Bewertung von Tunnelvortriebsmaschinen. Tunnel, 5, 1997, S. 20 – 35

de Jong, J. R.. Fertigkeit, Stückzahl und benötigte Zeit, Sonderheft der REFA Nachrichten. Hrsg. Verband für Arbeitsstudien REFA e. V

Deutsche Gesellschaft für Geotechnik: Empfehlungen des Arbeitskreises Tunnelbau - ETB. Ernst & Sohn, Berlin, 1995

Drees, G., Spranz, D., Handbuch der Arbeitsvorbereitung in Bauunternehmen, Bauverlag, Wiesbaden, 1976

Dutton, J. M., Thomas, A., Butler, J. E.: The History of Progress Functions as a Management Tool. Business History Review, 58, 1984

Estes, W. K.: Towards a statistical Theory of Learning. Psychol. Rev. 57, 1950, S. 94 – 107

Everett, J. G., Farghal, S. H.: Data Representation for Predicting Performance with Learning Curves. Journal of Construction Engineering and Management, 123, 1997 / 1, S. 46 – 52 und

Everett, J. G., Farghal, S. H.: Learning Curve Predictors for Construction Field Operations. Journal of Construction Engineering and Management, 120, 1986 / 3, S. 603 – 616

Flechtner, H.-J.: Gedächtnis und Lernen in psychologischer Sicht. Stuttgart, 1974, S.91

Fleischmann, H. D., Bauorganisation : Ablaufplanung, Baustelleneinrichtung, Arbeitsstudium, Bauausführung, Düsseldorf, Werner, 1997

Fleischmann, H.D., Kalkulationswerte für Standardleistungen, Werner – Verlag, Düsseldorf, 1975, S. 64

Foppa, K.: Lernen, Gedächtnis, Verhalten. Köln – Berlin, 1970

Gabler, Th.: Wirtschaftslexikon Bd. 5. Fischer, Frankfurt, 1972, S.1178

Globerson, S., Levin, N., Shtub, A., The impact of breaks on forgetting when performed a repetitive task. IIE Trans. 1989, 21(4), 376 –381

Gutenberg, E.: Grundlagen der Betriebswirtschaftlehre Bd.1, Die Produktion, Berlin, 1975

Hamburger, Weber: Tunnelvortrieb mit Vollschnitt- und Erweiterungsmaschinen für große Durchmesser im Festgestein, Tunnelbau Taschenbuch, 1993

Henfling, M.: Lernkurventheorie: Ein Instrument zur Quantifizierung von produktivitätssteigernden Lerneffekten, Wissenschaftlicher Verlag A. Lehmann, Gerbrunn b. Würzburg, 1978

Hieber, W. L.: Lern- und Erfahrungskurven und ihre Bestimmung in der flexibel automatisierten Produktion, S. 21

Hilgard, E. R., Bower, G. H. Theorien des Lernens, Bd. 1. Klett, Stuttgart, 1979, S. 16

Hochtief AG: U-Bahn Berlin Los D79, 2. Röhre: Projektbeschreibung. Essen, 1989

Hurley, W. J.: When are we going to change the learning curve lecture? Computers and Operations Research 23, S. 509 - 511, 1996

Huskova, M: Estimation of a change in linear models. Statistics and Probability Letters (1996), 26, S. 13- 24

Iosifescu, M., Theodorescu, R.: Random Processes and Learning. Springer, Berlin, 1969

Jaber, M., Bonney, M.: Production breaks and the learning curve: The forgetting phenomenon. Appl. Math. Modelling 20, S. 162-169, 1996

James, B.; James, K.L.; Siegmund, D.: Tests for a Change-Point, Biometrika (1987), 74, 1, S 71 – 83

Kappler, E.: Systementwicklung. Wiesbaden, 1972

Klir, G. J.: Fuzzy Sets, Uncertainty and Information. Prentice-Hall International, London, 1988

Körner, H.: Beitrag zum Problem der Einarbeitung. Bauingenieur, Heft 75, 1982

Kovari K., Fechtig, R., Amstad, Ch.: Erfahrungen mit Vortriebsmaschinen großen Durchmessers in der Schweiz. Forschung und Praxis, 34, Alba, Düsseldorf, 1992, S. 30

Krüger, U.: Der Einarbeitungseffekt am Projekt Vereina Nord. Diplomarbeit Universität Innsbruck, 1998

Lang, A., Ein Verfahren zur Bewertung von Bauablaufstörungen und zur Projektsteuerung, VDI – Verlag, Düsseldorf, 1988, S. 72

Melis, M. J.: EPBM Performance. Tunnels Tunneling International, March, 1999, S. 21-22

Müller, H.: Rationalisierung des Stahlbetonhochbaues durch neue Schalverfahren und deren Optimierung beim Entwurf, Dissertation Universität Karlsruhe, 1979

Murphey, K.: An Empirical Investigation of the Microstructure of Knowledge Acquisition and Transfer through Learning by Doing. Operations Research 44, S. 77 - 86, 1996

Nonaka, I., Takeuchi, H.: Die Organisation des Wissens: Wie japanische Unternehmen eine brachliegende Ressource nutzbar machen. Campus, Fankfurt, 1997

Norman, M. F.: Markov Processes and Learning Models. Academic Press, New York, 1972

Oberguggenberger, M.: Vorlesungsunterlagen Höhere Analysis II WS 1998/99. Universität Innsbruck, 1998

Oberguggenberger, M.: Vorlesungsunterlagen Wahrscheinlichkeitstheorie und Statistik SS 1999. Universität Innsbruck, 1999

Oberndorfer, W.: Handwörterbuch der Bauwirtschaft, Österreichisches Normungsinstitut, Wien, 1987, S. 110

Oglesby, C. H., Parker, H. W., Howell, G. A.: Productivity Improvement in Construction. Mc Graw Hill, Boston, 1989, S. 141

Österreichische Normungsinstitut: ÖNORM B 2203 Untertagebauarbeiten. 1994

Österreichische Normungsinstitut: ÖNORM B 2203: Untertagebauarbeiten - Werkvertragsnorm. Österr. Normungsinstitut, Wien 1983

Plate, Erich J.: Statistik und angewandte Wahrscheinlichkeitslehre für Bauingenieure. Ernst & Sohn, Wiesbaden, 1993, S. 33

Platz, H.: Über die Zeitermittlung auf Baustellen, dargestellt am Beispiel von Vortriebsdaten des konventionellen Tunnelbaues. Dissertation Technische Universität München, 1989

Poisel, R., Tentschert, E., Bach, D., Zettler, A.: Gebirgsklassifikation und Regelung von Tunnelbohrmaschinen mittels Fuzzy Logik. Felsbau 17 (5), 1999, 486-492

Schmiedberger, D.: Auswirkungen von oftmaligen Unterbrechungen auf den baubetrieblichen Ablauf von Tunnelbaustellen. Diplomarbeit Technische Universität Wien, 2000

Schneider, E., Wachter R.: Produktivitätssteigerung bei mechanischen Tunnelvortrieben: Aktuelle Erkenntnisse über das Phänomen des Einarbeitungseffektes. Proceedings Österreichischer Tunneltag 2000, Verlag Glück Auf, Essen, 2000, S. 129 – 137

Schneider, E.: Gutachten über die Auswirkung der Einarbeitung beim Pilotstollen Semmering. unveröffentlichtes Gutachten, Innsbruck, 1997

Scholl, F.: Die Einbeziehung von Lernvorgängen in ökonomische Modelle, Diss. Köln, 1968

Schub, A.: Meyran, G.: Praxiskompendium Baubetrieb: Leitfaden, Arbeitsunterlage u. Nachschlagewerk für Praktiker u. Studenten Bd. 1. Bauverlag, Berlin, 1982, S. 69 ff

Schwarz, H.: Daten- und Informationsverarbeitung in Planung und Steuerung von Bauprojekten. Ernst&Sohn, Berlin 1988, S. 23 ff

Schweizerischer Ingenieur- und Architektenverein: SIA 198: Untertagbau. SIA, Zürich, 1993

Stradal, O.: Lerneffekte und Ausnutzung der Kapazität bei Bauprogrammen mit verschiedenen Projekten. Bauwirtschaft 37, S. 1438 - 1444, 1983

Sule, D. R.: Effect of learning and forgetting on economic lot size scheduling problem. International J. Production Research, 21, S. 771 - 786, 1983

Thomas, R. H., Mathews, C. T., Ward, J. G.: Learning Curve Models of Construction Productivity. Journal of Construction Engineering and Management, 112, 1986 / 2, S. 245 – 258

Thuro, K., Brodeck, F.: Auswertung von TBM – Vortriebsdaten Erfahrungen beim Erkundungsstollen Schwarzach. Felsbau 16 / 1, 1998

Ullrich, G.: Wirtschaftliches Anlernen in der Serienmontage: Ein Beitrag zur Lernkurventheorie. Verlag Shaker, Aachen, 1995, S. 31

Wallis, S.: Lesotho Highlands Water Project. Laserline, Surrey 2000

Wirth Maschinen- und Bohrgeräte-Fabrik GmbH: Tunnelbohrmaschine für Vereina Projekt TB 770/850 E: Produktinformation. Erkelenz

Wright, T.P., Factors Affecting the Cost of Airplanes, Journal of the Aeronautical Sciences, New York 3, 1936

Zettler, A., Poisel, R., Lakovits, D., Kastner, W.: Control System for Tunnel Boring Machines (TBM): A first Investigation Towards a Hybrid Control System. North American Rock Mechanics Symposium 98, Cancun, Mexico, Elsevier

11.3.2 Weiterführende Literatur

Adler, Paul S.; Clark, Kim B.: Behind the learning curve: A sketch of th learning process. Management Science, 37, S. 267 - 281, 1991

Argote, Linda; Beckmann, Sara L.: The persistence and transfer of learning in industrial settings. Management Sciences 36, S. 140 - 154, 1990

Argote, Linda; Epple, Dennis: Learning Curves in Manufacturing. Science, 247, S. 920-924, 1990

Atlas Copco Robbins: Robbins Operation and System Manual. Firmen intern

Bevis, F. W.; Finniear, C.: Prediction of Operator Performance During Learning of Repetitive Tasks. International Journal of Production Research 8, S. 293 - 305, 1970

Box, George E. P.; Jenkins, Gwilym M.: Time Series Analysis forecasting and control. Holden-Day, San Francisco, 1970

Bram, E.: Der Lerneffekt auf der Baustelle. IABSE-periodica Nr. 4, 9/79, S. 1-28
Bush, Robert R.; Mosteller, Frederick: A stochastic model with applications to learning. The Annals of Mathematical Statistics, 24, S. 559 -585, 1953

Cyert, R. M.; DeGroot, M. H.: Sequential investment decisions with Bayesian learning. Management Sciences 24, S. 712 - 718, 1978

Dorroh, James; Gulledge, Thomas R.: Investment of Knowledge: A generalization of Learning by Experience. Management Sciences 40, S.947 - 958, 1994

Dorroh, James; Gulledge, Thomas R.: A generalization of the learning curve. Eur. J. Oper. Res. 26, S 205 - 216, 1986

Drake, J.; Johansen, E.D.: Hard rock boring at the svartisen hydroelectric project. Options for Tunnelling 1993, Developments in Geotechnical Engineering. 74

Dutton, J. M.; Thomas, Annie: The History of Ptogress Functions as a Management Technology. Business History Review, 58, 1984

Ebert, R. J.: Aggregate Planning with learning curve productivity. Management Sciences, 23, S. 171 - 182, 1976

Eckey, Hans-Friedrich; Kosfeld, Reinhold: Statistik Grundlagen - Methoden - Beispiele. Gabler

Feichtinger, Gustav: Wahrscheinlichkeitslernen in der statistischen Lerntheorie. Metrika 18, S. 35-55, 1971

Friedmann, Daniel; Massaro, Dominic W.: A comparison of learning models. J. Math. Psychol. 39, S. 164-178, 1995

Gass, Saul I.; Harris, Carl M.: Encyclopedia of Operations Research and Management Science. Kluwer Academic Publishers, Boston Mass., 1996, S. 333-338

Giraitis, L.; Leipus, R.: The change-point problem for dependent observations. Journal of Statistical Planning and Inference 53 (1996) 297-310

Guetzkow, Harold; Simon, Herbert A.: The impact of certain communikation nets upon organisations and performance in task orientated groups. Management Science, 1, S. 233 - 250, 1954

Gulledge, Thomas, R.; Womer, Norman, K.: Learning and Costs in Airframe Production: A Multiple-Output Production Function Approach. Naval Research Logistics Quaterly, 31, S.67 - 85, 1984

Hanssmann, Friedrich: Optimal Transfer Policy for a Production Line with Learning Curve. Unternehmensforschung 14, S. 259 - 262, 1970

Harpaz, Giora; Lee, Wayne Y.: Learning, Experimentation, and the optimal output decisions of a competitive firm. Management Sciences 28, S. 589 - 603, 1982

Hax, Arnoldo C.; Majluf, Nicolas S.: Competitive Cost Dynamics: The Experience Curve. Interfaces, 12, 5, S. 50 - 61, 1982

Hiller, Randall S.; Shapiro, Jeremy F.: Optimal Capacity Expansion Planning When there are Learning Effects. Management Science, 32, S. 1153 - 1163, 1986

Hutchings, B.; Towill, D. R.: An Error Analysis of the Time Constraint Learning Curve Model. International Journal of Production Research 13, S. 105 - 135, 1975

Jewell, William S.: A General Framework for Learning Curve Reliability Growth Model. Operations Research 32, S. 547 - 558, 1984

Johannessen, St.; Askilsrud, O.G.: Meraaker Hydro - Tunnelling the "Norwegian Way".

Keachie, E. C.; Fontana, Robert J.: Effects of learning on optimal size lot. Management Science, 13(2), S. 102 - 108, 1966

Kim, Hyune-Ju: The likelihood ratio test for a change-point in simple linear regression. Biometrika (1989), 76, 3, pp 409-23

Levy, Ferdinand K.: Adaption in the production process. Management Science, 11, S. 136 - 151, 1965

Loader, C. R.: Change point Estimation using nonparametric regression. The Annals of Statistics 1996, Vol 24, No. 4, 1667-1678

Lyazrhi, F.: Bayesian criteria for discriminating among regression models with one possible change point. Journal of Statistical Planning and Inference 59 (1997) 337-353

Mazzola, Joseph B.; McCardle, Kevin F.: A Bayesian approach to managing learning curve uncertainty. Management Sciences 42, S. 680 - 692, 1996

Mody, Ashoka: Firm Strategiesfor Costly Engineering Learning. Management Science, 35, S. 496 - 512, 1989

Muth, John F.: Search Theory and the Manufacturing Progress Function. Management Science, 36, S. 948 - 962, 1986

Nyarko, Yaw; Woodford, Michael: Bounded rationality and learning. Introduction. Econ. Theory 4, S. 811 - 820, 1994

Oi, Walter Y.: The neoclassical foundation of progress functions. The Economic Journal, 77, S.579 - 594, 1967

Pettitt, A.N.: A simple cumulative sum type statistic for the change-point problem with zero-one observations. Biometrika (1980) 67, 1, pp. 79-84

Pettitt, A.N.: Posterior probabilities for a change-point using ranks. Biometrika (1981), 68, 2, pp. 443-50

Reeves, Gary R.; Sweigart, James R.: Product-mix models when learning effects are present. Management Sciences 27, S. 204 - 212, 1981

Robbins, R.J.: Large diameter hard rock boring machines: state of the art and development in view of alpine base tunnels. Felsbau 10 (1992) Nr. 2

Salameh, Moueen K.; Abdul Malak, Mohamed-Asem U.: Mathematical modelling of the effect of human learning in the finite production inventory model. Appl. Math. Modelling 17, S. 613 - 615, 1993

Schub, Adolf; Meyran, G.: Praxis - Kompendium Baubetrieb: Leitf., Arbeitsunterlage u. Nachschlagewerk für Praktiker u. Studenten. Bauverlag, Wiesbaden, 1982

Sherif, H.; Everett, John G.: Learning Curves: Accuracy in Predicting Future Performance. Journal of Construction Engineering and Management, 123, 1997 / 1, S. 41 - 45

Smunt, Timothy L.: The impact of worker forgetting on productionscheduling. International J. Production Research, 25, S. 689 - 701,1987

Sule, Dileep R.: Effect of learning and forgetting on economic lot size scheduling problem. International J. Production Research, 21, S. 771 - 786,1983

Tarkoy, P.J.; Wagner, J.: Backing up a TBM. Tunnels & Tunnelling International, Oktober 1988, S 27-32

Tenn, Jinn-Tsair; Thompson, Gerald L.: Oligopoly models for optimal advertising when production costs obey a learning curve. Management Sciences 29, S. 1087 - 1101, 1983

Towill, D. R.: A direct method for the determination of learning curve parameters from historical data. International Journal of Production Research, 11, S. 97 - 101, 1973

Towill, D. R.; Bevis, F. W.: Managerial control systems based on the learning curve models. International Journal of Production Research, 11, S. 219 - 238, 1973

Venezia, Itzhak: On the statistical origins of the learning curve. Eur. J. Oper. Res. 19, S.191 - 200, 1985

Womer, Norman Keith: Learning curves, production rate, and program costs. Management Sciences 25, S. 312 - 319, 1979

Womer, Norman Keith: Estimating learning curves from aggregate monthly data. Management Science, 30, S. 982 - 992, 1984